XIANDAI
JINGSHEN YALI
YANJIU

现代精神压力研究

杨杰文　编著

中山大學出版社
SUN YAT-SEN UNIVERSITY PRESS
·广州·

图书在版编目（CIP）数据

现代精神压力研究/杨杰文编著. —广州：中山大学出版社，2022.9
ISBN 978 -7 -306 -07609 -0

Ⅰ. ①现…　Ⅱ. ①杨…　Ⅲ. ①心理压力—心理调节—研究
Ⅳ. ①B842.6

中国版本图书馆 CIP 数据核字（2022）第 156811 号

出 版 人：王天琪
策划编辑：曾育林
责任编辑：曾育林
封面设计：曾　斌
责任校对：王　燕
责任技编：靳晓虹
出版发行：中山大学出版社
电　　话：编辑部 020 -84113349，84110776，84111997，84110779，84110283
　　　　　发行部 020 -84111998，84111981，84111160
地　　址：广州市新港西路 135 号
邮　　编：510275　　传　　真：020 -84036565
网　　址：http://www.zsup.com.cn　E-mail：zdcbs@mail.sysu.edu.cn
印 刷 者：广州市友盛彩印有限公司
规　　格：787mm×1092mm　1/16　14.375 印张　288 千字
版次印次：2022 年 9 月第 1 版　2022 年 9 月第 1 次印刷
定　　价：68.00 元

序

王仕民

现代人的精神压力是一种常态，问题的关键是如何把压力转化为动力，这是一个研究的前沿问题，也是一个现实问题。基于杨杰文博士原来的医学专业背景及担任广州市中小学卫生健康促进中心主任的工作经历，我与他多次磋商达成了共识，以《现代精神压力研究》作为博士学位论文的选题而开启了这部作品的写作，《现代精神压力研究》草稿完成于2016年底，最终定稿在2017年12月，其间的修改、完善可谓呕心沥血；2017年至今，作者反复“修缮”，才有了如今的模样。

五年来，人们的精神压力发生了很多变化。或许打开“知足常乐”的窗户，窗外平凡的风景也变得美丽，会让你卸下精神包袱；或许借助互联网偶遇了“与我心有戚戚焉”的同类人群，你在倾诉与大笑中获得了心灵自由；或许只求耕耘不问收获的你终于掌握了提高工作效率的钥匙，从此，事业的成功让压力变成了前进的动力……诸如此类，动人的故事正在生活中上演。我们祈祷快乐天使乘着清风去叩响每一家的大门，走出压力之城的你也可以翻阅此书。因为《现代精神压力研究》可以引导你了解精神压力的一般性原理，在理性阅读中反思和化解压力，汲取与过去告别、向未来奔赴的动力。

根据当下人们的精神状况，我们在阅读整本书个别章节时可以做些自我“修改”。第一章考察精神压力的内涵和外延，深入人的认知、精神活动和自我本质，这可以看作全书研究的逻辑起点。正如作者所说：“科学的解释遵循着一个轨迹：研究领域的资料拓展—新现象的发现—新设想的提出和实验—各种相互对立的解释出现—新的理论产生。”这部分纯粹行思在抽象的概念大厦中去求证相关概念及其相互关系。第二章为学术史梳理，体现了该研究的厚度。古今中外的历史研究为研究该问题提供了重要的史料依据，可谓“论从史出”，作者从历史总结中提出“祸性导致精神秩序紊乱，无法实现理想道德产生压力感，不合礼的欲望导致压力”这个大胆的结论。中华传统文化以追求德性完善为极致，圣贤、君子的道德要求具有积极的意义，但实现不了的目标难免会带来精神的压力。西方学者关于精神压力的研究为我们带来不一样的视角，尤其是自我意识矛盾运动带来的压力和自我直觉因量引起的喜乐感受，以及马克思主义经典理论中关于追求物质、精神双重解放的思想，对这些理论的阐述无不体现作者厚实的理论功底。第三章转向现代精神压力的理论构建，从生存性、竞争性和发展性精神压力的进阶式排序，到造成现代精神压力的物质主义、非理性主义和虚无主义维度的实质性概括，再到现代精神生活中信仰归依、价值选择、情理矛盾和文化消费的内在矛盾阐析，现代精神压力研究步入理论“深水区”，体现了该研究的深度。第四章回归现实调查研究，体现了研究的广度。笔者采用社会学的理论和调研方法，以城市人口为目标群体，分层采样，经过问卷调查、收录数据、深度访谈，形成了《现代中国人精神压力调查报告》，分析现代中国人的道德世界、伦理意识和精神秩序方面存在的共性问题，而生存竞争、生活不确定感和发展不平衡是造成现代中国人精神压力的主要因素，表现为个体化与精神生活的现代性处境、利益逻辑与精神生活个体化困境，以及活在表层的自我与追求崇高信仰的危机。究其原因，有社会“文化公共性”的生成引起个体精神生活失度、有社会结构变化造成精神生活秩序“掉队”后的失序、有精神生活个体化倾向融入社会化进程困难带来的失真。第五章是对理论和实践的回应，也是研究结果的运用和转化，体现了该研究的效度。“解铃还须系铃人”，精神的自由还要到精神的范畴中找答案。作者尝试一一对应求解，用启蒙理性、唤醒本真、追求本性的方法回应失序、失真、失度，为生存、生活和发展的问题作答，由此可见作者深入浅出的思维巧力。精神压力是可以转换为精神动力的，生存方式、价值取向和文化自信是转换的条件，转换得以实现的途径是开展缓释压力、情绪调适、价值引领和信仰觉醒的实践活动。

研究只是解决问题的第一步，现代人精神压力转化为精神动力是研究的出发点亦是落脚点。本书的研究对于解决现代人精神压力有理论指引的实践价值。最值得褒扬的是杰文博士如同其名，博士毕业后的他持之以恒地走在务实的道路上，以精神赋能，以理念化人。

2022 年 9 月 10 日

（王仕民　中山大学马克思主义学院教授、博士、博士生导师，兼教育部马克思主义工程专家、广东思想政治工作专家、广州市重大行政决策论证专家、广州市委宣传部“新时代广州理论专家宣讲团”成员、广东省思想政治理论课教学指导委员会委员、广东省高等学校思想政治教育研究会副秘书长等）

前　言

精神压力问题不仅是西方世界的灾难，它业已成为“我们时代最严重的问题之一，不仅危及个人的身体和精神健康，而且对企业和政府也有害”。本书以现代人所遭遇的精神压力为逻辑起点，主要研究精神压力与伦理秩序和道德意识之间的内在逻辑联系，继而探究精神压力这一特殊社会现象的自我意象，梳理并概括精神压力在人类不同时期的变化特点。在此基础上从调查和文献中研究当代中国人的精神压力现状及存在问题，最后提出缓释与转化精神压力的现实路径。

引言部分，探讨了选题缘由、研究意义、研究述评，以及研究思路与方法。

第一章探讨精神压力的基本概念。首先，从“精神”和“压力”两个概念出发，探讨“精神压力”的内涵与外延；其次，从精神认知基础、精神活动形态方面探讨精神压力的内在逻辑，前主观秩序构成精神压力的认知基础，利益宰制精神实践的运行秩序，道德与伦理的远离甚至断裂构成精神压力的现象形态；最后，探讨精神自我的冲突本质，包括客观自我与主观自我，先验自我与经验自我，历史自我、现实自我与理想自我的对立统一。

第二章探讨精神压力理论的源流。首先，系统地梳理了中国古代关于精神压力的理论，主要从以下三个方面进行了概括：祸性导致精神秩序紊乱，无法实现理想道德产生压力感，不合礼的欲望导致压力；其次，梳理西方国家关于精神压力的理论，集中体现为追求乌托邦带来的精神压力、自我意识矛盾运动带来的压力和自我直觉因量引起的喜乐感等；最后，系统梳理马克思主义经典理论所包含的精神压力思想，主要体现在超越肉体需要产生的精神追求压力、超越必然束缚的自由追求带来的压力、超越个人私利的利他追求带来的压力和超越现实世界的理想追求带来的压力。

第三章探讨现代精神压力的类型、特征及内在矛盾。首先，现代精神压力分为三类：生存性精神压力、竞争性精神压力和发展性精神压力；其次，造成现代精神压力的实质是物质主义挤压精神生活空间、非理性主义消解生活的意义和虚无主义侵袭了信仰的场域；最后，探讨了现代精神生活的内在矛盾，包括信仰归依、价值选择、情理矛盾和文化消费矛盾。

第四章探讨现代精神压力的现状、形成因素及生成机理。首先，分析了现代精神压力的现状，主要体现为生存竞争、生活不确定感和发展不平衡带来的压力；其次，探讨现代精神压力形成的因素，借鉴实证调查研究的结果，立足当下我国大学生群体、外来务工人员群体、公务员、事业单位人员群体和商人群体，探讨他们在道德世界、伦理意识和精神秩序方面存在的共性问题，现代中国人精神压力形成的因素主要体现为个体化与精神生活的现代性处境、利益逻辑与精神生活个体化困境，以及活在表层的自我与追求崇高信仰的危机；最后，阐述了现代精神压力生成机理主要有“文化公共性”生成引起个体精神生活失度、社会结构变化造成精神生活秩序混乱，以及精神生活的个体化与社会化进程有机融合困难。

第五章探讨现代精神压力的缓释与转化路径。首先，从启蒙信仰视域探讨唤醒异化精神世界的问题，包括启蒙人的理性、唤醒物化的本真和追求精神需要的本性；其次，阐析信仰、理想和道德的“精神推动力”建构的问题，包括创造新的生存方式、实现价值取向的均衡发展和坚持高度的文化自信；最后，探讨觉醒精神、缓释精神压力的问题，包括觉醒人的信仰、分解目标、价值引领和情绪调适等方面的问题。

目　录

引　言

一、选题缘由

精神压力被世界卫生组织定为“西方世界的灾难”，依照国际劳工办公室的说法，它已成为“当今时代最为严重的问题，它在危及个人身体及精神健康的同时，亦对企业和政府产生重大伤害”。当前，人们在享受丰富的物质生活的同时，精神世界却在遭受猛烈的冲击与侵蚀。随着人类进入科技和经济迅猛发展的现代社会，物质文明和精神文明飞速发展与不断蔓延的精神压力之间的矛盾愈演愈烈。因此，研究现代经济和社会环境下的精神压力就显得越来越重要、越来越迫切。

（一）研究现代精神压力是时代发展的需求

当今社会迅速发展，人们的生活水平也在飞速提高。然而，我们不能忽略的问题是，在生活水平提高的同时，人们所感受到的来自多方面的精神压力也随之增长。例如，高科技的发展及技术创新使许多人产生压力感。当今，市场机制在我国经济发展中起着平衡与调控作用。机制是理性的，其必然的结果是优胜劣汰。组织运作与人才竞争在市场机制作用下也必然呈现优胜劣汰的结果。大多数人在担负起组织发展重任的同时，还要承担被市场竞争淘汰的风险。因此，从根源探究现代精神压力产生的原因，并最大限度地减少精神压力带来的负面影响，这是时代的呼唤。

（二）研究现代精神压力是现实的需求

从现实情况来看，自身特点以及发展问题也是形成现代精神压力的重要因素。现代人在繁忙的工作中还要承担家庭、经济及个人发展等带来的压力，这就必然使工作压力转换成精神压力。单一压力因素也许对个体来说可有可无，但如果在此基础上增加较多种类较高水平的压力，它就可能成为“压倒骆驼的最后一根稻草”。时代快节奏地发展，让许多工作时间较长、抗压素质较高的管理者也不得不为适应新的环境而打破原有的平衡状态，寻求新的平衡方式，较强的压力感就随之而来。因此，研究现代精神压力是现实的需求。

（三）研究现代精神压力是个人健康发展的需求

精神压力对个人的影响是毋庸置疑的。首先是生理方面的影响。精神压力会导致人的新陈代谢紊乱，出现心率及呼吸频率加快、血压升高、头痛等症状，易使人们患心脏病等。适当的精神压力在一定程度上可以通过调控心率和呼吸来提高机体的反应能力，这种压力有助于工作，个体表现出较高的工作热情。但是，人的精神压力过大时容易出现生理疾病，从而严重影响其健康和正常的工作。调查研究显示，日本每年因工作压力过大引起心脏病发作或中风的人多达一万余人，此种情况亦存在于美国，辞职的人当中约有34%的是因为工作压力太大。其次是心理状态方面的影响。精神压力大造成的明显心理后果包括个体对工作不满意、丧失工作信心、怀疑自己工作的价值，如原来很有信心完成的事情及工作，现在对完成情况不再满意等。最后是行为方面的影响。精神压力大可能导致生产效率降低、缺岗辞职，甚至出现个人饮食习惯改变、不良习惯增加、语速加快、烦躁、失眠等现象。因此，研究现代精神压力是个人健康发展的需求。

二、研究意义

（一）研究现代精神压力有利于构建和谐社会

精神压力不可避免地存在于人类生活中，它关系到个体身心健康发展的同时，亦关系到全人类的发展，解决此问题迫在眉睫。《中国教育改革和发展纲要》指出："世界范围的经济竞争、综合国力竞争，实质上是科学技术的竞争和民族素质上的竞争……"科学技术的竞争和民族素质的竞争，归根结底，是人才的竞争。人才竞争，不仅仅是数量上的竞争，更是质量上的高度竞争。大学生是我国的未来和希望，正确对待精神压力，并寻求合理释放压力的途径，既可轻松面对人生，又有助于构建和谐社会，对新时代中国特色社会主义事业的发展有着极其重要的现实意义。

中国共产党第十六次全国代表大会报告——《全面建设小康社会，开创中国特色社会主义事业新局面》指出："在当代中国，发展先进文化，就是发展面向现代化、面向世界、面向未来的，民族的科学的大众的社会主义文化，以不断丰富人们的精神世界，增强人们的精神力量。"中国共产党在领导人民群众实现国富民强的梦想时，对人的精神发展提出了很高的要求。在社会迅速发展的时代，如果能使人们的精神压力得以合理释放，就有利于促进社会的全面发展，从而有利于社会的和谐发展。

（二）研究现代精神压力有利于个人发展

社会在发展，科技在进步，伴随而来的是越来越大的精神压力。科学技术的进步和发展，提升了人类改造自然的能力，但是，自然对人类的报复也越来越频繁。当面对自然灾害时，人类显得无助、茫然，甚至恐惧。现代交通技术的高速发展，拉近了人与人之间的空间距离，但是随之而来的是心理距离、精神距离的疏远。大部分人围绕工作高速运转时，却慢慢淡化甚至忽视了人与人之间的情感交流。所以，一些人在享受丰富物质生活的同时，精神生活却变得空虚。当人们奋力追逐名利时，也会逐渐迷失自我，失去存在的意义。社会生活中开始出现个体的精神恍惚，甚至出现人格分裂的现象。如果这些问题仍未得到良好的解决，将严重影响人们的身心健康发展，精神压力问题影响个人发展之后对家庭稳定和社会发展也会产生重大影响。

（三）研究现代精神压力有利于形成共识

随着改革开放的全面推进，各种思想价值观从国外涌入，在多种思想的影响下，很多人开始迷失自己，出现信仰迷失、生活萎靡、功利主义等现象。个人在追求理想和目标的过程中，往往不能面对突如其来的失败和挫折考验，从而产生精神压力，并容易出现“破罐子破摔的心态”，更有甚者选择轻生。因此，研究现代精神压力，有利于人们理性客观地应对压力带来的负面效应。精神压力与我们的社会活动息息相关，与我们生活的家庭环境、成长的经历、学习的环境、自身的成就动机等相关，与我们对这些外在因素的认识，以及这些关系带给我们的影响相关，现代心理学研究对此已经达成了基本的共识。

三、研究述评

“精神压力”这一概念不是自古有之，而是伴随着现代科学的发展由西方传入我国的，通过检索相关文献，我们了解到关于精神压力的研究最早起源于西方的医学界和心理学界，作为一种病症和研究对象而被提出。随着人类社会现代化的进程，探讨精神压力问题已经不再局限于医学或者心理学领域，社会科学的一些领域也逐渐关注精神压力，在研究一些社会现象、社会问题或者社会群体等方面时，人们自然关注了精神压力。我国在这方面起步较晚，关于精神压力的一些基础性研究，大多是通过考察西方学术界相关成果获取的。近些年，我国社会科学领域对精神压力研究的热度正逐渐兴起，往往通过精神压力的研究关注现代社会中存在的现实问题。探讨现代精神压力，不仅要关注精神压力的基础理论研究，关注其发展历程与最新成果，还要重视现代社会发展进程的时代背景，尤其要与社会科学领域的现实成果相结合，方可助推精神压力研究深入开展，及早探索出减轻精神压力的合理路径。

（一）精神压力的概念探讨

"精神"这一词，来自拉丁文 spiritus，有"轻微吹动的空气"之意。哲学上与"物质"相对应，内涵上与"意识"范畴相同，既包括个人的思维、意志、情感等活动，也包括社会生活中的思想、观念、理论、学说、政策、方针等。唯心主义将其视为世界本原。亚里士多德把精神看作高级的思维活动，柏拉图认为精神是一种超理性的本原。在德国古典哲学中，费希特的"自我"、谢林的"宇宙灵魂"都是把精神活动绝对化、神秘化的结果。黑格尔更是把"绝对精神"看作世界的最高本原，是主观精神（个人意识）和客观精神（社会、国家、世界历史）的统一。马克思主义坚持物质第一、精神第二，反对神秘化，也反对机械地把精神活动归结为物理和化学的机能，或低级的感性认识活动。个人的精神活动是高度发达的物质——人脑的机能和属性，精神生活是使人与动物区别开来的重要因素之一，精神生活是物质生活的反映。人的一切行为和活动都是在精神的支配下进行的，精神的力量可以转变成物质的力量。精神的变革往往是社会变革的先导。[①] 在中国哲学中，"精神"也属于意识的范畴。一是指正气，"虚邪贼风，避之有时，恬淡虚无，真气从之，精神内守，病安从来"（《素问·上古天真论》）；二是指精气和神志[②]，"以恬愉为务，以自得为功，形体不敝，精神不散"（《素问·上古天真论》），"人之血气精神者，所以奉生而固于性命者也"（《灵枢·本脏》）。在《辞海》中，"精神"指"人的意识、思维活动和自觉的心理状态，包括情绪、意志、良心等"。可以看出，"精神"侧重于非物质性的外在表现，通常要借助一定的外在载体表现出来。受科学水平的限制，医学对"精神"的解释仅限于描述、假说或推断，认为是生物进化过程中出现的一种特殊的生命现象，是人脑在反映客观环境时所进行的功能活动的总称。精神既是一种状态，也是一种活动。精神活动本身是看不见的，间接表现为主观体验和客观行为。[③]

---

① 卢之超：《马克思主义大辞典》，中国和平出版社 1993 年版，第 340 页。

② 李经纬、余瀛鳌、蔡景峰：《中医名词术语精华辞典》，天津科学技术出版社 1996 年版，第 1133 页。

③ 何伋、陆英智、成义仁等：《神经精神病学辞典》，中国中医药出版社 1998 年版，第 173 页。

美国精神分析哲学家卡维尔（Marcia Cavell）在《精神分析的精神理论：从弗洛伊德到哲学》（1993）一书中对精神分析的精神理论做了既是批评又是建构性的重建。她以美国著名精神哲学家戴维森的预先假定——“精神”的外在论（反主观论）以及整体论和规范论为范例，把精神分析转变为一种人类共享的（公共的）信念系统的哲学。在她看来，精神分析情境中的“解释”，是以信念、愿望与规范地共享一种世界（normative sharing of a world）的概念和分析（维特根斯坦、奎因和戴维森为取代笛卡尔的二元论已系统阐述过）为范例的。她认为，通过放弃不适合临床实践复杂性的、过时的精神理论，通过理解戴维森对“解释”的分析，精神分析家可以达到在精神分析的连贯论（主张被分析家所收集的精神分析情节仅仅是旨在内部连贯）和符合论（主张精神分析的叙述是历史性真理或历史真实）之间最好的调和。①

“压力”在英语中为“stress”，最早用在物理学和工程学上，指的是将力量用到一种物体或系统上，使其扭曲变形的物体接触表面上的作用力。早在17世纪，库珀（Cooper）和迪尤（Dewe）就开始用“压力”这个术语来指心理上的苦难。直到20世纪初，“压力”的概念才转用在医学界，表示人体的过度负荷。后来，心理学家又将“压力”一词运用到心理学层面。压力主要由创伤事件（极端压力情境，包括重大生理疾病）、生活事件（人们日常生活的主要改变）或日常的小困扰（如短暂的、不重要的事件）以及冲突导致。在社会心理学中，压力是个体应对威胁的常规方法失败后的一种心理体验，而且这种体验因人而异。在人和环境交互作用的过程中，每个人都逐渐形成自己固有的特点，一旦这种明显特点的行为模式被破坏，个体就会产生焦虑、恐惧、愤怒、紧张等生理反应。紧张刺激物的存在是构成压力状态的客观因素，主观上取决于个体个性、生理和心理上面临意外事件时异常的敏感度。压力在心理上的作用是“紧张”，过度的压力会威胁机体的健康，但适当的压力能促进个体的工作效率，导致成就和信心。② 学者一般从认知与反应的角度解读压力，认为是环境需求超过个人能力和可用资源的情境，是高度焦虑经验、波及威胁或危险的认知及反应，促使一个人内心产生不平衡状态。我国著名的心理学家张春兴在《心理学原理》（2012）中从心理学的角度对压力的概念进行了界定，并给出了三种解释：第一种认为，压力需要存在于客观的环境中，面临一定的危险刺激；第二种认为，机体在面临危

---

① 熊哲宏：《弗洛伊德心理学入门》，中国法制出版社2016年版，第279页。

② 时蓉华：《社会心理学词典》，四川人民出版社1988年版，第118页。

险刺激时会做出一种反应组型，也就是说，只要类似的刺激出现了，机体就会做出针对这种刺激的反应；第三种认为，压力是机体在面对刺激时做出的反应，需要一定心理认定的反应。当“stress”（精神压力）被引作心理学术语时，中国的心理学科专业词典和教科书对此有多种解释，如压力、应激、紧张、挫折等，当前心理学研究并未给出统一的定义。从概念接纳角度来说，用“压力”一词做概念相对通俗易懂，易于被大众接纳。如果从心理学研究角度对其进行定义，就可能有多种概念的内涵，如压力事件、压力应对、压力感等。如汉斯·塞里（Hans Selye，1936）从生物医学的角度，将其定义为人或动物对环境因素的一种具有非特异性的反应现象。梁宝勇在《精神压力、应对与健康：应急与应对临床心理学研究》（2014）中认为，精神压力包括压力事件和心理压力两个概念，压力事件是指一类令机体紧张，感受到危险的应激事件或情境。精神压力是机体在实际生活中，为应对压力问题而形成的一种紧张的综合性心理状态，即机体意识到压力的存在却无法应对，形成带有紧张情绪的异常状态，而应激则是心理压力的特殊表现形态。

“stress”这个词最初源自拉丁文“stringere”，意思是“收紧、压制、损伤、侵入”。从古法语来看，这个动词的意思是“郁闷、心胸狭窄、压力”，然后演变成现在的“沮丧”，以及“心情的压抑”。然而，医学上的专有名词“精神压力”源自英国。在17世纪的英国辞典中，这个词的意思是“痛苦、缺吃少穿、遭受不幸、逆境”，总之，指的是生活艰难。然而，这个词的用法在18世纪发生了变化，它确切的意思是指感情上的后果。至此，它指的不是物质性的压力，而是情绪上的波动。至19世纪末，这个词又隐喻为心理上的压力了。对人而言，是指身体和精神上的不适。现在“精神压力”这个词通常应用在医学上，指压力对身体的不良影响。应用在心理学上的“精神压力”一词，其界定仍然不太清晰。汉斯·塞里被称为“压力之父”，他在从事病理学研究期间，研究“老鼠的性激素”课题时发现，在实验室动物身上注入外来侵袭因素，机体反应总体相同，类似人的精神状态，他把这些反应定为“适应综合征”，既指物理性刺激，又指情感性刺激，也就是今天所说的精神压力，并指出不稳定的精神压力与恒定精神压力的不同。之后在格兰特·班廷（Grant Banting）的帮助下，他把精神压力定义为“机体对周围环境产生的任何突发性的或是迅速变化的反应，特别是当这种变化使它不断地受到刺激时的反应，这种反应不仅是病理上的阵发性的结果，而且首先是生理上的本能的自卫手段，以对付外来的‘侵袭’，不管这种‘侵袭’是正面或者负面的”①。其理论研究的局限性在于没有考虑个体差异的不同特征和背景。

从医学的角度来讲，斋藤和雄在文章《精神压力与健康》中指出：关于精神压力的理论研究，早在1936年5月波番斯·史尔先生已提出，1956年5月他又提出了精神压力适应适宜症候群学说，阐明了精神压力所出现的全身症状体征，并进一步分析了好的精神压力和不良的精神压力、精神压力的特异性和非特异性问题，以及对精神压力的反应的机体差异。从心理学的角度来讲，早期压力研究的代表塞里提出了世界上第一个系统的压力理论——“一般适应综合征”，创立了新的应激模式，即应激源—应激反应—结果（适应的或适应不良的即心理障碍）。此后，人们开始关注压力和健康的关系。之后的岛田（Shimada）等通过研究小学生的校园压力与压力反应的关系，得出小学生在感到校园压力的过程中，不仅会产生焦虑、抑郁等不良情绪，而且会出现认知改变、身体疾病等不良反应。

从以上观点来看，不同专业领域的专家对精神压力的解释各不相同。由此可见，精神压力是一个普遍概念而非单独概念。

（二）精神压力研究的取向

学术界对精神压力的研究由来已久，从20世纪30年代开始到现在，关于精神压力的研究成果众多。因此，对“精神压力的研究取向”的研究梳理是我们探讨“现代精神压力”这一问题的基础。从当前所搜集到的资料来看，对于“精神压力”这一论题，学者们大多是将“精神压力”作为“因变量”，将“精神压力”作为“自变量”，以及将“精神压力”作为“中介变量”，分别从这三种不同的视角对“精神压力”展开探讨。对学者们的三种研究取向分别梳理，形成了对该论题的一个初步认知。

1. 将“精神压力”作为“因变量”进行研究，关注有机体对有害刺激的反应

以马丁·塞利格曼（Martin Seligman）为代表的生物医学专家对这一条研究路径的解释为，应激反应是有害刺激作用于有机体的直接结果，注重探索应激状态下，各项生理指标的变化规律与反应过程，并非研究引起这种变化的社会心理原因，在此研究的基础上提出“一般应激综合征”学说（GAS模型）。这种观点和研究思路至今仍在病理生理学的研究领域占有重要地位。

就这一研究路径而言，学者们主要从精神压力对当事者产生的心理和身

① 波拉·塞加尔迪、阿格奈斯·迪里克、克莱芒迪纳·巴吉厄：《平衡精神压力》，韩沪麟译，上海科学技术出版社2003年版，第18页。

体两方面的影响出发，进行了深入的讨论。一些学者认为，精神压力会对当事者的身与心都带来巨大危害。如坎农（Cannon）指出精神压力不仅会刺激当事者的心理，使当事者产生压抑、失落等情绪反应，还会影响当事者的身体内机制，最终当事者会因心理和社会功能活动的失调丧失良好的健康状态。塞里同样认为虽然短期的精神压力会催人奋进，但是长时间的精神压力会损害当事者的身体，甚至导致疾病的发生。这一理论的提出在当时引起了医学界对精神压力的极大关注，从而形成了关于精神压力可以引发疾病的现代理论思考。卡根（Kangan）在提出与上述学者相同的结论后，更进一步提出，持续的精神压力会促使身体产生障碍。他强调，一个人的生活状态的变化可以引起生理的应激反应；如果精神压力变得显著、持久，不仅会造成人体功能上的、结构上的损害，甚至会导致死亡。亚历山大（Alexander）等学者则在实证调查的基础上通过建立概念模型论证了这一理论的成立。他指出，压力源在身体的一个系统内所造成的影响可以影响其他系统，甚至导致其他系统发生病变，即个体的生理活动会受到心理或情绪因素的严重影响。而由情绪刺激引起的生理反应或伴随着情绪活动的生理变化，在某些情况下也可以引发躯体性疾病。某些情绪因素同身心疾病有联系，因此，长期的精神压力会导致各种躯体性障碍。在应激反应中，心理反应先于生理反应，生理反应是由心理反应引起的；情绪状态的急剧变化导致了身体的生理变化，接着又可引发内脏器官的功能障碍和器质性损害。还有一些学者认为，适度的精神压力有利于身心健康。如李美华在其所著的《心理学与生活》（湖南师范大学出版社 2017 年版）一书中提到，适当的精神压力可以转化为动力，帮助我们树立生活的目标，激励我们获得成功；可以让生命变得更强健；可以激发生命活力；甚至可以降低女性罹患乳腺癌的风险；等等。

2. 将“精神压力”作为“自变量”进行研究，关注精神压力的来源

这类研究把“精神压力”作为“自变量”，探索精神压力源的种类及其性质。一些学者根据精神压力源的不同对其进行分类。如心理学专家大都把“应激”与“应激源”作为同一对象来研究。心理学家所指的“应激源”的来源十分广泛，除“躯体性应激源”外，还包括心理学的、社会学的和文化性的应激源。在上述分类的基础上，张本等人进一步将精神压力源划分为心理性应激源、躯体性应激源和社会性应激源三类，同时对这三类应激源做出了相应的解释，指出心理性应激源能引起个体强烈感到自己不能胜任的心理冲突；躯体性应激源指能使个体强烈感到给生命或健康带来危险的刺激因素；社会性应激源则指社会的动荡、社会关系的变化等使个体受到强烈影响的社会性刺激因素。除此之外，还有学者对压力源做出了分类和解释。如李

美华认为压力源主要来源于两个方面。“外部压力包括自然环境：洪涝、干旱、地震、火灾等；社会环境：战争、通货膨胀、失业、能源危机等；工作环境：任务改变、工作状态、组织与人事问题等。内部压力包括信念、经历、个体心理倾向性、情绪状态、期望值等。”[①] 在此基础上，她还将压力源划分为生物性、精神性、社会环境性三类。同时，她极度赞同塞里精神压力是环境作用的复合体这一观点，认为精神压力的产生并不是一种独立的反应，而是由许多环境的应激源导致的全面反应状态，属综合性的。还有部分学者从具体群体的具体应激源角度对“精神压力”进行探讨。学者们认为不同的群体以及不同的社会阶层具有类型迥异的精神压力。如杨世宏等人认为学生群体精神压力的来源有学习压力、就业压力、人际交往等；杨哲等人认为新生代农民工群体的精神压力来源于如何真正融入城市；李会芹等人指出，教师群体的精神压力主要包括学生升学压力、科研压力、班级管理压力以及社会对教师群体的高期待压力等。除此之外，还有学者对公务员群体、辅导员群体、消防员群体等多个群体的精神压力来源进行了相应分析。

3. 对“精神压力”产生过程的“中介变量”进行分析研究，关注机体在应激源与应激反应中，“中介变量”如何发挥其作用

例如，扎拉罗斯（Lazarus，1992）首先提出“认知因素”是应激反应的主要因素，应激反应的发生并不一定伴随特定的刺激过程或特定的反应，而是产生于机体发觉威胁因素存在的情景时。

从这一路径出发进行分析，学者们大多从心理耐受力这一视角进行了论述。一些学者认为，个体对压力的耐受力差异是产生精神压力差异的根源之一。如塞里和拉扎罗斯都认为，精神压力是外界环境因素与个体自身的耐压力相互作用的结果。不同的人对同一件事情所造成的精神压力体验不同，原因就在于个体对压力的耐受力不同。由此，他们对同一事件的认知评价出现差异，最终产生不同强度和迥异类型的应激反应。除此之外，武尔福克（Woolfolk）从个人经验是否丰富这一更为细微的角度对个人的耐压力进行了解读。他们运用类比的方法，指出个体对情境或事件的应激反应产生与否以及影响的程度，取决于他们所积累的经验以及经历次数的多少，还取决于他们对这些事件的认识和态度。同时，塞里在文章中提到，个体对事件的认知态度是个体精神压力产生的原因之一。他指出，一些具有消极性质的事件之所以能使一些人产生精神压力，不仅取决于个体的能力，还取决于个体认知事件的态度。如果个体对此做出消极的评价，个体必然产生负面的精神压

---

① 李美华：《心理学与生活》，湖南师范大学出版社 2017 年版，第 224 页。

力，但如果对此做出中性的甚至积极的评价，个体就不会产生精神压力。梁宝勇从个体应对事件的能力出发研究，指出精神压力的产生取决于个体应对事件的能力：在面对同一事件的发生，能力强者认为是可控的，则其精神压力会减小甚至不会产生；能力弱者则因事件结果的不可预见产生较强的精神压力。还有部分学者认为精神压力的大小是众多因素的复合物。如米坎尼克认为，精神压力的产生取决于当事人对事件影响强度大小的判断、当事人对事件对自身所造成后果的严重性的评估以及当事人对自己顺利完成该事件的能力的评估这三个要素。而李美华则认为，经验、准备状态、对事件的认知评估、个体的性格以及个体所处的小环境的氛围这五大要素与精神压力的产生及变化都有着密切的关系。

（三）精神压力研究的阶段

如同大多数从萌芽逐渐走向成熟的研究一样，基于研究范式的转变，精神压力方面的研究可以分为三个阶段：单向研究阶段、双向研究阶段以及综合与多样化研究阶段。值得一提的是，精神压力研究的阶段划分并非断裂的、绝对的、孤立的，三个阶段存在重叠的部分，因为科学的解释遵循着一个轨迹：研究领域的资料拓展—新现象的发现—新设想的提出和实验—各种相互对立的解释出现—新的理论产生。在这一轨迹不断循环的过程中，科学范式会因客观情况发生转变，最终呈现研究阶段重叠的特点。但总体而言，可以归纳为单向、双向、综合与多样化的三阶段论。

1. 单向研究阶段

第一阶段是单向研究阶段，以纯粹形而上学的思辨范式为主，关于精神压力方面的研究处于萌芽时期。从时间跨度上看，主要从公元前 4 世纪持续到 15 世纪；从研究取向上看，存在纯思辨的单一倾向；从研究内容上看，集中研究精神压力的来源；从研究成果上看，西方和中国的学者相对一致地认为个体的精神压力源是一种生物性的存在。

（1）西方关于“精神”“灵魂”的研究。在西方，古希腊时期不同领域的学者以纯思辨的方式去研究个体的精神压力源，得出的结论是人心理活动发生的一系列波动都来自个体生物结构的变化，体现出一种人本主义的倾向。其中，医学领域的学者希波克拉底运用唯物主义观点去解释个体精神或心理异常的现象，极力反对“神赐疾病”的谬论，认为应该从患者的大脑和肌体中找寻致病源头。对此，他在研究人的机体特征和疾病成因的基础上，提出著名的“体液学说”。这一学说认为人的精气神由身体的四种体液所决定，而人出现精神压力是由四种体液不平衡所造成的。换言之，生物结构的改变是精神压力产生的归因。此外，哲学家们也对人的精神和心理变化做出了相关的描述和研究：柏拉图对个体的研究分为灵魂（心灵）、身体（肉体）两个层面。其中，灵魂在其对话体著作《理想国》中是一个极为重要的命题，是指过去、现在和将来的一切存在的最初样式、运动及其对立面，是运动的源泉，是一切事物中最先出现的。同时，他阐述了灵魂与身体之间的关系在本质上是理性与欲望的双重关系，当理性高于欲望时，灵魂正面统摄身体，而当欲望高于理性时，身体摧毁灵魂，具体表现为由身体产生的恐惧、不安、贪欲、疾病会阻碍灵魂的活动。灵魂的活动不是永远向着正确的方向，也会出现偏差，导致人产生精神疑惑和困扰。对此，柏拉图在《斐多篇》提出要实现灵魂的救赎，就要进行灵魂的反省。“当灵魂自我反省的时候，它穿越多样性而进入纯粹、永久、不朽、不变的领域，这些事与灵魂的本性是相近的，灵魂一旦获得了独立，摆脱了障碍，它就不再迷路。”① 这表明要通过后天的学习，在智慧的帮助下实现灵魂的转向，让灵魂正面向着实在与存在，不为外界虚假的影像所迷惑，防止灵魂转向坏的方面。另一位古希腊哲学家亚里士多德进一步完善灵魂观，认为个体之所以产生各种各样的心理或者精神变化活动，原因在于心脏的持续活动，人的五官从外界获取各种各样的信息和知识等被传导至心脏，进而形成了人的内在心理和精神变化活动。由此可见，古希腊的哲学家对个体精神层面的探讨，无一不涉及人的肉体，即人的生物性存在。

进入中世纪，基督教统治着人们的精神世界，这一时期的哲学、政治学、心理学都充满了宗教色彩。对于精神压力领域的问题，西方学者延续纯思辨的研究范式，倾向于从宗教而非科学的视角去探讨。他们普遍认为精神受到压迫的人是被魔鬼控制、被邪灵支配，或是受到了魔法的影响，因此要采用火烧、烟熏的方法驱除“魔鬼”，才能使患者免受精神上的折磨。

（2）中国古代关于“精神”和“形体”关系的研究。关于精神压力的研究最早可以追溯到春秋战国时期的形神论。这一时期，诸子百家对精神和形体关系十分重视。荀子主张“形具而神生”，认为“形”高于“神”，只有具备了一定的形体，才会产生一定的心理机能和精神活动。魏晋时期的思想家杨泉认为精神是建立在形体之上的，并提出“人死之后，无遗魂矣”的结论。汉代桓潭指出形与神的关系，正如蜡烛和火焰一样。王充进一步深化了桓潭的论断，更详尽地论证了精神不能脱离形体而存在的学说，因为精神源于血脉，“人死血脉竭，竭而精气灭”。南北朝思想家范缜承继了荀子的主

① ［古希腊］柏拉图：《斐多篇》，载《柏拉图全集》第1卷，王晓朝译，人民出版社2002年版，第83页。

张，提出了“形质神用”的观点，表明“形存则神存，形谢则神灭”，从科学的唯物一元论的立场去论证精神和身体的关系，使形神论在精神压力方面的研究意义更为明确。

2. 双向研究阶段

第二阶段是双向研究阶段，精神压力方面的研究处于形成时期。由于过去稳定的思辨研究范式不能提供解决问题的可操作途径和方式，开始出现范式转移的情况，即从纯思辨研究转向定性研究。从时间跨度上看，主要从 15 世纪到 20 世纪 80 年代初期；从研究取向上看，存在从思辨转向实验，再由实验到理论的双向互动模式；从研究内容上看，从不同维度探索精神压力的来源，并进一步研究精神压力的具体情感表现和行为表现；从研究结果上看，明确个体的精神压力主要来源于日常生活中的各种危机事件、身体健康的问题，具体表现为不同程度的憎恨、厌恶、自卑、嫉妒、恐惧等情感，甚至出现神经功能失调的症状。

双向研究阶段主要体现为由纯思辨研究向定性研究逐渐转变的过程。

（1）关于“人性”“科学”的研究。由中世纪到近代的过渡期，即15—16 世纪的文艺复兴时期，形成了人文主义和自然哲学两种既相互联系又有一定区别的思潮。一方面，人文主义者提出以人学代替神学，将研究视角从天堂转到尘世，这意味着对精神压力的研究从神学的思维方式中脱离出来，真正关注个体本身。与禁欲主义鼓吹人生的目的在于不断忍受苦难和痛楚不同，人文主义思想肯定人的尊严、欲望和价值，强调现实生活的意义，鼓励人们追求幸福生活和世俗享乐以达到身体和精神的满足。另一方面，受到当时自然科学中唯物主义认识论和科学方法的影响，当时的研究者用经验观察的方法研究人的精神压力问题。

（2）关于“自我意识”的研究。17 世纪到 20 世纪 80 年代初期，随着近代自然科学的继续发展，不同领域的学者对人的精神压力问题做出相关的研究：其一，作为英国经验主义的开创者，洛克的联想理论认为人的意识灵魂在最初是“一块白板”，“自我”是由精神构成的以意识思考的东西，是一种在人体内的自我察觉以及自我意识的反射。因此，人的精神产生的各式各样的观念主要分为两种：一是感觉，来源于感官感受外部世界；二是反思，来源于心灵观察本身。在《人类理解论》中，洛克主张一个人在年轻时所形成的联想（各种观念的集合）比后来形成的更为重要，因为这些联想是自我的根源。因此，人之所以有精神压力，很大程度上根源于年轻时期甚至幼年时期所形成的消极负面的观念。其二，奥地利著名科学家、心理学家、哲学家弗洛伊德对精神压力方面问题的研究分前期和后期两个部分。弗洛伊德经过长期的理论研究和医疗实践，发现精神病患者乃至正常人，在意识的背后存在着各种类型的冲动和欲望，但是部分思想和行为是不被社会的道德规范、法律制度、伦理价值、地方风俗承认的，必须被压制下去而不被意识到。这些被压抑于心灵深处的冲动、欲望、动机等构成了个体的潜在意识，它是人类一切精神生活的根本推动力。因此，他的前期研究结果表明，个体的精神生活发展受到阻碍，根源于潜在意识和社会现实的冲突。在晚期，他的人格理论、焦虑论和心理防御机制论探讨了个体的精神压力的产生机制以及如何排解的问题。他认为人格分为本我、自我、超我三个层面，它们分别体现人格的某一方面，本我代表着生物本能方面，自我代表着面对现实世界的本我，超我代表着完美人格。自我不停地在本我、现实环境和超我之间徘徊，既要符合超我的崇高理想，又要满足本我的快乐欲望，以达到三者的平衡。因此，自我承受着来自三个方面的冲突和压力。一旦三者无法达到平衡状态，焦虑、不安、恐惧等情绪也会随之而来，紧接着个体会启动心理防御机制以改善这种负面的精神状态，以缓解压力和痛苦。其三，19 世纪中叶，德国哲学家、心理学家冯特在意识方面的研究采取了一种真正意义上的双向研究范式，完全从过去哲学式的研究中脱离出来，以自然科学的研究方法——实验和观察，探究人的心理变化过程。其四，20 世纪 70 年代至 80 年代初期，医学、社会学的发展，使得精神压力的研究不局限于哲学心理学，而是主要从病理心理学的方向出发，研究生活中的危机事件以及个体的身体健康问题对人的精神状态的影响。这一时期主要研究两个方向的压力源：一是社会、家庭方面的，包括研究绑架、家庭成员杀害人（Mayers & Pitt；1976；Morawetz；1982；Petti & Wells；1980）；父母离异（Steinberg，1974；Yours，1980）以及创伤性事件（Bulman & Wortman，1977）等；二是个体方面的，包括心脏病（Mehler，1978）、激素疾病（Drotar & Ousens，1980）、癌症（Earle，1979）等状况对人是否造成精神压力，以及精神压力的程度大小与持续时间长短的问题。但这方面的研究存在一定的缺陷，表现为研究对象的年龄分布不合理，对青少年的研究少于 9%，而对成年人的研究则占大部分。

由以上梳理可以看出，双向研究阶段是实现从思辨研究取向转向定性研究取向的过程，这一过程对人的精神压力的研究不再局限于个体的心理活动、意识状态、生物结构方面，而是拓展到个体以外的客观世界的具体事物，因此，这一阶段的研究成果比单向研究阶段更为丰富和更有深度。

3. 综合与多样化研究阶段

第三阶段是综合与多样化研究阶段，对精神压力方面的研究处于发展时期。从时间跨度上看，主要从 20 世纪 80 年代中期开始；从研究取向上看，这一时期由于各个学科的发展和融合，多种研究范式的结合运用成为解决问题的突破口。因此，对精神压力的研究打破了单纯的哲学、心理学、病理学的研究模式，转向从多学科的视角去分析个体的身心状况与社会环境、自然环境之间的应对关系，更加系统地分析了精神压力的源头、种类、主要对象、产生过程以及调适方法。

精神压力问题的研究最早起源于古希腊的哲学，之后经历了病理心理学的研究范式，形成了第一阶段和第二阶段的研究成果。随着现代社会的进步，生活和工作节奏加快，竞争日趋激烈，对精神压力的研究和应用也成为不同学科的关注点，包括伦理学、哲学、社会学、心理学、教育学、文学、管理学等。基于不同学科的研究范式有所差异，第三阶段出现了综合而多样化的研究方向。

（1）跨时间跟踪研究。过程理论主要体现为一种标准化的、过程取向的、长期的研究理念，强调个体面对精神压力的反应和适应过程。基于过程理论指导的日常式的研究方法，虽然需要耗费大量的时间，但因为具备很高的临床价值而得到广泛的认同。

（2）临床特异性研究。对精神压力进行研究的最终目的是找到处理压力情境和缓解情绪的最有效方式，这与心理治疗干预的目标是相同的。不过，相比起临床干预，这一阶段的精神压力研究存在着不足之处，主要表现为精神压力研究的临床价值较低。针对这种情况，有学者提出可以在精神压力的相关案例中抽取少部分更具有临床特异性的数据，以获取更多的研究价值。

（3）跨文化研究。目前，发达国家和地区对精神压力方面的研究较为先进和完善，因此大部分研究成果及运用都是局限在特定的地域和人群，而没有对另外部分地区和群体展开研究。基于我国特定的历史文化背景和社会环境，人们精神压力的产生原因、产生过程、具体表现、调适方法都与国外的研究结果在一定程度上存在差异，学界提出跨文化研究是探寻精神压力问题的重要方向，同时指出可以通过适当借鉴国外的理论和研究方法来拓宽思路，从而在前人的基础上提出民族本土化的理论构架。

（四）精神压力研究的主要理论背景

目前，学界关于精神压力的研究主要集中在心理学、医学等领域，而在思想政治教育学科中精神压力的相关研究成果并不丰富。在现有的研究成果中，学者们较多地将研究对象锁定为大学生群体、研究生群体、高校教师群体、农民工群体等。关于精神压力研究的理论支撑，学者们多借鉴“精神分析”理论、“压力”的相关理论以及生理医学的压力观、生物物理学的压力观、心理学的压力观等相关理论对精神压力展开全面而深入的研究。

1. “精神分析”理论

开展精神压力研究，必须对精神压力进行理性认知和系统了解，在整个认知过程中，学者首先要对“精神”进行系统分析。一直以来，弗洛伊德理论都被视为“精神分析”的同义词，许多人对“精神分析”的了解始终没有超越弗洛伊德和古典取向。学界对弗洛伊德的“精神分析”理论展开系列的研究，深入了解精神分析法，并用于指导实践中的精神治疗。弗洛伊德著、周丽译（2014）的《精神分析引论》中，作者从过失心理学、梦和神经病通论三个方面深入浅出地阐述了“精神分析”学说的基本理论和方法。过失心理学和梦这两部分主要通过日常生活中人们的过失以及梦中的情境阐述有关神经病问题的基础知识，再通过举例对各种有关神经病症进行全面分析。[①] 杰里米·D. 沙弗安（2015）系统地梳理了过去一百年来精神分析取向（或弗洛伊德取向）在概念及现代心理治疗实践之反应方面的发展。[②] 卡伦·霍尼（Karen Danielsen Horney）著、梅娟译的《精神分析的新方向》（2016）对弗洛伊德精神分析理论进行系统批判，阐述了许多令人耳目一新的精神分析学理论，包括精神分析的基本概念、弗洛伊德观念的一般前提、“力比多”理论、俄狄浦斯情结、女性心理学、文化与神经症、神经质的内疚感、精神分析疗法等。[③] 在批判性地继承了弗洛伊德精神分析理论的前提下，提出了自己的看法和见解。海因茨·科胡特（Heinz Kohut）著，阿诺德·戈德伯格（Arnold Goldberg）、保罗·斯特潘斯基（Paul Stepansky）编，訾非、曲清和、张帆译的《精神分析治愈之道》（2016）详细介绍了精神分析自体心理学概念的发展状态，对共情概念、俄狄浦斯情结的发生状况、防御与阻抗的本质以及各种形式的自体客体（selfobject）移情等进行了详尽探讨，将精神分析中关于自体心理学中尚未被研究和有待最终解决的问题进行了清晰描述。[④]

另外，南希·麦克威廉姆斯（Nancy McWilliams）撰写的《精神分析案例解析》（2015）、阿诺德·理查兹（Arold D. Richards）撰写的《精神分析开放性对话》（2017）、荣格（Carl Gustar Jung）撰写的《精神分析与灵魂治

---

① 弗洛伊德：《精神分析引论》，周丽译，武汉出版社 2014 年版。

② 杰里米·D. 沙弗安：《精神分析与精神分析疗法》，郭本禹、方红译，重庆大学出版社 2015 年版。

③ 卡伦·霍尼：《精神分析的新方向》，梅娟译，译林出版社 2016 年版。

④ 海因茨·科胡特：《精神分析治愈之道》，訾非、曲清和、张帆译，重庆大学出版社 2016 年版。

疗》（2014）、克里斯托弗·博拉斯（Christopher Bollas）撰写的《精神分析与中国人的心理世界》（2015）、郭本禹撰写的《沙利文人际精神分析理论的新解读》（2017）等，对我们全面而深入地研究精神分析起到了理论指导作用，对了解何为精神，如何系统地对精神进行分析，以及在精神压力整体概念中对精神层面的分析提供了宝贵的理论参考作用。

2. “压力”理论

“stress”（压力）一词来源于拉丁文“stringere”，原意是困苦，现在所用的单词“stress”是“distress”（悲痛、穷困）的简写。联合国国际劳工组织发表的一份调查报告认为：“心理压抑将成为21世纪最严重的健康问题之一。”学界关于“压力”的理论分析，不是局限于单一学科，而是从多学科、多角度进行探析，对“压力”的内涵和外延都展开了深入研究。从总体来说，国内学者大多将“压力”定义为“应激”“紧张”的状态。物理学的定义侧重于客观属性，而精神领域则特指刺激引起人体的一种非特异性反应，也叫应激。研究者用一个简单的公式来描述，即刺激（潜在威胁、紧张状态）—反应。在心理学视域，常常对“压力”做出三方面的解释：某种存在于客观环境中的具有威胁性的刺激；一种同类型的由刺激所引起的反应组型；刺激及其引起的反应的交互关系。一些学者从精神与物理两个领域定义压力。国外学者一般从认知与反应的角度解读压力概念。比如“压力”是环境需求超出个人能力和可用资源的情境产生的，压力是高度焦虑经验、波及威胁或危险的认知及反应，压力是促使一个人内心产生不平衡状态的原因。根据诸多学者的描述和定义，笔者总结出压力的概念主要包括以下四个方面：①能够使个体产生压力的刺激性事件；②个体对刺激性事件的感觉为危险；③刺激超出个人能力和可用资源；④具有不可控性。内在体验为焦虑、内心不平衡、紧张等。

在西方哲学与文化中，压力一般是显现的，压力被认为是一种失去控制的表现。就一般意义而言，压力源于物理学，定义侧重于客观属性的描述，首次把压力的概念引进医学和心理学领域的是加拿大生理学家汉斯·塞里。素有“压力研究之父”的心理学家汉斯·塞里是第一个使用术语“stress”来表示这种潜在的破坏力量的人。他阐释了人在慢性压力下的生理反应及其与疾病的关系。在当代，“压力”一词，有着多种含义和界定。目前在心理学的视域中解读的较多，如著名的研究者理查德·拉扎罗斯认为，由于责任事件和超出个人应对能力范围时所产生的焦虑状态即为压力。[①] 塞里进一步

① 西华德：《压力管理策略》，许燕等译，中国轻工业出版社2008年版，第5页。

指出，压力是外在及其内在施加于其身体上，是被动进行适应的非特异性反应，它产生喜悦或者痛苦。[①] 近些年来，常常占主导地位的理论是把压力作为一种人体的“应激状态”，指因紧张而使人体内部出现的解释性的、情感性的、防御性的内部心理状态与应对过程。如美国阿瑟·S. 雷伯主编的《心理学词典》[②] 中关于“stress”的解释是压力、应激、重音。其词条下有三种释义：①一般指作用于系统使其明显变形的某种力量，通常带有一种畸形或扭转的含义。该词用来指有关物理的、心理的和社会的力量或压力。这一意义里的压力单指一种原因，即压力就是某种效应的先决条件。②指由释义①中提到的各种力量或压力所产生的心理紧张状态。③在语言学中，指强调字母或单词的重音，这里可以分为不同的压力水平。

通过以上分析可以看出，压力是在生活实践中个体形成的一种综合性的持续的心理以及精神紧张状态，是个体真正地意识到了具有威胁的刺激性事件或者情境的反应。另外，我们还可以具体从生理医学的压力观、生物物理学的压力观、心理学的压力观进行辅助理解。

（1）反应理论——生理医学的压力观。该理论认为精神压力是人或动物有机体为应对环境刺激而采取的一种生物学反应本能，并且具有非特异性的特点。该理论提出应激反应的“一般性适应综合征”模型（the general adaptation syndrone，GAS）包括警戒反应、抗拒、衰竭三个阶段，提出用生理学参数（如肌肉紧张度等）作为应激反应的客观测量指标，这种测量体系比心理学变量或其他躯体状况在应激反应的评估和测量上有更高的信度和效度。GAS 模型的提出，从生理学角度揭示了应激反应与心理健康水平的关系，成为阐明各种社会心理学因素对人体作用机制的重大突破。当然，GAS 模型也有不足之处：生理医学的压力观没有考虑心理因素在人类应激反应方面的作用，只是把人看作对负面因素做被动反应的有机体；在强调生理学指标的同时，忽视了人类心理活动和行为特征的反作用；此外，对压力的评价也失之偏颇。

霍尼（Horney）撰写的《我们时代的神经症人格》（2013）一书为生活在我们周围的神经症患者呈现了一幅准确的画像，刻画出实际推动他们内心冲突、焦虑、痛苦以及个人生活和人际交往中遭遇的种种障碍。该书论述了文化对神经症形成的影响，探究在长期基本焦虑的精神压力之下，个体形成非理性的神经质欲求如何植入人的性格中；强调神经症患者实际存在的冲突

① 西华德：《压力管理策略》，许燕等译，中国轻工业出版社 2008 年版，第 5 页。
② 阿瑟·S. 雷伯：《心理学词典》，李伯黍等译，上海译文出版社 1996 年版，第 836 页。

和他为解决这些冲突所付出的努力，以及神经症患者实际存在的焦虑和他为对抗这些焦虑所建立起来的防御系统。① 作者从生理和文化层面系统地揭示了精神压力在人体中的产生以及稳定于人的性格之中的过程，为我们正确认识精神压力提供了理论指导。

（2）压力刺激理论——生物物理学的压力观。该理论模型把精神压力定义为能够引起机体紧张反应的外部环境刺激，如失恋、失业、重大变故、贫困等。其关注的重点在于何种因素能够给人带来紧张反应。该模型的主要贡献在于：通过引入压力源的定量化分析与测评，加深人们对社会心理刺激与疾病关系之间的认识，从而加速相关医学学科的发展。在该模型研究基础上发展出的一系列研究，对于揭示生活危机事件与躯体病痛及精神病症状的关系具有十分重要的意义。当然，该模型的不足不可忽视：将活生生的有机体物理化了，忽略了人作为高级物种的主观能动性和心理行为复杂性。

朱龙凤（2010）从生理症状的直接反应得出结论，认为精神压力对人的消极作用甚于积极作用，并罗列人在遇到精神压力时，其生理层面表现出来的一系列心理的、生理的和行为的应激症状：新陈代谢活动发生紊乱，呼吸急促，心跳加快加强，消化液分泌减少，头晕头疼，食欲减退，腹痛腹泻，疲惫不堪，致使个体逐渐患上各种慢性疾病甚至诱发潜在的身心疾病，比如胃溃疡、癌症等。感冒也常找上精神紧张、神情沮丧的人。据调查，精神压力大的人精神上负担较重，或悲观孤僻，或忧郁沮丧，或逃避现实，他们感冒的发病率是正常人的 3 ～ 5 倍。反过来疾病又会导致消极的行为表现和心理方面的种种不适。②

（3）CPT 模型——心理学的压力观。压力的 CPT 模型，即认知—现象学—交互作用（cognitive phenomeno logical transactional，CPT）模型，该模型的提出者是拉扎罗斯和福克曼（Folkman）等人。该模型的核心点是应激“既不是来源于环境刺激，也不是一个简单的反应，而是需求以及理性地应对这些需求之间的联系”。

该理论模型包括如下三个基本要点：①认知的观点。认知与思维是决定压力反应的主要中介。换言之，压力感是否产生，以什么形式产生，都取决于机体对其与环境之间关系的客观评估。②现象学的观点。即强调与压力有关的时间、地点、人物、事件、环境的具体性。③相互作用的观点，包括两

① 霍尼：《我们时代的神经症人格》，冯川译，中国人民大学出版社 2013 年版。

② 朱龙凤：《心理压力产生的原因及其影响》，载《山西师大学报（社会科学版）》2010 年第 S3 期。

大要点：一方面，在压力发生的过程中，一直存在着许多中介因素，压力源与中介因素的相互作用将直接或间接影响机体的反应方式和结果；另一方面，压力产生与机体及环境之间的特定关系，若机体认为自己无力对付环境要求，则会产生明显的压力体验。该模型包括压力研究的四项基本要素：压力源、中介变量、生理上的反应结果、心理上的反应结果。拉扎罗斯和洛尼耶（Launier）（1978）认为，任何一个社会事件，假如环境或内在要求超出了机体的适应范围，压力感就会明显产生。

与刺激模型理论和 GAS 模型相比，CPT 模型有如下显著特点：①不像前两种理论只关注压力过程的两端，而是更加注重中间环节的研究与分析，尤其重点研究机体心理和行为的作用，对于客观全面理解压力现象具有十分重要的意义；②克服前两种理论中把个人机械化和生物化的解读，不再将个体仅仅看作受压力因素摆布的消极有机体，强调和认可个体主观能动性的强大作用；③该模型开创了对压力干预方式的研究，例如，改变中介机制可有效改变压力反应等。

（五）精神压力的来源与影响因素

精神压力的来源与影响因素较为复杂，学界虽没有对精神压力的来源和影响因素做统一的归类和分析说明，但很多学者对精神压力的来源有系统探究，主要包括找寻压力源头、外部环境对压力源的作用和影响、针对某一类特定群体的精神压力的来源和影响因素的专门研究等。

第一，从压力源头层面探究造成精神压力的因素。精神压力的形成是一个极其复杂的过程，压力源头是形成精神压力以及认识精神压力的核心部分，较早对压力源头做归类的学者有卡恩（Kahn）、沃尔夫（Wolfe）、奎因（Quinn）、斯诺克·罗森塔尔（Snoek Rosenthal）（1964）。于文宏等（2003）对精神压力，特别是细化到工作压力源进行了较为详细的归类划分：角色冲突、角色模糊、不能满足的希望、工作过度负荷、成员之间人际关系冲突。魏斯（Weiss，1976）把工作压力源归为五类：工作本身因素、组织中的角色、职业发展、组织结构与组织风格、组织中的人际关系。马歇尔（Marshall）和库珀（Cooper）等人（1978）提出了完全、简明的六种工作压力源：有特点工作的压力、角色压力、人际压力、职业发展、组织结构和发展、家庭与工作相互作用。帕克（Parker）和德·科蒂斯（De Cotiis）（1983）发展了工作压力源和压力结果的理论模型：工作本身的特征和条件，和组织结构、氛围和信息波动相联系的条件，和角色有关的因素，工作关系，可觉察的职业生涯发展，外在的承诺和责任。苏梅尔斯（Summers）、德·尼西（De Nisi）、德·科蒂斯（1995）创立了工作压力源的研究模式，四种模式分别为人格特征、组织结构特征、组织程序特征、角色特征。陈晨（2011）根据学生生活过程与相关行为的联系，将压力源分为学业因素、社交因素、生活与经济因素、择业因素。或者按环境分为学校小环境的压力，如大学生适应压力、自我完善压力与学业压力、异性交往与爱情的成长压力；社会大环境的压力如社会对人才的高要求、就业的压力等，这是一种主流分类法。[①] 李虹、梅锦荣（2002）对学生压力分类更加细化，将大学生校园压力归结为学习烦扰、个人烦扰、消极生活事件三类，包括学习、考试、环境、生活、经济、健康、人际关系、恋爱关系、就业、竞争、社会、家庭、未来、能力、个人成长、外表、自信等。[②] 樊富珉等（2003）提出内在压力源与外在压力源的分类。内在压力源主要是心理矛盾和冲突，如大学生独立性不够、依赖家庭、对社会缺乏了解、过于幻想、自我认识难以定位等。外在压力主要是客观原因对大学生内在心理产生冲击，从而造成其心理不平衡。这类原因包括社会环境压力、社会生活方式的急剧变化、思想价值观念的不确定性、社会政治经济的变化等。[③] 邓丽芳（2008）通过实证分析建立大学生精神压力与心理健康的关系模型发现，大学生不同方面的精神压力源与心理健康之间存在着相关关系。[④] 分析学生的精神压力来源，一定要结合学生的心理健康情况，只有在学生心理健康的实际情况上探析学生的精神压力来源，才具有针对性和合理性。杰里米·D. 沙弗安（2015）认为，当今日益加快的生活节奏、沸沸扬扬的时尚热潮、不计其数的社会问题正不断侵蚀着人们的精神世界，扰乱着人们的生活节奏。日益激烈的职业与生存竞争导致了现代社会中人际关系的淡薄与疏远；失业、职业倦怠、人际焦虑、沟通障碍等一连串的问题催化了“人”与“办公室”的矛盾；家庭关系也因受到社会变革的冲击而蒙上巨大的阴霾，代沟、婚变、购房压力、赡养义务、子女入学等一系列困难严重地激化了“人”与“家庭”的矛盾。诸如此类的矛盾是人们精神压力的主要来源。[⑤]

第二，从外部环境层面来探析精神压力的来源。余海兵（2012）认为，对于学生来说，精神压力来源可分为社会因素、院校因素、家庭因素以及机

---

① 陈晨：《大学生精神压力研究》，东北师范大学学位论文，2011 年，第 15 页。

② 李虹、梅锦荣：《 大学校园压力的类型和特点》，载《心理科学杂志》2002 年第 4 期。

③ 樊富珉、张翔：《人际冲突与冲突管理研究综述》，载《中国矿业大学学报（社会科学版）》2003 年第 3 期。

④ 邓丽芳：《大学生的精神压力与心理健康关系的实证分析》，载《国家教育行政学院学报》2009 年第 3 期。

⑤ 邓丽芳：《大学生的精神压力与心理健康关系的实证分析》，载《国家教育行政学院学报》2009 年第 3 期。

体因素四个方面，学生的心理和生理状态的不稳定性、认知结构的不完善性、生理成熟度与心理成熟度的不同步性、对家庭和社会的严重依赖性等导致学生产生心理障碍。王智勇、徐小冬等（2012）主要从家庭因素层面分析精神压力的来源与相互之间的内部关系，探讨家庭因素对学生多种精神压力的影响，并采取问卷调查的方式，整群抽取辽宁省 7 个地级市城乡大、中学校学生 25710 名，对中国青少年的精神压力进行调查。调查结果显示，稳定家庭的学生孤独感、失眠、离家出走、学习压力报告率较低。母亲文化程度高的学生学习压力报告率较高，母亲文化程度低的学生孤独感、尝试出走的报告率较高。父亲不同职业的学生缺乏安全感、孤独感、学习压力、失眠、打算出走及离家出走报告率差异均有统计学意义（$P < 0.05$）。作者得出结论，应关注母亲文化程度高的学生的学习压力及安全感，关注母亲文化程度低的学生的孤独感及离家出走状况，以及不稳定家庭学生的孤独感、失眠、离家出走、学习压力等方面的问题，这涉及经济压力的主要来源和影响因素。[①] 曹红柳（2013）认为，对于管理人员而言，精神压力主要受环境因素、组织因素和个人因素的影响。

第三，针对某一类特定群体，对其精神压力的来源和影响因素进行专门研究。在目前的研究中，针对大学生这一特定群体精神压力来源问题的阐述较多。廖小琴、沈银平（2016）认为当代大学生面临的利益强化下的价值取向、社会竞争机制下的学业和就业、宽容与多样社会条件下的自主选择、环境适应差异下的个体挫败性等因素是造成大学生精神压力的主要来源。[②] 邓丽芳（2009）对大学生每个年级所面对的不同的精神压力源进行了分析，指出大学生的适应状况和心理困扰在学业阶段的表现各不相同，其精神压力也会有所不同：一年级大学生精神压力源集中表现为新生活适应问题，兼有学习问题、专业问题、人际交往问题；二年级大学生精神压力源为人际交往、学习、情感问题；三年级大学生精神压力源集中在自我发展与能力培养、人际交往、情感等问题上；四年级大学生精神压力源则以择业问题为多数，兼有情感问题、未来发展和能力培养问题等。

梁樱、侯斌、李霜双（2017）专门对农民工的精神压力展开深入研究，并指出生活压力和居住条件为农民工精神压力的主要来源。作者指出，将生活压力和居住条件二者结合起来，把生活压力对农民工精神健康的影响置于

---

① 王智勇、徐小冬、李瑞：《学生精神压力与家庭因素之间的关系》，载《中国学校卫生》2012 年第 8 期。

② 廖小琴、沈银平：《大学生精神压力转化研究》，载《教育与教学研究》2016 年第 10 期。

居住环境场域之下研究，发现农民工的住房质量会显著调节生活压力对其精神健康的影响，即住房质量的下降显著强化生活压力对精神健康的负面影响或者说住房质量的提高能缓解生活压力的心理影响。[①] 杨哲、王小丽（2014）通过运用安徽省调查数据，研究新生代农民工融入城市中的精神压力。新生代农民工有着强烈的城市融入意愿和现代意识，现实社会藩篱使其难以真正适应城市生活。市民认知、文化缺位以及制度阻碍是新生代农民工精神压力来源的客观因素；自身文化水平、理想与现实差距及其游离心态是新生代农民工精神压力产生的主观因素。作者建议，从个人层面、社会层面以及制度层面来消减新生代农民工群体的精神压力。[②]

韩勇（2006）以社会高层次知识分子群体——研究生群体为特定的研究对象，对其精神压力的来源和影响因素做了专门的思考。通过问卷调查及多元统计分析，作者了解到如今绝大部分研究生承受着较大甚至很大的精神压力，压力主要来源于学业、就业、经济、家庭、婚恋和人际关系六个维度。[③] 刘萍、杨宏飞（2016）将研究生的学习压力作为其精神压力的主要来源，学习压力来自科研、论文的因素较之课程要明显得多，女生的自卑感强于男生，男生的敌意强于女生。[④]

刘越、宗占红等（2009）对高校教师精神压力的来源和影响因素进行了细致分析，认为高校教师的精神压力主要来自高校相继实行的末位淘汰制、聘任制、工资级别制、按绩取酬等竞争性的评价制度，这些制度给高校教师带来了前所未有的精神压力。[⑤] 李竹渝、贺晓星（2000）在《中日两国高校教师精神压力比较研究的统计分析》一文中得出中日两国高校教师的不同压力来源。可以相对将日本高校教师的精神压力描述为一种工作压力，而且形成这种压力的主要原因是时间，可以将这种精神压力命名为“时间冲突性压力”。对中国高校教师来说，产生精神压力最大的原因是学术评估，精神压力的结构有社会和家庭的痕迹。中国高校教师的精神压力源于社会，也来自

---

① 梁樱、侯斌、李霜双：《生活压力、居住条件对农民工精神健康的影响》，载《城市问题》2017 年第 9 期。

② 杨哲、王小丽：《新生代农民工城市融入中精神压力研究》，载《理论月刊》2014 年第 1 期。

③ 韩勇：《研究生精神压力的维度及其与个体背景和自我评估的关系》，载《青年研究》2006 年第 1 期。

④ 刘萍、杨宏飞：《研究生的学习压力与休学倾向的关系：心理健康的中介作用》，载《浙江大学学报（人文社会科学版）》2016 年第 3 期。

⑤ 刘越、宗占红、刘颂、车燕：《高校教师精神压力的组织应对策略》，载《江苏高教》2009 年第 2 期。

家庭和组织管理，可以定义这种以社会转轨冲击为背景的精神压力为“社会转型压力”。[①]

（六）缓解精神压力的方式与方法

关于精神压力应对，不同学科提出了不同的对策和解决路径。就社会科学领域而言，教育学、心理学、社会学和思想政治教育学等学科的学者在自身的研究领域对如何缓解精神压力的问题进行了探讨，主要分为理论层面和实践层面。

从理论层面来看，主要包括我国关于应对方式本身的研究、影响应对方式选择的因素研究、应对方式分类的研究、应对方式的功能及其效果评价研究等方面。其一，关于应对方式本身的研究。主要根据应激状态下的个体应付的情绪反应、自我心理防御反应和行为反应三个方面展开。关于情绪反应方面的研究，尤其是焦虑、抑郁情绪研究已自成体系，且研究很多。近年来，我国研究者开始重视自我心理防御反应的研究。娄振山（2000）通过将防御方式问卷（DSQ）与其他问卷相结合的方式进行调查研究，认为IDM[②]者与躯体化症状、强迫、人际关系敏感、抑郁、焦虑、敌对、恐怖、偏执、精神症性症状有高度显著的相关性，且多采用IDM者在日常生活中发生的不愉快生活事件明显地多于成熟防御机制者。[③] 一些研究者把行为反应与情绪反应和心理防御反应中的一些具体应付方式（如宣泄情绪、合理化等）综合起来研究。姜乾金（1993）参考弗克曼的类似方法，根据心理防御机制的主要内容，分析个体在各种应激事件中相对稳定的各种应付行为或认识活动，较早编制了《应付方式问卷》。之后，学者们针对成人、大学生、中学生等群体编制了应付方式量表，做了较系统的研究。其二，关于应对方式的影响因素研究。首先是应激源对应对方式的影响研究，主要是实证研究；其次是不同个体的应对方式差异的研究，如个体的人格特质、个体的生理资源（包括个体的生理活动状况、身体健康状况等）和个体的专业与职业；再次是情境对应对方式的影响研究。20世纪90年代初，肖计划等提出影响应对方式的因素主要有个性、年龄、性别、自我评价和生理状态。之后高山川（1997）等提出影响个体应对特定应激情境的因素包括稳定因素和情境因素，其中，稳定因素主要包括个体的应对倾向和他所拥有的应对资源（生理资

① 李竹渝、贺晓星：《中日两国高校教师精神压力比较研究的统计分析》，载《数理统计与管理》2000年第6期。

② IDM（immature defense mechanisms），不成熟防御机制。

③ 娄振山、陈沪加、伏广清：《与飞行员不成熟防御机制相关的心理社会因素研究》，载《中国心理卫生杂志》2000年第2期。

源、人格资源、社会支持），而情境因素则主要包括情境的客观特征和个体对情境的评价。[①] 其三，关于应对方式分类的研究。关于应对方式的分类主要有两种观点。一种主张从应对物质角度进行分类。研究中常用的模式有三种：选择性注意—选择性忽略型（Kahremann，1973）、压抑—敏感型（Bell & Byrne，1978）、迟钝—调控型。这种分类以“应对方式是一种人格特质”的观点为基础，在人格特质的某一维度上进行分类，因而不能全面反映个体的应对方式。另一种主张从应对功能角度进行分类。其前提假设个体应对方式存在一般功能维度，个体主要从这些一般维度出发，结合自身的应对资源、情境特点等因素，建立自己的应对方式。研究中较多运用的应对分类是积极应对和消极应对、问题指向应对和情绪指向应对。当前研究成果中最全面的分类当属马塞尼小组的分类——预防应对和斗争应对，每类应对方式又包括具体类别。其四，关于应对方式的功能及其效果评价研究。常见的评估标准有：有利于问题、不良情绪、情境的应激性的预防、减少或消除（Elizbeth，1983；Matheny，et al.，1986）；具有合理性、灵活性和远见性（Antonovsky，1979）；具有正确的评价、充分地应对技能及其适当地运用、应激反应的恢复（Cameron & Don Meichenbaum，1982）。

从实践层面看，研究者们主要针对非健康群体，如心理障碍、各类疾病患者；部分涉及特殊职业群体及被认为是高压力的群体，如教师和学生群体、外企白领阶层、运动员等，从个体身心健康角度出发探讨有效应对精神压力的干预、指导和训练。近年来，研究者们对学生群体的研究不断增多，对他们的应对干预训练也愈来愈受到重视。应对精神压力的干预和训练开始转向健康群体，并着眼于发展和预防。这些内容包括以下两个方面。

第一，针对不同人群提出针对性的缓解精神压力的方式与方法。如郑翔丽（2003）认为管理人员缓解精神压力的途径主要有工作方法的改善与日常生活的调适两类。其中，工作方法的改善具体内容包括有效划分程序化决策与非程序化决策，灵活使用目标管理来做好管理工作，掌握时间管理的诀窍，建立工作团队、增强团队合作意识四种；日常生活调适的具体内容包括培养几种能持之以恒发展的兴趣爱好，多角度寻求社会支持，善于体谅别人、体谅自己，合理安排作息制度，有效划分工作、学习、娱乐、休息的界限等。[②] 王雪莲（2006）以资源型城市——湖北黄石的国有企业失业人员为

---

① 高山川等：《影响应付的稳定因素和情境因素》，载《心理学探新》1997 年第 3 期。

② 曹红柳、温明、郑翔丽：《管理人员有效缓解精神压力的几点建议》，载《科学管理研究》2003 年第 2 期。

研究对象，认为可通过以下五方面来舒缓城市国企失业人员的心理压力：①社会工作介入城市失业人员的心理问题，发挥专业特长，极大地促进失业者心理问题的解决；②加强失业保障政策的宣传及落实，改善城市失业人员的生活状况；③教育、引导城市失业人员不断健全自己的人格，注重自我调控；④提供畅通的情绪表达渠道，使失业人员的不良心理得到有效调适、宣泄；⑤调配资源，为城市失业人员提供家庭生活教育式的家庭辅导。[①] 王晋霞（2017）提出，做好国有企业女职工的思想政治工作有利于缓解其精神压力和心理负担。具体做法有：①运用法律武器，保护国有企业女职工的合法权益，给予女职工人文关怀与心理辅导；②重视提升女职工的思想素质及专业素质；③创新思想政治工作的开展方式；④建设女职工干部队伍等。杨哲、王小丽（2014）通过运用安徽省调查数据，提出从个人层面、社会层面以及制度层面来消减新生代农民工群体融入城市的精神压力。[②] 曹观法（2004）认为大学教师群体面对心理压力，应采取自我放松、安排好生活节奏、改变不良认知方式、改善人际关系等自我调控方法。[③] 刘杰（2004）探讨了开展青少年学生压力应对教育的具体措施，包括积极认知构建、模拟应对演习、自我减压指导等。[④] 陈晨（2011）通过咨询活动进行调研发现，在面对压力时，人们采用的应对方式一般为忽视、重视、改变自己的认识、改变自己的满足方式、降低自己的目标、蛮干等。李竹渝等（2000）采用“应对方式问卷”形式进行实际测查，发现人们在应对压力时采取的方式有积极筹划与行动、寻求社会支持、停滞与放弃、主动克制、情绪宣泄、心理解脱等。整体上应对压力的方式积极向上，采取积极筹划与行动、停滞与放弃、心理解脱这三种方式的居多；女性往往更侧重于社会支持、情绪宣泄、接纳、心理解脱等方式。有的学者也使用了调研问卷的方式研究，发现人们应对压力的方式是积极的，男性的积极性高于女性，城市居民的积极性高于农村居民，喜欢运动的高于不喜欢运动的。

第二，针对大学生群体分层分类提出应对精神压力的方式方法。这些内容包括：压力应对方式的种类、不同性别比较研究、不同年级比较研究、不

---

① 王雪莲：《城市国企失业人员心理压力的社会学研究——基于湖北省黄石市的实证调查》，华中农业大学学位论文，2006 年。

② 杨哲、王小丽：《新生代农民工城市融入中精神压力研究》，载《理论月刊》2014 年第 1 期。

③ 曹观法：《大学教师的心理压力及自我调控》，载《环境与职业医学》2004 年第 6 期。

④ 刘杰：《论青少年学生的压力应对教育》，载《山东农业大学学报（社会科学版）》2004 年第 2 期。

同地区比较研究以及压力应对方式与心理健康的关系等。还有的选取一些特殊群体进行研究，包括贫困生、新生、高职生、少数民族学生等。如张建卫（2003）对北京地区的660名大学生进行了实证调查，认为大学生应对压力的方式主要有接受、积极筹划与行动、停滞与放弃、主动克制、情绪宣泄、心理解脱、寻求社会支持等。[①] 李伦、王谦（2000）等则把大学生的压力应付方式划分为：选择性忽视，选择性重视，改变自己原有的价值系统，降低社会对愿望的满足方式，降低自己的理想、降低社会对自己的要求，蛮干、铤而走险六大类。[②] 杨俊茹、张磊等（2005）调查发现，在积极应对因素上女生高于男生，城市学生高于农村学生，经常运动的学生高于不经常运动的学生。在表达方式上，男生更倾向于参加文体活动、吸烟、喝酒，或者通过与人交谈、倾诉内心烦恼等方式来疏解压力。而女生更倾向于采取自我安慰、接受现实、求助等方式来应对压力。[③] 针对大学贫困生这一特殊群体，李志（2008）指出，要引导贫困生正确认识贫困，实现科学的自我定位；指导贫困生主动寻求帮助，积极尝试自我减压；创建和谐的人际环境，强调人格平等。[④] 卡佛等（Carver，1989）对美国大学生的研究发现，大学生较少使用具有长远意义的非适应性的应对方式如行为与心理解脱等，而较多使用制订计划等具有适应性的应对方式，但他们对个别非适应性应对方式的使用已达到或接近中等程度。我国大学生在面对压力时，采用的应对方式主要是积极的心理调节机制，较少使用消极的自我防御方式。

（七）精神压力研究的发展趋势

回顾精神压力研究史，针对压力的研究主要集中在“压力源”“压力反应”“压力中介变量”三个领域。自20世纪末80年代以来，国内外有关精神压力的研究又呈现新的趋势。

1. 精神压力的跨文化多学科交叉研究

近年来，关于精神压力相关问题的研究呈现视野更开阔、横向纵向考察相结合的特点，注重跨学科交叉研究，全面考虑时代因素和社会文化因素。

第一，关于跨文化研究。不同文化背景、发展任务和生活环境对不同发

---

① 张建卫、刘玉新、金盛华：《大学生压力与应对方式特点的实证研究》，载《北京理工大学学报（社会科学版）》2003年第1期。

② 李伦、王谦：《大学生心理应激生活事件与应付方式的特点》，载《医学与社会》2000年第2期。

③ 杨俊茹、张磊、陈雁飞等：《大学生压力应对方式的调查研究》，载《首都体育学院学报》2005年第3期。

④ 李志：《大学贫困生的心理压力及干预策略》，载《教育探索》2008年第4期。

展阶段的机体提出了不同的挑战（Greenfield & Cocking，1994）。马库斯（Markus）、北山（Kitayama，1991）和陈（Chen，1994）指出，文化差异有可能对压力的评估结果产生重大的影响，压力与心理调适的研究与分析结果具有显著的跨文化差异。对于相同的压力事件，不同文化背景的个体对压力的感受和态度各有差异，这无疑是受文化规则、习俗和概念等因素所影响的。有的研究者对中美两国大学生运用“学生生活应激量表”进行测试与分析。结果显示，中国大学生对量表部分变量的反应程度及合集总分与美国大学生有显著差异，这表明中国大学生对应激状态的认知和反应与美国大学生有明显的不同。宙斯（Jose）和安娜（Anna）等人（1998）也针对俄罗斯、美国两国青少年的压力反应进行了跨文化研究，结果表明，俄罗斯、美国两国青少年在应对重大生活事件的压力反应上没有显著差异，但俄罗斯青少年的日常压力显著超过美国同龄人，这可能与俄罗斯社会不稳定、经济衰退有直接关系。张子璇（2010）对中日高校教师的精神压力成因进行比较，发现中日高校教师产生职业倦怠的原因之一都是过度的精神压力。日本高校教师的精神压力较多来源于时间压力，而中国高校教师精神压力的来源较为复杂，涉及工作负荷、社会经济地位、高校制度建设等多方面因素。同时，笔者也从个人、学校、社会三个层面，就减轻高校教师精神压力、缓解高校教师职业倦怠问题提出了建议和对策。师艳荣（2016）从家庭变迁的视角对日本青少年蛰居问题进行了分析，指出偏重智育的家庭使得青少年背负着过重的学习负担和精神压力。[①] 而《文汇报》上2016年5月12日一篇名为《英国小学生“日子也不好过”——5岁要面对入学摸底考　小学要过两次全国统考》的文章也对英国小学教育中过重的考试压力进行了剖析。这些对比研究对分析我国的精神压力问题提供了参考价值。同时，也有不少学者注重从我国传统文化中汲取缓解精神压力的精髓。如史梦薇（2013）就从我国主流儒家文化入手，研究适合中国人的应对压力方式，指出儒家的自我控制观，强调生命意义、压力认知与转化对国人提高心理健康水平发挥着巨大作用。[②] 林军（2016）也提出，中国传统竹文化形态中的审美内涵弥补了现当代人们生活与精神的缺失，适当地缓解了人们在社会激烈竞争下的精神压力；提高了人们的审美修养，陶冶了人们的生活情操。[③]

---

① 师艳荣、孙丽：《家庭变迁视野下的日本青少年蛰居》，载《中国青年社会科学》2016年第6期。

② 史梦薇：《传统儒家的压力应对观及其当下意义》，南开大学学位论文，2013年。

③ 林军：《中国传统竹文化形态中的审美内涵》，载《湖南科技大学学报（社会科学版）》2016年第2期。

第二，关于跨学科多视角研究。学者们从社会、家庭、文化等视角切入，在社会学、心理学、教育学等学科领域阐释精神压力问题。梅萍、韩静文（2017）指出大众文化具有对生命价值观教育信息的承载传导功能、对人心理状态和精神压力的调节舒缓功能以及对人的主体性和社会化的培育促进功能。可通过充分利用网络文化的丰富形式、探寻文化经典中的生命智慧、把握时尚文化中的生命意蕴、挖掘优秀影视文化中的生命情感、实现健康偶像文化的生命激励等方式，发挥大众文化的积极影响，更好地促进大学生个体生命的健康成长。[①] 袁同成、彭华民（2015）和王智勇等（2012）则从家庭因素着手，分别探讨了家庭因素对农村老年人和学生多种精神压力的影响，为改善心理健康水平提供了依据。胡莹（2014）则从社会工作的视角探析了城市空巢老人的精神健康问题，从“心理—社会”的角度针对老年群体心理和生理的健康做了全面的调查研究。[②] 邱幼云（2017）探讨了新生代企业家作为中国经济的新兴力量，也会面临重重压力甚至陷于焦虑、抑郁等精神压力，要缓解新生代企业家的精神压力，就需要建立同辈企业家社会支持系统。[③]

2. 精神压力的相关影响因素研究

查阅文献可知，以往研究精神压力更多集中于压力的来源、反应及中介变量等方面，而现在针对压力的应对及干预方面，如影响应对技能的因素、压力各变量之间的内在交互影响度、如何建立合理的应对机制等方面的研究也越来越多。除此之外，不少学者对精神压力与行为转化之间的关系做了交叉研究，考察精神压力与人的具体行为转化之间的内在驱动机理，以提高应对压力的实践指导及临床实用价值。

其中，精神压力与心理健康的关系探讨是其重要研究领域。在压力研究的早期，通常关注重大生活事件与个体的心理适应之间的关系，例如，失业、朋友死亡等重大压力事件的影响（Dohrenwent，1981）。后来研究发现，由日常生活角色和社会角色所带来的持续过高压力是影响心理健康程度的首要原因，如由婚姻及家庭经济变化带来的压力与人的抑郁状态有明显的联系（Schnefer & Lazarus，1981）。研究者还发现，经济压力、缺乏自主选择权、工作角色不明确、工作绩效评价体系不完备等，与人的抑郁状态也有较大的

---

① 梅萍、韩静文：《大众文化载体在大学生生命价值观教育中的功能及运用》，载《学校党建与思想教育》2017 年第 7 期。

② 胡莹：《社会工作视角下的城市空巢老人精神健康》，载《中国老年学杂志》2014 年第 34 卷第 11 期。

③ 邱幼云：《同辈支持缓解新生代企业家精神压力》，载《中国社会科学报》2017 年 6 月 28 日第 6 版。

关系（Billings & Moos，1982；Kasc，1978）。接近50项横向研究均表明：压力与抑郁程度呈显著相关（Compas，Orosan & Grant，1993）。然而，这种相关性不局限于抑郁。Compas and Howell（1989）等人发现，压力与心理问题相关度非常高（可解释11%的变异），甚至要大于外在心理问题的相关度（可解释5%的变异）。这可能反映了压力事件与抑郁程度等与其他疾病症状的关系更加密切，进一步研究表明，两者之间是相互影响的关系。邓丽芳（2009）和陈虹霖、张一奇（2005）都对大学生精神压力与心理健康关系进行了实证调查，分析得出大学生的精神压力与心理健康之间存在显著相关关系。前者提出要全面做好高校的心理辅导工作，在注重心理健康知识普及的基础上，不仅关注个别学生心理障碍的排除以及危机事件的干预，更应把发展性心理辅导与训练作为大学生心理健康教育的主要内容，对大学生成长过程中带有普遍性的发展问题给予指导、帮助、训练，从整体上提高学生的心理素质，协助他们完善个性、增强适应能力。后者也指出高校工作者要尽可能全面研究和关注在校大学生存在的压力状况，把握大学生的心理发展规律，发掘和整合心理健康教育资源，引导大学生采取积极应对策略，从多角度、多学科共同帮助大学生摆脱心理问题。这些都为高校开展大学生心理健康教育和学生工作提供了有益的理论依据和参考。另外，毛丽红、朱健民（2013）围绕不同BMI（body mass index）大学生的精神压力与影响因素进行实证调查，结果表明：性别差异、超重、低频率运动以及学习竞争、就业焦虑等因素对大学生精神压力有显著的负面影响；增加周运动次数和运动时间、减轻体重对大学生减缓精神压力有显著的适用效果；积极的运动健身可以培育以强健体魄、愉悦心智、活跃人际为内核的新健康理念，为引导大学生实现身心全面发展提供了理论依据和实证性借鉴。[①] 仲敏（2017）针对班主任这一高压群体提出，要从班主任自尊需求、情感需求、人生价值实现的需求联动学校、社会和班主任自身与家庭的支持，建构班主任的心理支持系统。[②]

（八）精神压力研究的评析

随着现代人生活水平的提高，人们开始越来越多地关注自身，关于“人”的研究领域在不断拓宽，作为人们精神生活中经常遇到的一种情境，精神压力越来越受现代人的关注，关注精神压力的发展变化，关注现代生活

① 毛丽红、朱健民：《运动与BMI：大学生的精神压力与影响因素的关联研究》，载《内蒙古师范大学学报（教育科学版）》2013年第11期。

② 仲敏：《班主任心理支持系统的建构》，载《教育科学研究》2017年第10期。

对人们精神世界的影响。因此，现代精神压力研究具有较强的现实意义。通过对已有研究成果的收集、整理与总结，我们发现相关领域的既有成果为本研究的开展做了较好的铺垫。其一，关于精神压力相关基础理论的研究比较丰富，尤其是关于精神压力的概念、研究取向、研究方法抑或发展趋势方面的研究对本研究形成支撑，有利于本研究以“现代”为切入点，开展针对性的研究。其二，已有的关于精神压力的研究成果，在一定程度上为本研究提供了基本的研究范式，无论生理医学界、生物物理学界或是心理学界的相关理论，都能为本研究在具体调研、访谈或数据采集等方面提供科学而严谨的研究规范，而多学科、跨文化的相关研究，也能为本研究提供更加开放的研究思路与切入视角。其三，通过对已有研究成果的全面整理与客观分析，我们寻找出当前精神压力领域研究的热点和发展趋势，尤其是多学科交叉研究方面，越来越多的社会科学通过对社会现象或社会问题的考察，开始研究现代人的精神世界或者心理健康等方面，由此落到现代人的精神压力研究，这些成果都能为本研究的开展提供宝贵借鉴。当然，我们也看到当前相关领域研究存在的不足，主要有以下五点。

第一，关于精神压力的基础性研究有待深化。通过梳理精神压力的基础理论研究，我们发现其研究历程只有几十年，已有一些基础理论以及拓展研究成果的某些概念、方法逐渐不适应当前现代社会精神压力现状。这种情况不但影响我们对精神压力的客观认知，也影响以此为基础的跨文化、跨学科的交叉研究。我国涉及此领域的研究开展得较晚，这其中既有精神压力研究本身的困难性与复杂性等内部原因，也有我国相关学科建设相对滞后等外部原因。同时，目前学术界虽然出现了几种明确的研究思路，但是无论是生理医学界还是生物物理学界或是心理学界，他们对精神压力的认识与研究各自存在较大差异，甚至相互排斥，这就导致对同一个概念产生了不同的理解，从不同的概念出发，难以保证研究成果的科学性。因此，研究现代精神压力，我们需要进一步完善此领域的基础性研究，只有不断完善基础理论，才能为我们开展多学科交叉研究提供更具有说服力的理论基础。

第二，已有成果的研究对象选取存在“哑铃式”现状。一些研究在选取样本的过程中具有一定的局限性，对于一些测试，选择的受试者存在重两端轻中间的“哑铃式”分布，比如心理学领域的部分研究，过度重视 18 岁之前的儿童青少年，针对 18 岁之后青年中期和晚期日常精神压力特点的研究相对较少。美国心理学家科雷汶（Kleiwer，1991）指出，有关成人的压力产生与应对机制研究已处于“成熟期”，而对青少年的研究尚处于“婴幼儿期”。这种现状与发展心理学的发展不够协调。此种认识虽有一定的合理性，人类社会在不断发展之中，现实生活中出现了许多新事物、新关系、新境况，人作为一种社会存在，也在不断发展，一定领域内已经取得的成果未必就成为永恒的定论，我们需要不断拓宽视野，不断补充与完善青年中后期的研究。

第三，现有研究对一些关键环节缺乏考察。已有研究对精神压力伴随机体成熟而变化的特点有所涉猎，但对 18 岁之后的精神压力源和应对发展特点缺乏足够的探讨。从研究取向来看，压力研究更多集中在压力的来源、反应及中介变量等方面，而在压力的应对及干预方面研究较少，虽然涉猎了相关研究，如压力与应对方式的相关研究等，实证研究却少见。除此之外，在一些交叉研究中，缺乏对精神压力与行为转化之间的关系的关注，通常在基础理论运用和社会现象之间进行简单嫁接，却没有从根源仔细考察精神压力与人的具体行为转化之间的内在驱动机理，对此方面的研究缺乏手段和方法。

第四，关于精神压力与社会因素联系的相关研究不够深入。通过文献收集，我们可以看到，针对精神压力的跨文化研究、多学科交叉研究已经逐渐增多，一些研究集中于社会具体群体而探讨其精神压力，有的则从一些社会行为的存在而探讨精神压力，还有从其他视角切入的研究。这些研究普遍存在的一个问题就是将人的精神压力作为一个静态结果来看待，而不是将其看成一个动态过程，注重某一时间阶段或者某些具体环境影响因素的考察，这容易对精神压力形成根源的误判，由此引出的对策或者方法在一定程度上陷入治标不治本或就事论事的怪圈。因此，在探讨社会因素时，我们要尽可能透过现象认识本质，关注现象而不拘泥于现象，重点挖掘深层次的根源性问题。

第五，从思想政治教育学科视角对精神压力展开的研究十分匮乏。思想政治教育的落脚点是解决人的问题，尤其是解决人在思想认识领域的问题。现代社会中的人或多或少都会面临一定的精神压力，压力对人自身的思维方式和行为选择产生影响，所以思想政治教育学科理应关注人的精神压力问题，但是在文献梳理过程中，笔者发现当前从思想政治教育学科视角出发而展开的探讨少之又少，已有的一些研究往往也缺乏深度，既缺乏对精神压力的基础理论的理解与运用，又缺乏对一定研究方法的掌握，精神压力这一涉及学科交叉的现象还没有形成一套具有说服力的研究范式。在明晰问题的同时，其实也对本研究提出了更高的要求，在关注精神压力基础理论的同时，从更深层次探讨现代精神压力形成的影响因素，以期能够提出具有现实意义的现代精神压力缓释与转化路径。

四、研究思路与方法

（一）研究基本思路

本研究遵循由一般到个别、理论联系实际的研究方法，探讨以下五个问题：一是精神秩序的内在逻辑，实在的伦理秩序、观念的道德意识与精神秩序如何共生互动；二是自我与精神压力之间的关系，自我之间的矛盾统一问题；三是现代人精神压力的规律；四是我国精神压力的特殊性问题；五是缓解或释放精神压力的有效途径。

（二）研究方法

对于现代精神压力的研究，可从多个方面进行，因此，除了理论联系实际、具体问题具体分析等基本方法，还有如下四种方法。

1. 对比研究法

虽然本课题研究现代精神压力，但有必要先探析传统社会的精神压力问题；研究中国现代社会的精神压力，同时关注西方国家的精神压力。

2. 历史与逻辑相统一的研究方法

在历史发展与现实要求的视野中，研究现代精神压力的形成、发展、危害、预防等问题，既注重精神压力产生、发展的历史轨迹，又注重精神压力在现代社会乃至未来社会的发展趋势。用历史与逻辑相统一的研究方法，才能抓住精神压力自身发展的逻辑性和规律性，才能正确认识现代社会精神压力的本质问题。

3. 从抽象到具体的矛盾转化

现代精神压力研究，首先要抽象归纳出精神压力的概念，然后将这个抽象概念放置于人类各种具体的精神活动中，并将二者结合起来。这样我们才能在更深层次、更大范围、更具体的场景下研究精神压力的本质，这就是从抽象概念上升到具体概念的研究方法，亦即从抽象到具体的矛盾转化法。

4. 微观研究与宏观研究相结合的系统研究方法

社会是一个系统，人是一个系统，人的精神状态也是一个系统。要研究一个系统，需将宏观与微观的研究方法相结合。首先，从微观上研究这个系统的具体要素，研究要素与要素之间的关系；其次，从宏观上研究整个系统，研究系统与外部环境的关系，准确全面地把握整个系统。研究现代社会精神压力，要做到微观研究与宏观研究相结合。要把这一问题放在整个人类历史和社会发展的全景中考察，既研究人类社会发展的漫长历程，又研究人类政治、经济、文化等丰富的实践活动，从宏观角度对精神压力做全面的把握。人类的精神活动同时又是一种微观的心理活动，涉及人的认知、情感、意志等，用微观研究方法才能清楚分析精神压力形成的机制。此外，还有其他方法，如社会心理学方法、实证方法、文献法、调查问卷法等。

第一章　精神压力的基本概念

第一节　精神压力的相关概念释义

社会学家默顿（Merton）说，发现和提出一个社会学问题，就等于解决了问题的一半。在咨询科学和决策科学中，学者对问题的界定至关重要。“精神压力”是当今社会的显问题，国外学者称之为“西方世界的灾难”，我国学者则称为“我们时代最严重的问题之一”。“精神压力”这个问题的内核是什么？边界在哪儿？内在逻辑及其效用是研究精神压力的关键。

“精神压力”由“精神”和“压力”两个概念组成。精神是种概念，精神压力是属概念。精神可以组成精神动力、精神压力、精神意识、精神世界等概念；压力也是种概念，物理压力、心理压力、精神压力、物质压力等是属概念。所以，要厘清精神压力这个属概念，就必须清晰界定两个种概念及属概念精神压力的内涵和外延。

一、精神释义

西方学者很早就开始了对精神的研究，在古希腊时期，精神主要以灵魂的形式出现。古希腊哲学家一开始就钟情灵魂研究，最早的米利都学派创始人泰勒斯的一个重要观点就是万物有灵，他用灵魂来解释物质的活动能力，正是灵魂的这种内在力量才促进事物间相互作用、相互联系。至于灵魂为什么会运动，他没有解释。毕达哥拉斯把灵魂看作一种比空气更为精细的物质，这种物质是由冷、热两种元素组成的，它们按照一定的比例数和谐构成，这种直接内在的对立元素推动了事物自己的运动，从而使我们看不到外在推动者，所以灵魂这种“太阳光中的尘埃”完成了自己独特的运动。毕达哥拉斯的这一解释虽然幼稚，但解决了泰勒斯关于灵魂为什么能够运动的问题，尤其是自发的辩证法思想得到列宁的高度肯定。毕达哥拉斯把人的灵魂分为表象、心灵和生气三部分，其中，生气存在于人心里，生气推动人的血管、肺和神经等器官活动；而表象和心灵存在于人的脑子里，人感觉的点滴构成了表象和心灵的部分内容，称之为感觉灵魂。另外，人的灵魂中还有理性存在，理性部分是作为世界的一种始基“数”而存在的，是不灭的存在，称之为理性灵魂。感觉灵魂部分随着人的死亡而消失，理性灵魂则从一个人转到另一个人身上。赫拉克利特赞同毕达哥拉斯关于感觉灵魂和理性灵魂的分类，提出理性才是真理的裁判者，他并没有把物质与精神区别开来，精神依然被其界定为物质性存在。不过相较于毕达哥拉斯，赫拉克利特是立足于人的整个认识过程来讨论理性灵魂不死的。德谟克利特认为灵魂是由最细致、最圆、最灵敏和炽热的原子所组成并飘荡在空中，空气压力把它压入人的身体里，所以灵魂的原子遍布人的身体，促使身体运动，人的肉原子和灵魂原子按照2：1的比例结合着，随着人的生命结束而消失到虚空中。柏拉图发挥了灵魂的神秘主义因素，否认灵魂由感性上升的观点，他认为不死灵魂居住在理念世界里，先于人具备肉体之前而存在，灵魂在取得人的形式后，才经由感觉推动、经验刺激、他人提示以及相互的比较分析等回忆起原来已认识的理念。柏拉图夸大了精神的能动性，否定精神由物质决定，但他认为思维是灵魂的实质，主张研究精神本身的灵魂，把精神研究从直观自然界转化到主体世界和思维本身的领域。在灵魂问题上，亚里士多德综合了唯物主义的直观自然和精神能动研究，力图回避双方缺陷。在亚里士多德看来，思维中灵魂是独立于躯体的，感情中的灵魂又和躯体不可分，因此他肯定了人们认识世界的第一实体，认识的对象是存在于感觉之外且不以人的灵魂为转移的客观事物，人的感觉灵魂就是外界事物作用于人而留下的印迹，但感觉要通过统觉（经验）才能上升为理性，统觉能够把所有感觉集合起来，使灵魂全面把握对象的图景，所以理性灵魂实质上就是思维过程。他把理性灵魂看作人与动物的本质区别，植物有营养灵魂却没有感觉灵魂，动物有营养灵魂和感觉灵魂却不能思维，人则具备三者尤其是理性灵魂，营养灵魂和感觉灵魂会死亡，可理性灵魂却不会死亡，于是他得出理性灵魂不灭的结论。

随着古希腊的没落，灵魂和肉体分开的“灵魂不死说”在古罗马时代发展成一神教，直到欧洲人从中世纪基督教长眠中苏醒，精神研究才重新被提上日程。自笛卡尔提出“我思故我在”的哲学命题后，“我思”或“自我”成为研究的靶向，但是相较于“灵魂”，“自我”无疑突出了意识的内在性特质，“只要人们从 ego cogito（我思）出发，便根本无法再来贯穿对象领域；因为根据我思的基本建制（正如根据莱布尼茨的单子基本建制），它根本没有某物得以进出的窗户。就此而言，我思是一个封闭的区域”[①]。爱尔维修在《论精神》一书中指出：“产生我们的一切观念的，是肉体的感受和记忆。”[②] 在爱尔维修看来，感受或记忆都应该划归感觉的领地，精神无非就是由感觉而产生的认知，精神是一种自我感觉和记忆的经验集合体，他称此为判断。黑格尔辩证地阐述了精神的发展过程，从经验的意识的成长到完成精神的客观化，再到真理与自由相统一，因此形成了主观、客观和绝对精神。费尔巴哈则从人的“类意识”和“精神是感觉的综合、统一”两维论述了精神的内外两重意蕴。总的来看，西方古代学者对灵魂的认识十分丰富，大体集中在从直观自然到主观理性的研究路向。为解决灵魂的生发问题，学者纷纷从灵魂引申至“努斯”“逻各斯”“理念”等内核深刻阐释，这时期的灵魂依然突出外在的对象与我的精神实体发生的联系。不过，《牛津哲学词典》给出了这样的参考概念，灵魂（soul）即指“拥有意识的经验，控制情绪、欲望和行为，以及维系从出生到死亡（甚至生之前和死之后）的完善同一性的非物质的‘我’”[③]。很显然，这与近代意义上“自我”的解释相近。近代以来，精神主要从“我思”“主观精神”“客观精神”“绝对精神”“类意识”等意义上求解，故《牛津哲学词典》给精神（spirit）下了如此定义：“我们把精神看成激活生命物的东西：是一种生命从其中流溢而出的原则或者非物质的源泉，这看似简单，但却十分富有哲学意义。某人自己的精神成为一种灵魂或者心智或者自我（ego）；那激活所有自然事件的原则同时成为宇宙的激活原则，或者叫世界精神。geist（感性）概念，是那种贯穿万物的气息的概念。”[④]

马克思和恩格斯扬弃了西方传统哲学在精神概念上的片面性和被动性，发展并重构了精神的丰富内核。首先，人的精神存在于人的意识，即“现实的个人都具有意识，因而他们也会思维”[⑤]。在《1844 年经济学哲学手稿》《神圣家族》和《德意志意识形态》等著作中，马克思用相对于肉体的词“geist”（感性）来阐释精神，精神存在于人的现实生命活动中。其次，马克思把精神这一概念牢牢置于现实感性活动或实践活动中，“思想、观念、意识的生产最初是直接与人们的物质活动、与人们的物质交往、与现实生活的语言交织在一起的。人们的想象、思维、精神交往在这里还是人们物质行动

① F. Fedier Edited. “Vier Seminare”. Vittorio Kloster manne，Frankfurtam Main，1977.
② 孙月才：《西方文化精神史论》，辽宁教育出版社 1990 年版，第 435 页。
③ ［英］Simon Blackburn 编：《牛津哲学词典》，上海外语教育出版社 2000 年版。
④ ［英］Simon Blackburn 编：《牛津哲学词典》，上海外语教育出版社 2000 年版。
⑤ 《马克思恩格斯文集》第 1 卷，人民出版社 2009 年版，第 551 页。

的直接产物”[①]。再次，马克思从历史唯物角度论证精神生产实质上是社会意识（政治法律、宗教、艺术、科学、哲学等）形式的生产，“表现在某一民族的政治、法律、道德、宗教、形而上学等的语言中的精神生产也是这样……如果在全部意识形态中，人们和他们的关系就像在照相机中一样是倒立成像的，那么这种现象也是从人们生活的历史过程中产生的，正如物体在视网膜上的倒影是直接从人们生活的生理过程中产生的一样”[②]。最后，马克思辩证回答了精神的超越性，现实活动中的人们要“确立此岸世界的真理”[③] 就需要探讨“自由王国只是在由必需和外在目的的规定要做的劳动终止的地方才开始；因而按照事物的本性来说，它存在于真正物质生产领域的彼岸”[④]。追求共产主义自由王国的真理是基于历史活动中的，而“历史的全部运动，既是这种共产主义的现实的产生活动，即它的经验存在的诞生活动，同时，对它的思维着的意识来说，又是它的被理解和被认识到的生成运动”[⑤]。由此看来，立足现实的个人、实体的感性、实践的活动基础上，马克思的精神概念强调人的历史的、辩证发展的精神。“马克思指认的精神从更为现实的基点上涉及感性实践基础上精神的感性（包括非理性因素）与理性的‘知情意’要素、‘真善美’统一的现实性指向尤其是‘人的全面而自由’发展的目标追求，其对人的精神概念所具有的丰富多样性、自由自觉性的考量，给予了人的自由全面发展目标以内在的精神规定。”[⑥]

二、压力释义

“压力”来源于物理学。物理学上的压力是指发生在两个物体的接触表面的作用力，或者是气体对固体和液体表面的垂直作用力，或者是液体对固体表面的垂直作用力。定义侧重于客观属性的描述。把压力的概念引进医学和心理学始于加拿大生理学家汉斯·塞里。“压力”是指施加于身体之上且需要与其适应的一切内在要求的非特异性反应，无论这一要求是一个积极的情境（如晋升）还是一个消极的情境（如失业），其唤起人生理上的反应是差不多的。一言以蔽之，凡是身体因适应新的情境而引起的生理上的非正常

---

① 《马克思恩格斯全集》第 3 卷，人民出版社 1965 年版，第 29 页。
② 《马克思恩格斯全集》第 3 卷，人民出版社 1965 年版，第 29 页。
③ 《马克思恩格斯文集》第 1 卷，人民出版社 2009 年版，第 4 页。
④ 《马克思恩格斯全集》第 25 卷，人民出版社 2001 年版，第 926 页。
⑤ 《马克思恩格斯文集》第 1 卷，人民出版社 2009 年版，第 186 页。
⑥ 徐海峰：《马克思精神观研究》，辽宁大学博士学位论文，2016 年，第 26 页。

反应，无论积极还是消极，都称之为“压力”。现代整体医学这样定义：“压力”是一个人无力应对“觉知到”的（真实存在或想象中的）自己心理、生理、情绪及精神的威胁时所产生的一系列生理性反应及适应现象。通俗地说，无论事件真实发生与否，凡当事人感知到了，且在自己的心理上、生理上、情绪上或自己的精神状态上产生异样的现象，都称之为压力。如：对自己的血液中检测出“癌细胞”感到十分恐惧和绝望；深夜担心遭遇小偷造访引发的恐惧感等。[①] 在心理学中，压力被表述为心理压力源和心理压力反应共同构成的一种认知和行为体验过程。从概念上理解，“压力”阐释了人在慢性压力下的生理反应及其与疾病的关系。然而，现代生活中的“压力”却有多种解释和定义，在心理学视域中解读得尤其多。我国学者车文博认为，压力是指个体的身心在感受到外来的威胁时所表现的一种状态。[②] 而张春兴指出：“在心理学上，‘压力’一词有多种阐述：①指客观存在于环境中的一类具有威胁的刺激；②对一些具有威胁性刺激的特定反应；③指刺激与反应的相互关系，个体对环境中具有威胁性的刺激经认知其性质后所表现的反应。”[③] 由于认知过程、认知程度的差异及外界环境的影响，压力的表现因人而异。例如，有人认为压力大，而此种压力在其他人的认知范围内则属于较弱的，甚至不构成压力。从上述定义来看，压力的构成有三个必要条件：①外来某种对个体具有一定威胁或者不在认知范围之内的刺激；②个体对刺激的反应，个体必须先对外来刺激进行评估，然后做出相应的反应；③个体有内在体验，如焦虑、紧张等。[④] 其中，内在体验更多的是指精神上的活动。

如此看来，构成压力的第一个要素是外在对象，爱尔维修认为精神的外在对象主要有自然提供的对象物、对象与我们的关系及其相互关系、我们对关系的认识等，故对象有物理层面的客观实在，也有对象的自在自为，如我们对此做出的判断（“一定的威胁和认知的范围”就是判断的结果）。第二个要素则是依据主观秩序对外来对象进行评估，这意味着我们的主观意识中有一个自为的标准，作为裁量自然对象和社会关系的尺度。这种评估涉及一个个人、一个小集团、一个国家、不同的时代和不同的地方、宇宙的利益判断，具有普遍性意义，我们则赋予理性的规定性，一个时期甚至上升为社会共体存在，具有真理性意义。第三个要素突出内在秩

---

① 西华德：《压力管理策略（第5版）》，中国轻工业出版社2008年版。
② 车文博：《当代西方心理学新词典》，吉林人民出版社2001年版。
③ 张春兴：《现代心理学——现代人研究自身问题的科学》，上海人民出版社1994年版。
④ 王红姣：《大学生压力源及压力应对方式研究综述》，载《思想理论教育》2007年第11期。

序与外在规范之间的矛盾统一通过精神实体外显出来的识相。譬如各种情绪：喜欢、痛苦、赞同。

三、精神压力释义

精神压力具有精神和压力的一般属性，又有自身特定的范畴。精神的一般属性体现为感官存在的实在性、感觉的自为性（实践性）、个体精神生活的历史性及未来发展的超越性。压力的一般属性体现为外在对象的自在性、个体主观的利益判断、个体的内在情绪体验。由此可见，精神是感官的实在与感觉的自在的统一，压力是外在对象与内在自为的矛盾统一。因此，精神压力是指个体通过感官感受到外在对象带给我们的刺激，我们理性判断这些刺激与行动目标的耦合程度时带来的心理冲突，从而外显的精神状态。也就是说，个体处在客观存在的自然环境、社会生活情景中，从刚开始的接触到实践中形成经验，个体不仅会本能地对其先验观察，而且会进一步运用实践习得的经验对其进行利益判断，个体特有的精神生活历史体验会加强或弱化这种判断，从而产生个体的内在情绪体验。低于个体精神生活需求的外在刺激引发个体的精神满足感，与个体经验体验一致的内容让个体精神获得快乐，也可能带来轻微的精神压力，超越个体经验的未来追求则让个体感到精神压力。

（一）精神压力是自我意识思维的自在物

“一旦理性确定自身即是一切实在这一确定性被提升为真理性，亦即理性自觉地意识到自身即是自己的世界时，理性就成为了精神。”[①] 所谓理性自觉，实际上是人们通过理性观察来确定自我与存在、自为与自在的纯粹统一，从而在理性意识中发现自身的实在。实质上，这里真实本性的发现是对其发现对象的这种本能的扬弃，扬弃观察理性本身实存的无意识状态。恰好范畴的普遍性与自我意识构成了自我实在，因此，精神与范畴产生了联系，但范畴的这种与自在存在相对立的自为存在的这一规定性是片面的，故范畴对于理性意识而言，这种普遍意义蕴含着其自在自为的本质。然而，精神本质是抽象的，是构成事实本身的规定，但精神本质的意识只是精神本质在形式上所呈现的知识，并且这种形式知识是精神本质诸多形式的一种。事实是这种精神意识并不是实体本身，其规定性也是片面的，其与一般实体相比较

---

① 黑格尔：《精神现象学（上卷）》，贺麟、王玖兴译，商务印书馆 1979 年版，第 103 页。

具有特殊性，按照这些理性意识制定的伦理规范和任意法律，或多或少会以其自在自为的形式具备与其知识本身相一致的内容形式，其会理所当然地认为其本身是有权支配审断这些法律的力量。不过，从完全的实体本身来看，这种自诩的精神实在并非完全的精神实在，最多称之为自我满足的精神实在，盖因其没有反省自身的精神实在。除非，其不仅认识到自身就是一个现实的意识，同时又将自身呈现于自在自为存在着的本质之中，这样的理性意识才是精神。

由此看来，“精神本身是伦理现实，既然是实体，而且是普遍的、自身同一的、永恒不变的本质，精神就是一切自我意识所思维的自在物，就是一切个人行动的、不可动摇的、不可消除的根据地和出发点，而且是一切个人的目的和目标”①。从伦理层面来看，精神具有实体性，这个实体不仅具备普遍性意义，而且与精神本身自在同一。精神具有基础性和目的性魅力，不仅确定了一个人行动的目标，还提供了个人一切行动的动力，搭建个人自我建构的平台。但是，作为自为存在和自主存在，精神在自为自主的每一环节确又在撕碎这个普遍实体的同一性，精神需要从中分得其自主自为的那一部分。精神本质的这种解体和分化，正是一切个人行动和形成自我的环节。也就是说，精神的这个环节不仅仅有伦理实体的运动，也是合成的普遍精神的共时存在。恰恰因为这个实体是在自我消解过程中存在的，所以精神的本质不是僵化不变的，而是现实的活生生的本质。由于精神对自身有别于环节进行分解，精神也就停留在这些环节上了。“在这里，精神亦即这些环节的自我反思已经建立起来了，我们就可以从这个方面简略地对它们进行回顾了：它们曾是意识、自我意识和理性。”不过，精神停留于这样的环节时，本身就是一种可存在的现实，但是它忽略了这种现实作为自身的自为存在时，精神就被视为一般意识，此时精神就包括感性确定性、知觉和知性，相反的，当精神处于经过加工分析的抽象环节时，并且把抽象视为其自为存在时，精神就是自我意识。精神此时不仅是一般意识（自在自为的直接意识），而且是意识与自我意识的统一，精神是直接的真理性，这种理性意识具有现实的本质，有伦理的本质。精神的直接真理性，决定精神乃是一个民族（无数个体处在一个世界）的伦理生活。这个民族的伦理生活形态是实在的精神、真实的现实，并且不仅仅是意识，还是一个世界的种种形态。精神压力作为精神活动的一种特殊形式，必然具备精神生活的真理性本质，决定了一个民族的精神生活现实。

---

① 黑格尔：《精神现象学（上卷）》，贺麟、王玖兴译，商务印书馆 1979 年版，第 105 页。

（二）精神压力体现为思想活动与规定的逻辑相违背

在爱尔维修看来，精神是思维能力本质和结果的统一体（黑格尔的精神概念与这一说法相仿），压力不仅仅体现思维能力，压力也是一种感官的获得，而感觉是一切认识的物质基础，人是在感觉的作用下，感受到外界对象的刺激，并由记忆将其保存起来，从而形成我们的思想，而记忆无非是持续、减弱的感觉，所以，感觉产生出我们的一切思想力本身时，精神就是感受和记忆。同时，精神作为思维能力，也体现思维能力的结果，在感受外界客观事物的同时对事物进行否定及批判，从而形成自身新的认知，外界事物影响个人主体的感受及记忆。在形成新的认知过程中，精神又受到逻辑的制约，同时精神因为逻辑而变得简洁、精美、严格、强大，甚至表现为内部和谐、外部精巧、经久耐用。思想是事实的逻辑形象，思想活动符合逻辑才能正确反映客观世界，正确认识客观世界。但是，如果思想活动与我们规定的逻辑相违背，则我们可能扭曲客观世界，形成思想混乱、判断失误、行为无序，从而给我们造成精神压力。逻辑理性的制约是无形的、柔性的。逻辑理性是个人主体将其充分内化并否定个体性之后，作为意识自我的一种内在秩序和内在尺度而对思想发生规范作用的。因此，内在秩序对个人精神状态有重要影响。每个人的内心都有一幅描绘自己的精神蓝图或叫“自我心像”，自我心像的秩序状态决定个体外显的感情状态。我们的一切行动、感受、举止甚至才能，都始终与这一自我意象相符。这个自我意象就是我们对“我是什么样的人”的看法，它是以我们的自我看法为基础形成的。这些关于自己的看法，大多数是根据我们过去的经历、我们的成与败、我们的荣与辱以及别人对我们的反应（尤其是童年时代的早期经历）而无意识地形成的。影响自我意象的要素包括权威来源、严厉程度和反复性等。这种自我意象实质上反映了精神自我层面的冲突与融合，即精神状态，这个精神自我的形成发展与我们的家庭环境、成长经历、学习环境以及自身的成就动机等多方面有密切的联系。

（三）精神压力表现为追寻超越自我意识的精神目标

“活的伦理世界是在其真理性中的精神，但一旦精神抽象地认识到了它的伦理本质，伦理就在法权的形式普遍性中破裂了，形成了自我与其实体的对立。精神被一分为二：一方面在自己的客观要素里刻画出它的一个世界，这个世界就是文化或文明的王国；另一方面它又在思想要素里刻画出另一个世界，即信仰的世界亦即本质王国。”这两个世界被分裂并扩展为“此岸”和“彼岸”的世界之后，它们又重新回到自我意识之中，继而将自身理解为本质性，即现实的自我："它现在不再把世界以及世界本原置于自身以外，而是让一切都消解在自身中，并且在良心中它就是确信和确定自身的精神。"这样的结果是伦理世界将持续进行向着自我发展的返回运动，追寻超越自我意识的精神目标。

依据精神的简单真理性，我们称之为意识。真理性将自身的实存环节予以分解，一分为实体本身的存在，一分为实体的意识。这样的行动后果事实上分割了精神，或者说实体与意识分开，变成了实体精神和精神意识两部分。"实体一面作为普遍的本质和目的，一面作为个别化了的现实，将自己与自己对立起来了。其中项，被规定为无限的中项，乃是自我意识，这个自我意识自为地成为统一体，它统一普遍本质及其个别的现实，将后者提升为前者，以成全伦理的行为；另一方面，又将前者下降为后者，以求实现目的，即只呈现于思想中的实体。它创造出它的自我与实体的统一，使之成为它的作品，从而使其成为现实的和具体的事实。"显然，在这个分裂过程中，精神实体部分或说意识实体部分获得中项（自我意识）的对立性，也部分说明精神具有自行分裂的本性特质，这为意识提供了方便。通过这样的实体分裂，形成了意识把握的各个范围，即分为"人的规律与神的规律"。作为中项，自我意识也活跃起来，按照本质将自己的行动分为所谓的无知和有知。这样，自我意识就在自己的行为中认识到其行为的伦理性质的知识和自在自为的伦理之间的矛盾，并因此感受到自我意识的毁灭。

（四）精神压力体现为精神自我的无序

秩序是指有条理地、有组织地安排各构成部分以求达到正常运转或良好的外观的状态。秩序意指自然进程遵循一定的规律持续进化和演绎，具有先在的确定性；社会进程也遵循着某种程度的一致性、连续性和确定性。遵循日出日落、月亏月盈的自然规律，我们称之为自然秩序；人们在长期社会交往过程中形成相对稳定的关系模式、结构和状态，我们称之为社会秩序。

T. 霍布斯描述了社会秩序的起源：个体为了摆脱"人自为战"的社会混乱状态，有条件地缔结契约，从而形成社会秩序。中国古代思想家们提出的"乱世之治"，其中，"治"强调的是社会秩序和有序状态的维护与巩固，"乱"则表示社会秩序的破坏和社会的无序状态。社会秩序突出的是人们在社会活动中必须遵守的法律规章、道德规范和行为规则等，表示社会动态有序平衡的状态。

公共秩序则是突出社会秩序中的公共生活部分。在一个社会中，由国家机关、企业事业单位和社会团体制定的法律、行政法规、规章制度等社会规则，用来规范社会公众的公共生活状态，我们称之为公共秩序，主要包括社会管理秩序、生产秩序、公共生活秩序等。良好的公共秩序影响社会发展的进程，关系到人们的生活质量，也关系到社会的文明程度。

精神秩序是相对于自然秩序而言的概念，主要基于人内在心理结构状态的描述。精神秩序不同于自然秩序和社会秩序的规则性，它相对活泼，可以是任意的，比如字母顺序的安排，也可以是逻辑的，如我们按照某种固定东西的价值储存它们。那么，精神秩序为何会紊乱呢？在原始社会，社会秩序是自发形成的风俗习惯，全体成员自发自愿地维护。原始社会之后的各种社会，其社会秩序主要凭借国家权力并通过强制手段得以维护。一种社会关系要成为一种社会秩序，首先必须通过国家政权使之合法化、制度化。在阶级社会中，社会秩序总是反映统治阶级的利益、愿望和要求。一些统治者都会把他们肯定的社会关系和希望维持的社会状态奉为神圣不可侵犯的秩序。恢复社会秩序常常成为统治者维护旧秩序、镇压被压迫者反抗和起义的借口，被统治阶级往往反其道而行之。因而人类阶级社会发展历史充满着维护现存社会秩序与反抗现存社会秩序的斗争。无产阶级和劳动人民是旧的社会秩序的“破坏者”，在夺取政权之后，他们必须尽快建立起新的社会秩序，不断巩固和维护新的社会秩序，建立和发展新的社会关系，保障社会的稳定、经济的发展和文化的繁荣。而公共秩序的维护，既要依靠道德规范，也需要法律规范制约。然而，最为重要的仍是人们需要树立正确的道德观，这能够帮助人们增强遵守法律的概念，从而使公共秩序的维护得以真正实现。而当目前规定的社会规则已经阻碍了社会的发展，影响社会的正常运行时，必须对社会规则进行改革，这种改革并不是完全地否定之前的社会规则，而是对以前的、不适合当下社会秩序的规则、制度、法律等进行合理的改善。人的精神活动，无论是简单的、低级的抑或是高级的、复杂的思维活动，无非是主观因素与客观因素相互作用而形成的相互激荡、相互制约、相互渗透、互相依存、互相转化的一种具有复杂机理的思维运动。其中，外来刺激作用于个体时，个体必然对外在客观刺激进行评估，这个过程是在主观自我与客观自我、情感与理智、理性与非理性、意识与无意识和文化与非文化等关系中寻找共性，并且进行自我否定的过程，从而形成新的精神秩序。[①]

① 胡潇：《思想哲学：理性精神的自我观照》，湖南人民出版社1999年版。

第二节　精神压力的内在逻辑

我们为什么会感到快乐与痛苦？爱尔维修认为是利益，基于利益，我们会有判断。可判断的主观秩序从何而来？做出判断或评估的知觉标准又如何确定？我们确定的真理性规范实质是什么？解决这些问题需要回到精神生活过程中，观察其内在逻辑及其运行规律。也就是说，要从精神压力认知基础、精神运行过程和精神压力形态等方面来把握。

一、前主观秩序构成精神压力的认知基础

人有理性，个人的行动是认知后的结果。认知形成于前主观秩序，前主观秩序经由感性确定—知觉标准—知性产生—自我意识发展而来。

（1）感性确定。黑格尔把人们感知的对象材料称为“知识”，接触到这些知识时，“我们对待它，同样要以直接的方式接纳它而不加以改变，不受任何成见的摆布和概念的束缚。感性确定性的这种具体内容，使对象彻底地、完整地呈现出来了，好像是最真实的知识”。这说明感知材料本身的先在存在，并不因为我们的加入而发生改变，如果我们不添加任何感知材料，可以确定它就是一种本来的存在，此时我们也就保持了一种纯粹的自我。然而仔细寻思，我们的这种确定性也是不靠谱的，没有前主观意识做出感性确定，哪有确定一说？这种感性确定性来源于我们意识深处的参照物与现实对象的比较，尽管是一种纯粹、贫乏的感性确定，但也必须承认这种感性分裂的存在。“感性确定性所设定的一方是简单、直接的存在或本质，即对象；另一方是通过他物才具有确定性的非本质的东西，即自我。”自我是基于对象的认知才实现，具有主观属性，对象具有客观性，并不因为自我感知而消亡。不过，对象是否与我们所感知的完全一样呢？或者说我们感知的对象本质与我们的确定性完全相符吗？我们感知的方式符合对象表现的方式吗？

（2）知觉标准。人们大脑中的主观秩序是一种抽象性的存在，也是一种普遍性的存在，在做出感性确定时，这种主观秩序来自对象还是自我？是先验自我还是经验自我？时空在不停运动，当我们感知事物的某种确定性时，在我们确定的瞬间对象已经发生了变化，它已不再是我们确定的对象，但是我们感知的对象似乎并没有运动或变化，依然客观存在着，于是我们赋予这种感知一种普遍性意义，如颜色、形状。当我们感知对象的“确定性存在”

时，这种感知就返回我们自身，与我们自身的经验相联系。经验的自我提供一个具有“共相”的知识图谱，然而，另一个主观自我看到的图谱与经验自我提供的并不是毫无差别，这两种自我同样可信，事实结果却是一种确定性消失在另一种确定性之中。“直接的确定性并不拥有自己的真理，因为它的真理是共相。”[①] 事物的感知体现为一种复合性存在，我们的感知也是无数个“简单”的共相集合。如任意事物的颜色、香味、味道、形状等就是多个感觉共相的存在，它们之间虽然并不相干，但可以通过“又”“且”“还”等媒介汇聚一起。“事物成为知觉的真理的过程，在这里已经做了必要的发挥。其一，事物是无差别的被动的共性，是物质集合在一起的；其二，事物同样是单纯的否定性，是单一，是相对于特质的排斥；其三，事物即诸多特质自身，是与无差别的成分相关联，并从而发展成为诸多差别的那种否定性。”[②] 可见，我们感知事物的各种共相，主观自我层面对各种规定的单一特质是否定的，但事物诸多特质通过无差别的“又”联系在一起后，组合成与任何一种单一规定性相对立的存在。此时，事物进入知觉就完成了感性的共相存在与否定性的统一，知觉中事物的性质就是如此，“又”这个主要联系环节也发挥了至关重要的作用。“以事物作为它的对象的意识，就是被规定为知觉的意识。它只需接受对象，采取纯粹觉察的态度，通过这种过程所获得的就是真理。如果知觉的意识在接受对象时有所活动，并且通过活动有所增加或减少，那么它就会改变真理，从而陷于错觉。”[③] 知觉的标准与自身特质相同，意识在这个过程中并不能增减与知觉者真理标准相异的运动，也不允许增减相同的运动，意识只提供纯粹的觉察，这样获得的标准就是真理标准。否则，任意的改变都会被理解为标准的变异，称之为错觉。于是，问题聚焦在“经验”上。错觉只是知觉的不真实造成的，意识对对象共相把握的态度是否与对象一致导致不同的经验，即真理性知觉与错觉，经验本身只是这个过程中的矛盾运动。对象本身纯粹单一存在，赋予它的知觉集合具有普遍性，这种普遍性经验存在并非对象真实的存在，而是我们发展了的主观方面的确定性特质。这就导致纯粹单一的对象不存在了，成为我们“眼中的对象存在”。

（3）知性产生。一个事物排斥其他事物或者说与其他事物区别是依照它被规定的特性。因此，“事物自身是在自身及为自身而规定，它们具有使它

---

① 黑格尔：《精神现象学》上卷，贺麟、王玖兴译，商务印书馆 1979 年版，第 20－24 页。

② 黑格尔：《精神现象学》上卷，贺麟、王玖兴译，商务印书馆 1979 年版，第 24 页。

③ 黑格尔：《精神现象学》上卷，贺麟、王玖兴译，商务印书馆 1979 年版，第 24 页。

们能相互区分的特性。事物又是具有多种特性的。其一，事物是真实的存在，是本身自在的存在；凡在它之内的都是基于它自己本质的天性，而不是由于其他的事物。其二，被规定的特质并不是为了它而存在，而是它自身固有的。但是它们是在事物之内的规定的特性，只是由于它们是诸多的并且相互之间保持着差异。其三，当它们这样在事物之内时，它们是自在自为且彼此互不相干的。”由此可见，颜色、声音、形状、味道都是事物本身所固有的，是一种真实的存在，这些天性是自身有别于他物的纯粹自在，我们称之为白色、音乐、长方形、酸甜的这些东西就是事物本身。但是，我们赋予知觉的认识方式“又”的集合体出现了问题：我们意识察觉“又”本身就出现对立，事物和它自身将以一种排斥了差异的同一性存在，因为白色、音乐、长方形、酸甜彼此毫不相干，我们说这个事物是“白色的”，则对应的特性仅仅属于“白的”意识的“单一体”中，这种特性就再也容不下“长方形”了，自然“长方形”就成为“白的”对立存在。然而，真实的事物常常以集合体出现，集合体的事物自然就不具备“单一性”，所以我们意识到的事物仅仅是无数个特性集合或包括诸多特质的一种外壳。我们发现意识主要的贡献在于“交替地把事物和它自身制作成既是一个纯粹的原子的无众多的‘单一体’，也是一个分解为诸多独立构成性要素的‘又’集合体”。这种交替制作过程可以恰当理解为向外把握对象的同时意识自身获得事物的规定性特质。“现在，我们再来看构成事物的本质的特性并把事物从一切他物区别开的这个规定性，现在，它是这样认为的：由于规定性，那么事物就是与他物相对立的，但是在与他物的对立中必须自为地保持自身。”在这里，事物被假定自为存在，或说是对他自身的否定存在，这种“自为存在”意味着对自身相关联的否定，也就是说扬弃了固有的实在，这种自为存在演变的结果是一种包含了对象的概念。这个概念本应该是对象的一个本质的特征，可该本质特征体现在假定的简单自为存在中，而这种简单的自为存在具有多样性，这些多样甚至不能构成其本质的规定性，所以说事物的这种自为存在又是对其本身的否定。这样一来，事物的纯粹规定性如同感性确定性一样被扬弃了，概念中“纯粹的规定性似乎表示了本质特性，但是它们只是一个带有为他存在的自为存在。为他存在和自为存在既然在本质上都是在一个统一体中的，那么现在那无条件的、绝对的共性就出现了。在这里，意识才真正进入知性的领域”。在这个过程中，我们扬弃了感知的意谓性，得到了感知的共性，即称为“知性”的领域。这样，我们把对象确立为自在之物，知觉到真实的个别性存在，同时又知觉另一个与之相应的普遍自为存在。既然单一性和普遍性两个矛盾在一个统一体中共存，如何知觉它的真理性？“个别性与个别性相对立的普遍性，与非本质的成分联系着的本质，以及虽非本质但同时却又是必要的一种非本质的东西，这些都是力量，这些力量的相互作用和转化就构成了知觉的知性，也就是我们通常所说的理智。”① 知觉依据抽象的东西，永不停歇地联结和支配一切材料和内容，对真理的规定及这种规定进行扬弃，来证明对象的真理性。

（4）自我意识。就简单的存在来说，“精神本质上是纯粹的意识，也是自我意识”。如果个体失去了之所以成为自身的特定本性，则个体就只是一个扬弃了本身规定性的环节，这时的个体则是一个具有普遍性的自我。换句话说，此时的个体涵括了诸个体性的共性，体现为普遍自我的完满形式。纯粹普遍性的意识组合成范畴或者说边界，所以范畴是自在的；而自我意识构成范畴的环节，这个意义上范畴又是自为的；因而范畴的这种普遍性与自我意识构成了存在的自我同一性，这也成就了精神的绝对事实。意识而言的对象有了事实的意义，事实就意味着其是存在着和有效的，而且是自在而自为的存在状态。绝对事实意味着意识道德对象将不再受感性的确定性与真理性、普遍与个别、目的及其现实等对立所惑，这样的对象实在就是自我意识的现实和行动。这个绝对事实就是伦理的实体，自然而然，我们针对这个事实的意识就是伦理意识。所以，我们说伦理这个实体里统一了自我意识与存在，“伦理意识的对象同样也被视为真理，因为自我意识不能也不想再去超越这个对象，因为对象是一切存在和力量，对象是自我意识自身。自我意识将自己划分成一些集团，这些集团就是绝对本质下一些特定的规律。伦理实体的这些规律或集团都是被承认了的真理，恰恰因为它们既是意识的自为存在，又是意识的自在”。这里自我意识对自身的范畴有一个定位，由于他把自己划归为实体自为存在的一个环节，于是他给自身实际存在厘定了边界，何时何事可为，何为对何为错，这种对自身范畴的界定称为健康理性规律。这里的“何”是内容的事实自身，具有特定的规律性。因此，伦理实体直接决定着各个集团的性质、必须予以接受条件和进行考察，也就决定了集团的有效性。例如，“中国人都应该遵守仁义礼智信”这句话的义务里内含了这样一个先决条件：每个中国人都理解仁义礼智信的范畴和内容。按照这个条件，这句话就成为“中国人都应该按照他们对仁义礼智信的理解来遵守之”；按照伦理意识，我们知道何时何事可为，何为对何为错，这句话就变成了“中国人都必须按照仁义礼智信的要求来遵守之”。如此一来，一旦中国人所说和所想的有所不同，就意味着他不符合健康理性规律。如他所说，“中国

① 黑格尔：《精神现象学》上卷，贺麟、王玖兴译，商务印书馆1979年版，第25页。

人都必须按照当下他对仁义礼智信的要求来遵守之”，这个命题表达范畴的普遍必然性和绝对有效性就转变成了纯粹偶然性，那么最后这种说法显然与自身矛盾。所以，如果我们去掉偶然性条件“应该”，代之以“应当”或“必须”，则命题返回本初。所以，伦理规律要具备普遍内容和表达出实质的事物，否则就成为“道德认知”。因此，“伦理的本质并不直接是一种内容，而只是一种尺度，它根据是否自相矛盾来判定一种内容能否成为规律或法律，它是一种审核法律的理性”。

（5）前主观秩序形成。德国哲学家阿尔多诺指出：“前主观的秩序留心以这种方式而不是别的方式并按它们的要求来感知感觉材料，前主观的秩序进而从根本上构成了那种对认识论来说是组成因素的主观性。”[①] 主体在留心一种材料时已经有前主观秩序指导他做出选择，这种前主观秩序应当是基于经验自我基础上的先验自我和经验自我的化合。也就是说，主体依靠内在思维程式感知材料，这种感知过程是内在思维程式对感觉材料的选择和编码而产生的心理过程。因而当我们感知外界材料的信息与大脑思维程式基本一致，这些信息就很容易被我们接受、吸纳和获得认同，大脑此时就发出积极的信号。此时，这些被感知的事物就成为主体对象。相反，外界材料的信息与我们内在思维程式不一致或大相径庭，这些信息固然客观存在，也很难被我们吸纳和感知。由此看来，前主观秩序构成了我们认知的主要构件。奥地利经济学家米塞斯早在《人的行动：关于经济学的论文》一书中就曾论及，人的行为具有目的性和理性，社会乃有意识有目的之行为的结果。他强调人的行动目的性反映行动的本质。人的行动目的性涉及人有意识行为部分，是非常明确的，而无意识那部分的行为不反映行动的目的性，人们有意识地选择自己特定的目标，并慎重地采取稀缺手段去实现预定目标，以期与主观利益目标一致。[②] 在米塞斯看来，人们行动之前意识中已经有基于主观利益的思维程式，这部分反映了人的行动本质。相对于“前主观秩序”而言，米塞斯突出了行动的目的性意义，而不仅仅只是一种纯先验与经验层面的化合问题。后来，哈耶克在《社会科学的事实》一文中倡导用个体行为的不同类别作为要素建立模型，从而一一呈现我们已知的社会关系模式。他认为我们视社会集合体如“国家”“社会”及各种社会制度、社会现象等为“社会事实”，是因为我们头脑中已有相对应的思维模式，我们只是根据这个模式的构成要素来筛选客观事实，他指出：“在讨论我们怎样看待别人有意识的活

① 阿尔多诺：《否定的辩证法》，张峰译，重庆出版社 1993 年版，第 169 页。
② 米塞斯：《人的行动：关于经济学的论文》，余晖译，上海人民出版社 2013 年版。

动时，我们总是会依据自己的观念来解释别人的行为；也就是说，我们只能把别人的行为及其行为对象纳入根据我们自己头脑中的知识来规定的种类或范畴中去……我们总是通过设想另一个人出身与我们所知道的对象分类系统，对我们实际看到的那个人的行为添油加醋，而不是从对别人的观察中懂得如何分类；这是因为这些类别都是我们所设想的。"① 他称此种感知由我们头脑中的类分系统完成，这种类分系统也构成精神压力的认知基础。

二、利益宰制精神实践的运行秩序

爱尔维修认为："精神的全部活动就在于我们具有一种能力，可以觉察到不同的对象之间的相似之处或相异之处，相合之处或相违之处。然而，这种能力无非就是肉体的感受性本身，因此一切都归结到感觉。"② 面对不同的对象，有自然的未被感知到的实在物，也有可以感受到的存在物，甚至感受到它们之间衍生的复杂关系，"自然提供给我们各种对象，这些对象与我们之间有一些关系，它们彼此之间也有一些关系；对于这些关系的认识，构成了所谓精神"③。精神在他的视界里是一种内在认知，其认知边界在这些关系范畴内，人们赋予认知一些特定的词。如我们感知自然事物；感知各对象之间形成的杂多观念，以及形成相对复杂的美、丑、恶等判断。我们作用于对象的活动：我打球，我骑车，我看书；以及对象作用于我们并留下记忆：我害怕，我痛苦，我惊吓等。因此，爱尔维修认为精神是一种感觉和观念的集合体，这种集合体形成了他对精神的断言："精神的一切活动归结起来就是判断。"④ 是什么支配着人们的判断？感觉。怎么区分感觉与判断？在爱尔维修看来，支配感觉的判断来源于利益。"利益支配着我们对于各种行为所下的判断，使我们根据这些行为对于公众有利、有害或者无所谓，把它们看成道德的、罪恶的或可以容许的；这个利益也同样支配着我们对于各种观念所下的判断。因此，无论在道德问题或认识问题上，都只是利益宰制着我们的一切判断。要全盘地认识到这条真理，我们只有联系到：（1）一个个人、

---

① 黑格尔：《精神现象学》上卷，贺麟、王玖兴译，商务印书馆 1979 年版，第 25 页。

② 爱尔维修：《论精神》，载孙月才《西方文化精神史论》，辽宁教育出版社 1990 年版，第 435 页。

③ 爱尔维修：《论精神》，载孙月才《西方文化精神史论》，辽宁教育出版社 1990 年版，第 435 页。

④ 爱尔维修：《论精神》，载孙月才《西方文化精神史论》，辽宁教育出版社 1990 年版，第 436 页。

（2）一个小集团、（3）一个国家、（4）不同的时代和不同的地方、（5）宇宙去考察正直和明智。”① 由此看来，在爱尔维修的精神定义域里，萌发了精神的唯物观念，体现在个人、集团、国家民族的方方面面，他把精神相对应的观念分为有益、有害和无所谓三类（严格意义上说无所谓观念是矛盾的，既然无所谓即视同未被感知，那何来观念？不过这里不讨论），个人利益支配个人判断，公共利益支配国家判断，人们获得利益而产生赞赏和认同，反之产生厌恶和否定。人们赋予肯定或鼓励的判断看似来自经验，可经验又如何产生呢？这点爱尔维修显然没有进行更深的研究，但是他推崇的经验获致是值得一提的。“一切构造得同样完善的人，都拥有获得最高观念的体力；我们在人与人之间所见到的精神上的差异，是由于他们所处的不同环境、由于他们所受的不同教育所致。”② 环境和教育塑造并培养了人的经验，“精神上的各种感情，相当于肉体上的运动。运动创造、消灭、保持、推动一切；感情也同样地使精神得到活力”③。这种坚强的感情是产生精神的种子，为人们占有对象付出行动提供了强大的动力；同样各种强有力的感情也推动我们的欲望，这种固定在欲望上的感情给我们带来了痛苦和压力。所以他说：“我把你放在快乐和痛苦的监护之下：这两种东西会要求你思想，要求你行动，会产生出你的各种感情，会激起你的厌恶、你的喜欢、你的柔情、你的愤怒，会引起你的欲望、你的恐惧、你的希望，会向你揭示一些真理，会把你投入一些错误，并且，在使你制造出无数荒诞不经、千奇百怪的道德学体系和法律体系之后，会有一天向你揭露出各种单纯的原则来，精神界的秩序和幸福是与这些原则的发展相联系的。”④ 当人们感受到感情时，人们就种下了精神的种子。

爱尔维修认为精神就是感受和记忆，而记忆是一种感觉，故精神即感受和感觉。感受来源于我们的感官，构成我们精神的实体部分；感觉源于感官却不等于感官，他是通过感官来感受对象而形成的经验或感情；追求欲望的感情会给我们带来压力，从而影响精神界的运行秩序。

---

① 爱尔维修：《论精神》，载孙月才《西方文化精神史论》，辽宁教育出版社 1990 年版，第 456－457 页。

② 爱尔维修：《论精神》，载孙月才《西方文化精神史论》，辽宁教育出版社 1990 年版，第 467－468 页。

③ 爱尔维修：《论精神》，载孙月才《西方文化精神史论》，辽宁教育出版社 1990 年版，第 468 页。

④ 爱尔维修：《论精神》，载孙月才《西方文化精神史论》，辽宁教育出版社 1990 年版，第 470 页。

三、道德与伦理的远离甚至断裂构成精神压力的现象形态

如前文所述，在人的精神秩序中，伦理认知处在基础性位置，具有社会存在的客观属性。人们通过对伦理的学习感悟而习得社会规范，在与社会的互动中将其内化为自己的基本遵循。这种内化的准则我们称之为道德，故道德认知在人的精神秩序中处在被动接受位置，具有社会意识的主观属性[①]。从哲学属性分析，伦理可以理解为客观自我以及先验自我的综合体。基于共同体生活的原生经验和直接感受，通过“伦”建构的人的实体性，也是通过“伦”这一“整个的个体”建立和体验人与人的关系及其表现和表达的人“伦”之“理”。或者说，伦理是“伦”之“理”，而“伦”是“整个的个体”，其实体性以“理”的方式呈现和被把握，“人际关系”只是它的现象形态和抽象形态。[②] 伦理具有客观性和普遍性。道德则是在主观自我及经验自我的基础上形成，基于理性反思和自由意志的间接经验和主观把握，客观的“伦”通过个体对“道”的形上通达内化为“德”的过程和经验。道德表现为主观性和个人性。普遍性的“伦”始终是它的追求和合理性根据，而道德的观点、道德方式的核心，是从个体理性和自由意志出发，通过理性反思和自由意志达到“道”的普遍性，这种普遍性本质上内在集合并列着“原子式思维”的可能。再者，伦理必须表现为“精神”，而道德则可以是一种理性或理智。精神是基于信念的实体认同和个体普遍本质的回归，而理性与理智则可能是基于反思甚至算计的形式而形成的带有普遍性追求的认同。如果伦理与道德分离或伦理—道德精神链断裂，其分离和断裂的结果：其一，道德缺乏伦理前提与伦理归宿；其二，这种分离如此强烈，乃至形成伦理与道德、伦理诉求与道德追求的二元对峙；其三，在分离与对峙中，社会精神演进基本趋向是对伦理认同，虽然出现道德自由的强烈倾向，但无论是事实判断、问题诊断还是价值批评，都潜藏着对伦理同一性的诉求，它与道德强势话语下伦理优先的历史哲学形态存在传统上的相通性。[③]

伦理道德作为理念，更凸显它们作为人的精神的两大“染色体”和人的精神世界的两大基因，在人的精神发展和精神世界建构中的辩证运动。不幸的是，逻辑把潜在于伦理道德之间的“与”和“VS”，在轴心时代之后的文

---

① 樊浩：《伦理道德，因何期待“精神哲学”》，载《江海学刊》2016 年第 1 期。
② 樊浩：《当今中国伦理道德发展的精神哲学规律》，载《中国社会科学》2015 年第 12 期。
③ 樊浩：《“伦理”—“道德”的历史哲学形态》，载《学习与探索》2011 年第 1 期。

明进展中顽强地显露峥嵘。[①] 在走向现代性文明的进程中，伦理道德遭遇文化生命的决绝性断裂，并在与自己文明家园的渐行渐远中逐步陷入囚徒困境。断裂的意向和主题，是道德对伦理的远离甚至凌辱。当伦理与道德产生冲突甚至断裂时，思想着的个人主体的精神自然而然产生严重的压力。

第三节　精神压力的自我本质

人的生活受到物质生活与精神生活的影响。物质生活构成了人生活的基本条件，决定了人的精神生活。精神生活使人与动物相分离，因此人是精神的存在物，精神生活构成了人的规定性，精神生活的质量取决于人的自我意识。自我意识以自然自我、社会自我、文化自我、历史自我、理想自我等多样态呈现，它构成个人意识屏幕上知觉的丰富内涵，也是推动社会价值实现的核心精神力量。不过，个体自我的内容共存着一对对矛盾体，主我与客我、情感与理智、理性与非理性、有意识与无意识等无数对自我矛盾构成历时共时的共生关系，反映了人类思想的运演机理。因此，精神压力本质上体现为自我的冲突，这些冲突虽然都以外在压力形式显现，但反映的是精神自我位次的差异。

一、客观自我与主观自我的冲突

客观自我是个人主体对外部世界及个人主体自身的客观处境、客观存在、实践行为的反映，是对感性自我世界的认识。主观自我是个人主体对内部世界自身的意识与体验。这就是说，人意识上的自我既是作为个体对客观世界的认识而存在着，又因主观的体验而存在。意识既自身自在同时又自为地存在着，它自为主客体，能把自身当作对象去理解和把握。意识的对象化或客体化表明意识向意识的展示或意识对意识的反思。同时，意识相对客观对象自在自为地存在着，在能动与受动的交替中，把自己作为反映和改造外物及个人主体自身而存在的精灵，同时亦接受客观世界的规定。

主观自我（新生性）与客观自我（规定性）产生冲突。主观自我随着环境的变化而变化，这就注定了主观自我将处于发展过程中，即主观自我将不断呈现新的内容，主观自我具有创新和主动性。正因如此，自我内部才始

① 樊浩：《“伦理”—“道德”的历史哲学形态》，载《学习与探索》2011 年第 1 期。

终具有不断变化的能力，同时也会不断改变所处的环境和社会。米德认为，过去是依据某个现在作为背景的，这个过去依然会诞生新的东西，我们以新生的东西为立足点来看待过去，过去就会成为一个不同的过去，即历史，就是人们的理解史，每个人自己解读的历史。[①] 没有固定的过去、经验、历史，现在蕴含着现实，阐发过去和将来，新生性就来自过去，来自不同社会情境下、不同具体条件下对历史的解读，过去和现在都由新生性决定。葛熠认为，客观自我主张服从、追求统一和要求一致，在有组织地接纳他人态度的行动中存在着自觉性。因此，客观自我为主观自我规定和供应着形式框架，是整个行动过程中稳定的决定性因素，而主观自我在行动中反应、变化、新生，同时依附客观自我提供的结构而实现。因此，可以认为客观自我其实是一种自我压抑的东西，一种潜意识自我同化、个性束缚的东西，决定着个体的行为，是社会控制的贯彻者。[②] 当然，客观自我因不同人群、不同社会环境以及个人主体差异而表现力不同，个体在坚持自我的时候，一旦超越可以把握和容忍的度，或者所受的压抑超过承受的范围，就会导致激烈的冲突，形成精神压力。在冲突过程中，客观自我作为社会控制的贯彻者，无法提供相应的机制限制冲突，主观自我就占据了上风，如果个体性格偏执，行为表现就会粗暴。比如，在商业大环境竞争中，一方虽想循规蹈矩，却受到压抑或不公平的对待；另一方试图追求更大的利益，如果双方针锋相对，就会造成激烈冲突，两者之间的关系将面临毁灭性的破坏。如果客观自我力量大，个体行为则较易掌握，并自觉遵守客观自我要求塑造自己。但人性的本质不会一直循规蹈矩，因此，当人的行动受阻或不适应时，就会主动追寻新的环境，产生主观自我的反应，这时，主观自我的作用就远远超越了客观自我。

在构建自我的过程中，主观自我和客观自我分离带来精神压力。客观自我和主观自我的形成具有时间跨度，主观自我是客观自我的主观自我。例如，我对自己说话，我记得自己说过的话和说话时的情感，上一刻的主观自我出现在下一刻的客观自我中。我记得自己说过的话，就此而言，我成为一个主观自我。由于主观自我，个体绝不可能充分理解自己的行为举止和思想，而主观自我不断进入经验，以致个体能回忆之前的经验，并通过记忆意象回想起其他经验。简而言之，主观自我是作为一个历史人物进入自己的经验中的，而主观自我本质上是片刻之前的我，是客观自我的主观自我。“在

---

① 乔治·H. 米德：《心灵、自我与社会》，赵月瑟译，上海译文出版社 2008 年版。

② 葛熠：《浅谈主我和客我在自我构建中的特征和关系——对米德自我构建理论的研究》，载《剑南文学（经典教苑）》2012 年第 7 期。

记忆中，主观自我作为一秒钟、一分钟前的自我代言人而出现的。由于是给定的，它则是一个客观自我，但是这个客观自我是早些时候的主观自我。”①此时，自我矛盾产生，压力也就出现了。他人的态度构成了有组织的客观自我的态度，有机体作为主观自我对其做出反应。个体自身唤起他人的态度之后，便会出现一系列有组织的反应。如果个体有能力采纳他人的态度，也就获得了自我意识。在合唱团等共同体中，组织成员彼此知道他人的要求，并依照这种规范来行动，于是产生了当时的自我。② 虽然他人的态度，即有组织的态度是基本确定的，但主观自我的反应是不确定的，经验中对情境的反应其实是无法完全理解和预知的，这是因为主观自我是针对那一社会情境做出的实时动作，只有做出的举动升级成经验，产生了相关的记忆，主观自我才会转变成一个客观自我。

社会发展要求客观自我重构自我以适应主观自我的超越性。无论主观自我或者客观自我，都不可能脱离社会环境而单独存在。主观自我的不确定性反应将导致群体的分化或整合。社会追求发展的时候，应该为自我表现提供空间和方式，减少或控制约束力。当今信息化时代，社会对多样性的包容程度越来越高，压抑和束缚已逐步减少，这是社会发展的趋势，个体得到了更大的自由和空间，这是个体自我完善和健康塑造的良好环境。当然，无论多么独特的个体，总是建立在与共同体关系的基础上，没有个体能游离于社会过程之外而独立塑造自我。自我产生于社会情境，塑造于社会过程，主观自我和客观自我的关系在与社会以及与共同体的互动过程中逐渐培养和发展。精神自我不是笼统描述一个人的人格现状或状态，它应该是一个建构过程，是促进个体不断主动追求自我价值与意义，运用反思与调节自我认知去克服自我超越时可能遇到的困难，进行自我创新的成长能力。③ 精神活动就是个人主体感知外界事物，个人主体受纳外物对自身的作用，接纳客体制约后做出回应。因此，个人主体的精神本身必须客观化，虚心以待，让客体信息进入自己的世界。恩格斯认为人具有两类经验：外在的物质的经验以及内在的经验——思维规律和思维方式。④ 认知过程就是从外在的物质经验转换成内在的思维规律的过程。从精神的角度分析，这种转换过程是个体对知识及意识进行自我意识而完成的。精神自我当中的主观自我与客观自我存在相互规

---

① 乔治·H. 米德：《心灵、自我与社会》，赵月瑟译，上海译文出版社 1992 年版。

② 胡潇：《论客观自我与主观自我》，载《求索》2001 年第 5 期。

③ 马娇阳、郭斯萍：《探索超越自我的成长能力——精神自我》，载《苏州大学学报（教育科学版）》2014 年第 1 期。

④ 《马克思恩格斯选集》第 1 卷，人民出版社 1995 年版。

定的关系，也应当从发展的角度看待主观自我与客观自我的关系，发展着的现实生活以及由它推动的今日自我总是会滋生出一种绝对不能共时的反抗精神，总会形成让今日自我赖以成全自我的新鲜内容和现实态度，总会有其对历史的反规定性。

因此，我们应当主动地扬弃历史主观自我及其是非，其必然结果就是自我的重塑与更新。反之，当今的主观自我一直站在昨日的客观自我规定、衡量或阐述的位置时，今日的主观自我就会与今日的客观自我产生严重的精神冲突，换言之，就会导致精神压力。

二、先验自我与经验自我的对立

无论内在经验还是外在经验，都经由先天存在和后天获得两个方面。精神自我存在先天自我的因素，此种先天自我不同于康德的“先天自我意识”。康德以先验自我意识代称人类的普遍理性，甚至指称整个人类，而以经验自我意识指代经验个人主体。在其全部思想体系中，是先验自我意识在进行认知活动，是先验自我意识在制订先验道德律，在实施反思判断。[①] 而辩证唯物主义中的先验自我指的是人类在长期的生物进化、社会变迁、文化积累的过程中，在个体获得经验之前通过训练而习得的一种适应外界环境的能力，以及在思维和行为方面体现出来的形式。个人主体在精神自我方面发展的先验因素，是人类历史发展的经验过程在新的个体身上通过先验方式重新上演的现象。

环境和遗传决定先验自我有先天挑战压力的本能。先验自我一般意义上来讲是由人的本能遗传获得的，是动物在个体适应了环境的相对稳定状态下把经验遗传给后代的一种生存能力，因而先验自我是环境刺激与遗传因素共同作用的结果。婴儿时期的情绪表达和生活能力等诸多方面的获得则是人类在长期进化过程中形成的自然能力，这种能力构成了人类后天发育、发展且能够进行经验训练的物质性基础。高尔顿认为遗传决定一个人的能力，其受遗传决定的程度，如同一切有机体的形态及躯体组织受遗传的决定一样。[②] 彪勒认为儿童心理发展的过程乃是儿童内部素质向着自己的目的发生的有节奏的持续运动过程，外界环境并不起决定作用，仅仅发挥着促进和延缓这一过程的作用，而不能改变这一过程。现代科学研究也表明个人的先天禀赋具

① 李晓东：《康德的先验自我》，华中科技大学出版社 2015 年版。

② 任本命：《弗朗西斯·高尔顿》，载《遗传》2005 年第 4 期。

有直接或间接的相互反馈机制。上学读书者不能片面强调遗传因素对先验自我的影响，而忽视环境刺激同样也是先验自我的重要决定因素。例如，胎儿在母体内发育六个月后，神经系统初步健全，一些现象开始有明显的表现。当胎儿听到音乐时就会翻身，从而表现为胎动。情绪胎教是通过音乐对孕妇情绪进行影响和调适，创造一个相对清新舒适的氛围，培育胎儿和谐的心境，这个过程是通过妈妈的神经递质发生作用，间接促使胎儿的大脑得以良好发育。其突出特点是孕期生活品位增加，由女人向母亲角色转变过程中的品质和修养不断提升，达到母仪胎儿的目的。在我国历来都有母仪天下的美德，表明母亲的行为决定着孩子的未来。至于如何进行情绪胎教，目前医学上有音乐引导想象以及生物反馈训练两种模式，前者的原理是让孕妇置于美妙的音乐环境中，促进个体在潜意识中释放情绪压力，引导内心世界脱离现实嘈杂烦琐，进入安静祥和的心境；后者则通过监测孕妇压力指数等生理指标，然后综合评估，给出针对性的训练解决方案，通过提高孕妇自身神经系统的动态平衡调节能力，保持身体内部各系统平衡状态，从而缓解孕期压力情绪，达到情绪胎教的效果。由此说明，外来刺激对先验自我的形成具有决定性作用。科学研究表明，长期处于某种特定环境，神经通路的改变、神经激素分泌的紊乱甚至基因表达的变化都会发生。另外，有研究表明，长期的精神压力至少与两个方面有关系：下丘脑—垂体—肾上腺皮质信号轴（hypothalamo-pituitary-adrenocortical，HPA axis）以及自主神经系统。下丘脑—垂体—肾上腺皮质信号轴的激活引起糖皮质激素的释放，而糖皮质激素作用于多个器官，引起能量的重新分配以满足现实或者预期需求。HPA 压力反应主要受神经机制驱动，HPA 的激活由下丘脑室旁核的神经元调控，在受到合适的压力刺激时，这些神经元会释放神经物质，如促动肾上腺皮质激素、抗利尿激素及其他激素到血液中。这些激素通过血液循环到达垂体前叶并引起促肾上腺皮质激素的释放，最终导致肾上腺皮质合成及释放糖皮质激素。糖皮质激素一旦释放，就会结合高亲和力的盐皮质激素和低亲和力的糖皮质激素受体，调控某些基因的表达。应对压力，需要交感神经系统激活抵御反应，从而诱发肾上腺素大量释放，增加心跳和呼吸频率，并升高血压和延缓消化。这是身体遇到危机时的迅速反应。中断压力和神经系统的联系会导致相应问题产生：压力过大时有可能发生焦虑、失眠和心脏受损；慢性压力会阻止副交感神经系统恢复平衡和放松状态。压力导致内分泌系统释放激素，并迅速给全身带来影响。免疫系统被压制、人体组织的康复速度减缓以及交感神经系统激活都能增加身体的压力感觉，还会形成包括焦虑和抑郁在内的情绪问题、消化功能受损，并有可能出现与压力有关的疾病，如慢性消化不良或肠易激综合征等。概括来讲，在先验自我获得的过程中，同样存在遗传以及外界环境干扰这一对立统一的事物，一旦这个对立统一面被破坏，就会影响先验自我的形成，甚至独立形成压力因素。

经验自我是个体在后天的生活、学习、训练以及现实环境影响下所构成的主观世界，是实际生活中形成的自我存在精神领域，且在广义自我意识中表达。经验自我不但指感性经验上的自我，而且指个人主体对自我存在诸方面的直接体验与认识，是后天自我的总结。[①] 也可以认为，经验自我是劳动实践的产物。从辩证关系来阐述，精神层面的先验自我绝对不能取代后天的实践和认识，它至多成为人们思想活动和认识活动的某种心理基底，这里的经验自我与先验自我以对立的状态存在。

个人的成长必然受到两种力量的影响：先天遗传和后天环境。就先天影响看，个人的生理因素受遗传影响较大，除身体构造外，性格特质也有影响。从身体组织的原始意义上来说，个人比社会更为根本。但是，遗传并不是独立进行的，它时时处在与社会共生的状态中，姑且不论个人身体组织形成来自父母的社会互动（如恋爱、婚姻、性活动、胎教等），事实上，我们的器官得以发展、进化到成熟，也不可能离开各种自然环境和社会环境的交替作用，尤其是听觉、嗅觉、视觉、触觉、神经系统的训练，以及习以成训（前人成文的教诲），都促使我们的感知系统更加发达。我们的道德发展、精神丰富以及知识成长，也是在与社会实在共生的过程中习得的，例如从母子伦理关系发展起来的慈爱、孝悌，从教育与被教育关系发展出来的尊师、重道，从医患关系发展起来的怜悯、救助，从法律关系方面发展起来的正义、公平，从经济关系方面发展起来的仗义、慈善，等等。总的来看，就个人而言，无论是器官的发展成熟，抑或是精神的成长丰富，甚至是规范的习得遵守，都是在社会关系的共生中获得的。为了维护人类生活规范、有序，保障社会秩序有条不紊，人类社会在互动过程中积累了许多经验，继而形成了许多共同的生活准则，例如国家体制、政治体制、法律制度、商业道德、社会公德、家庭美德等“人造”的共生性规范，它们存在的目的不仅是保障人类共同生活秩序化，更是人类文明进步的标尺。从社会环境方面审视，人类社会几千年累积下来的物质财富和精神遗产，会直接或间接影响我们的生活。尤其在人类进入网络时代后，这些遗产通过互联网的传播离我们越来越近，典型的诸如自然科学精神、城市文明、宗教文明等都饱含人类千年精神成

---

① 张璟、尹维坤：《先验自我与经验自我——关于康德认识论中自我观的澄清》，载《湖南社会科学》2015 年第 3 期。

果，经由人类代代相传并形成“精神文明知识”，逐渐走进我们的生活。由此看来，遗传固然重要，但是遗传也是环境发展的结果，也随环境的改变而发生变化。或许可以说人类的生活基于遗传，但成就于复杂的社会环境，所以人与社会共生的过程受到环境影响的程度比遗传的程度大，也就是说，各种社会实在一经形成，不仅与创造者共享，还遗传给后代共享。由此可见，个人与社会共生，两者缺一不可。

每个人的意识差异性也是相对独立的，每个人的感觉、情绪、思想、本能和精神各不相同。华生等行为心理学家强调通过行为来测度人的心灵，认知心理学派却主张通过内省来评价个体认知，由此说明心理学界对人的内心活动还没有形成统一认识。事实上，只有自己才能明白自己内心深处的想法，借助外力是很难获得完全真实的个人想法的。这并不是说心理学在考察一个人精神状况时就无所作为，而是要明确，一个人的感觉、情绪和本能除了受到父母遗传的影响，也与所处环境息息相关，甚至感觉的表示、情绪的表现和本能的行动，都一定程度受到社会传统习惯、知识、技术和制度的影响，这些是可以通过外在指标测度的。恰如在炎热酷暑的自然环境中生活，人们会对辣椒和白酒敏感；在自由主义畅行时代，生活中的逐利行为是再正常不过的事情。当然，即使没有这些极端环境，当下这个时代的精神思潮也会受到电视、网络、报纸、广播、家庭、朋友、学校、社区等诸多外界因素的影响，所以人们的精神困苦、情绪表达、本能释放不过是人们主动将感知到的社会心理释放出来而已，这些心理状态也是自然环境与社会环境综合作用的结果。

同时，在精神自我中，两者却又相互统一：其一，先验自我是经验自我的原始动力，先验自我决定了经验自我的方向性；其二，经验自我是使先验自我得以充分展示、高度完善、具体作用的先决条件和现实力量；其三，先验自我与经验自我的相互关系具有成长式的可变性。先验自我提供先天因素，经验自我提供感性材料，经验自我在时空中整理杂多表象形成材料，先验自我在知性范畴中用概念综合杂多表象形成知识。[①] 先验自我与经验自我的双向作用保持平衡才有精神自我的完整形态；反之，会导致精神自我的缺陷。

① 胡潇：《思想哲学：理性精神的自我观照》，湖南人民出版社 1999 年版。

三、历史自我、现实自我与理想自我的对立

经验自我，在不断的实践过程中对先验自我的不断批判中形成。然而，在发展中，实践与生活充满着新的内容，人们要跟上时代的步伐；当过去的经验自我在新的实践中，或在新的事实、新的经验面前失效时，个体就会对过去的经验自我进行批判，从而形成新的经验自我。既往的经验自我即构成历史自我，新的经验自我即为现实自我。现实自我指个体与所处现实环境相互作用时，个体表现出的综合现状和实际行为，现实自我是个体自我对社会存在现实的真实反映。理想自我是在历史自我的基础上，立足现实自我的发展，通过对未来自我实现的预判和实现路径的考量而形成。

从历史自我到现实自我，个体因素以及客观事物的刺激制约，导致认知过程产生许多矛盾。个人主体首次接触某种事物或者某个问题产生的认识，往往会形成第一印像。第一印像通常建立在历史经验自我的基础上，因而在缺乏多重参照的情况下，思想的个人主体认识的方向就比较单一，缺少向度，缺乏比较、鉴别及反思，个人主体会不自觉地把历史的经验和认识当成重要的参考坐标，导致"经验"主义的生成。同时，第一印像的形成，会导致个人主体排斥新的现象，形成认识的误区，长久的误区或者盲区将导致个人主体思维的狭隘甚至偏见。

个人主体的思维方法同样是新的经验自我形成的制约因素。思维方法可以分为价值层面、结构层面、知识层面以及表述层面。价值层面是从理性与情感抑制方面推动并引导个人主体朝着一定方向思考，集中体现人生观、价值观的驱动作用和导向作用，即发挥着理想自我的作用。就价值观对理想自我的影响来看，价值观是指在生活实践中人们处理某类事情时判断对错和做出取舍的标准，也是维护思维结果的内心准绳或者依据。价值观表现出来的信念、信仰和理想具有相对稳定的特征。社会价值观，一方面表现为社会多数民众对社会和谐程度的价值追求，进而凝结成的价值目标；另一方面表现为按照社会一般价值目标设置的遵从原则、价值尺度以及人们按照这一要求而形成的评判事物价值大小的观念模式。核心价值观具有社会规范功能，一个人的思维结果必然受到它的影响。不过，社会核心价值观并不会自觉发生效用，通过宣传教育，社会的核心价值观真正进入人们的思想意识深处时，它才能起引领作用。有序的、稳定的思想，我们称之为理想思维结果。思维结果的形成也遵循强制遵从、自觉遵从和自然遵从三个阶段的规律。核心价值观要入脑入心，也须遵循思维结果的形成规律，而核心价值观的鲜活性、

大众性、日常性和崇高性，正契合了理想思维结果形成的规律。“因此，核心价值观的教育有利于个人理想思维结果的形成和发展，在有序的心灵指导下，人们有能力运用政治秩序去规划社会生活，并自然遵从社会规范修正自己的价值判断和价值选择，逐步形成自己的价值取向、价值追求、价值尺度和价值原则，并最终形成整个社会普遍认同的价值理想、价值信念、价值信仰相一致的核心理想价值观，从而影响整个社会的发展走向、制度设计、规则制定和社会交往。毋庸置疑，社会核心价值观也只能在塑造人们的理想思维结果中找到落脚点和归宿。所以，尽管核心价值观关系到经济、政治、文化、社会等发展，但从核心价值观的规范功能角度看，社会核心价值观应该更加关注‘人的理想思维结果’问题。”[①] 由此看来，判断一个人的精神思维结果的核心指标是“自律”与“和谐”。人的自律能力主要体现在克制非理性冲动时，个体在控制和调和本能、欲望、情感的过程中展现出来的能力。自律还表现在个体能够自觉将社会的一般道德规范，按照要求转化为个人的内在信念、情感和良心，为自己的心灵意志立下道德命令。人能够在社会实践中逐渐与本能欲望拉开距离，从而与社会需要和谐共生，是因为人能够将自我的欲望转向适应社会价值和精神世界，并达到一定的高度。所以，人既是特殊的个体，又是普遍的人类中的一员，意味着每一个“我”都承担着人类本质的规定性；在具体的社会结构、社会关系之中，自然获得相对应的特定地位，享有规定的权利、利益和义务关系，从而不同于抽象的“我”。自我实现不仅需要通过感性发掘自然生命的潜能，更需要在社会交往过程中以“为他”付出的道德伦理方式确证其社会存在的价值，展现理想自我存在的真正意义。

因此，理想自我指个体在历史和现实自我的基础上，为满足内心预期而在个人意念中建构的有关自己的理想化形象。理想自我建构起来的内容尽管也是对客观社会现实的真实反映（包括对来自他人和社会规范要求以及它们是否满足个体需要的反映），但此时的理想自我仅仅是一种观念的、非实际的存在，以一种未来的蓝图描述在个体的意识深处。与历史自我一样，现实自我和理想自我的形成也与社会环境密切相关。前文我们探知现实自我产生于自我与社会环境的交互共生作用，理想自我则形成于这种交互共生过程中，个体在将他人和社会广泛的要求内化后，逐步在头脑中整合，继而形成了完整自我的理想形象。理想自我是对经验自我的进一步升华，是个人主体

---

① 龚超：《从社会实在到习与性成：浅析社会规范的习得》，载《广东社会科学》2015 年第 3 期。

的经验自我在发展过程中表现的最高追求。如前文所述，理想自我是个体在后天的生活、学习、训练及现实环境影响下所构成的主观世界，也是个体在实际生活中所形成的自我存在，以及精神领域在广义自我意识中的表达。因此，理想自我必然受到外界环境的影响，如教育及其所处的环境与人际环境等。

教育是在一定地点、一定时间、一定社会状况下，通过一定社会成员采用一定的方式方法来实施的教化和培育活动，这些实施要素构成了教育的实施环境。教育是人们有意识的自觉的社会实践活动，因而它的实施环境通常也是人们自觉创造和主动治理的结果。在现实社会生活中，人不能离群索居、单独生活在封闭的个人小天地里；凡人类的实践活动，都是在人们的交往和联系之中实现的。理想信念教育是一项社会实践活动，这项活动也是通过交往和联系来实施的，人们总是在自觉不自觉的交往和联系之中相互作用、相互影响，使各自的情感、观念、思想得以交流，进而完成理想信念教育的某一具体实践活动。

这种相互作用、相互影响的关系，表明人们在理想信念教育过程中，存在互为主客体的变换特征。对“我”来说，周围的人对“我”形成一定环境，他们作用和影响了“我”，“我”受他们的作用和影响；而对“他”来讲，我又成了“他”所处环境的构成因素，我对“他”发生作用和影响，“他”受我的作用和影响。可见，在理想信念教育过程中，人们的交往和联系也是一种环境，即人际环境，这包括个体之间的互为环境，也包括集体之间的互为环境。人际环境有其自身的特点：其一，社会性。教育的人际环境是在一定社会环境中产生发展的，它的构成与其运行机制，都表明了它的社会性。首先，它的构成具有社会性，人际环境本身是一种社会现象，它的各个构成实体又是更大社会结构的组成部分，受更大社会系统的影响。其次，教育者必然受到自己所处环境实体以及邻近环境实体的影响，并用一种与之相适应的方法去设定和编制自己的信息。再次，教育对象在选择传递信息上、理解教育内容上、评价事物上，都受到自己所处社会环境的指导和制约。其二，动态性。人们的交往和联系不断发展变化，决定着人际环境始终处在动态之中。这首先表现在个体地位的发展变化上，在同一环境中，个体所处的地位不是一成不变的，任何个体都可以成为环境的主客体。其次，人们的思想认识和情感需要是发展变化的，常常表现出某种差异，从而使人际环境充满活力，随时发生变化，构成新的人际环境实体。另外，人们交往联系的对象也是不断发展变化的，尤其在市场经济条件下，人口流动性增强，人际环境的构成形式也会依据这种变化而调整变动。其三，开放性。首先表现在它的构成范围没有量的界定，可以在主观能动作用下努力发展扩大；其次是它的构成对象没有质的规定，任何个人都可以是某一环境的构成成员，同时，任何个人都可以在不同的环境实体中充任角色，且可兼备多种角色；最后是具有广大的相容程度，在某种意义上允许并鼓励对立面在环境中生存，这不仅因为对立面可以促进环境的发展变化，更重要的是教育（团体）个人主体相信，人可以改造环境，环境也能改造人。这是教育人际环境非常重要的特点。当然，人际环境作为具有某种组织界线的事物，它对外部的投入也具有一定的选择性。

历史自我、现实自我以及理想自我都是在实践过程中不断发展的产物，任何一个思想主体，不论其表现得多么顽固、僵化、守旧，总要活在现实中，而不能完全活在历史的长河里。现实生活的变革、利益格局的调整，以及社会关系和实践条件、实践手段、生产方式的进步，甚至生产力的内在调整等，都会推动社会产生巨大进步，从而使每一个具有健全思想的个人自觉或不自觉地接受一个基本事实：我们都要在一定程度上学会放弃历史自我，放弃既往思维模式下形成的一些权利和欲望，否则就不能适应社会生产力和生产关系的发展。反之，当个人主体长期以历史自我的思维模式来接受现实生活的变革时，历史自我与现实自我之间就会产生严重的矛盾冲突，给精神自我带来沉重的压力。另外，理想自我是现实自我的最高追求产物，现实自我是在实践过程中不断发展的，从本质上来说，理想自我也是不断发展的。因此，理想自我与现实自我也会不断地产生冲突，当现实中的思想个人主体对理想自我的追求过度时，或者说现实自我中的经验不足以支撑当前的理想自我时，矛盾也就随之而产生，继而形成精神上的压力。

第二章　精神压力理论的源流

第一节　中国古代关于精神压力的理论

本文所指精神压力凸显的是精神自我的冲突。古今中外学者从精神自我角度论及压力的专门著作并不多见，已有的论述多散见于学者们关于自我矛盾的字里行间。概略梳理理论源流，大致分为中国古代传统文化关于精神压力的理论、西方国家关于精神压力的理论和经典马克思主义关于精神压力的理论。中国的传统文化对伦理和道德有较为深刻的解释，却缺乏专门探讨精神压力的理论体系。

一、道学：祸性导致精神秩序紊乱

老子《道德经》阐明人之道的运作规律，提出了明心见性的人生境界学说。老子把人的本原看作“心性”（简称“心”），对从本原产生的世界万物的认知，他称之为“相”，他将“心性”和“相”联合称为“道”；人们在回归人之自性的大道上运作所遵循的谓之“德”。也就是说，《道德经》阐述人如何通过人之道而返回自性的规律，老子称之为“道法自然”。言下之意，即人要遵循“自然之道”，并化“自然之道”为内心的人之道，继而在日用常行为中体悟自性归于大道（即德），亦即“心相”之道。老子心相之道主要演绎了“心”与“相”的三个阶段。第一阶段为心相如如不动，精神自我处在无压力状态下的原初阶段；第二阶段为心相运动阶段，从心性本有的本性与祸性对立出发，衍生出上德与下德对立，精神秩序紊乱，也就致使精神压力发生；第三阶段为明心见性阶段，人们不再着相，自我之间不再冲突，更无精神压力可言，心神复归于道。

第一阶段，心相如如不动，无精神压力阶段。首先，老子认为人之道的运作是按自然规律进行的，人只有与自然共为一体，天地人合一才能有长久的生存道路。“道可道，非常道；名可名，非常名。无，名天地之始；有，名万物之母。故常无欲，以观其妙；常有欲，以观其徼。此两者同，出而异名。同谓之玄，玄之又玄，众妙之门。”[①] “无”不是什么也没有，而是无所有无所不有，只是人们还没有认识到它表现为“无”，无是本源，无中产生了天地。“有”是指本原，本原具足一切法，没有生灭，一直存在，本原又叫心性。人们处在本原状态，没有欲望，常常可以观察到其中的奥妙；有了欲望，常常观察时就有了边界束缚。老子描述了“人之道”，人只要不着相，心神就可以复归于大道，在大道中观察大道内理，就知道了本原和本源以及阴阳。要使自己心神复归大道，就得止欲；没有欲望或少欲常常才能观察到其中的奥妙；有欲望，欲望太强，心神常常就被外物牵制，不能复归于大道，干的事情也就经不住时间的检验，甚至还会违反人之道。人的欲望太强，其本原与本源冲突，造成自我冲突，则带来精神压力。

继而，老子告诫人们要懂得人之道的运作规律。有无相生，难易相成，长短相形，高下相倾，音声相和，前后相随。这是自然界永恒的状态，明白这些状态呈现的原因后才知道如何处理事情。不要有个人主观改变、占有、刻意而为的意识，按照自然的完美规律运作，就是无为而无不为。在开示他人的时候，要践行道在不言中的原则，用行动启发他人，觉悟他人。只有悟出的道才经得住时间检验；只有明白了大道，才会功成名就却不自我功高居上，其事迹和精神才不会因为时空转移而被磨灭。所以，老子说：“反者，道之动；弱者，道之用。天下万物生于有，有生于无。”[②] 逆天行道，天地诛之，万人唾弃；顺其自然，合乎人性，功成身退，天之道也。本源是无所有无所不有，但表现为“无”。本源不是彻底的什么都不存在，如果是彻底的什么都不存在，那是绝对产生不出万事万物的。所以本源是无所有无所不有。

第二阶段，精神压力发端于人的祸性。人之道的本原在心性，心性又是如何运动的呢？老子阐述了人的心性运作状态。心性是本性与祸性共融一体的，本性用一言来概括就是至净圆满的永恒，祸性用一言来概括就是至恶浊

---

① 《道德经》第1章，译文：道是可以阐述的，但并非长久不变的大道；名称是可以来命名的，但并非长久存在的名称。无，称作是天地的开始；有，称作是万物的母体。所以常常没有欲望，可以观察到其中的奥妙；常常有欲望，则观察时就有了边界的束缚。这本源与本原，两者其实是同一体，但展现出来的却不一样。都可谓是玄妙，玄妙又玄妙，是众多奥妙的门道。

② 《道德经》第40章，译文：违反道规，道就要行动；顺其自然不与道规对立，道给予生存用来完善道。万物产生于有，有生于本源。

劣的永恒。心性与祸性本自清净，具足道的变化，就是自然。[1]“道冲而用之或不盈。渊兮，似万物之宗；湛兮，似或存。吾不知谁之子，象‘帝’之先。”[2] 道的运作不管是本源心性，还是本源产生出来的相，都按照自然规律运作。心性是现实与虚妄的共体，其运作变幻莫测，但是由心性产生出来的相，按照现实常规运行，所以称为“科学”。科学就是心物世界的现实常规。当世界以现实常规运作时，自然就正常。当世界脱离常规时，自然就反常，就有了自然灾害。科学讲的是现实，讲的是客观，讲的是常规。然而，世界的运作规律在某些地方会突然脱离常规，也属现实，这时就出现了科学不科学的现象。因为自我主观意识强，人类才按自我主观意识创造出一个生命者的造物主，这就是所谓的“帝”。本原是本性与祸性共为一体，本性是至净圆满的永恒，祸性是至恶浊劣的永恒。所以道的运作有两大方向：一是归真返璞，二是归恶返劣；归真返璞是善，归恶返劣是恶。向着善的方向运作是上德，向着恶的方向运作是下德。所以道德有两种。因为人的道德是善，是向着完美的方向运作，所以通常说的道德当然指人之道德，是上德。若以下德为道德，则非人也。道必然以德而运作，而人是道的一部分，所以人必然离不了德。离失上德，选择下德，则人且不如禽兽。“上德不德，是以有德；下德不失德，是以无德。上德无为而无以为；下德无为而有以为。上仁为之而无以为；上义为之而有以为。上礼为之而莫之应，则攘臂而扔之。故失道而后德，失德而后仁，失仁而后义，失义而后礼。夫礼者，忠信之薄而乱之首。前识者，道之华而愚之始。是以大丈夫处其厚，不居其薄；处其实，不

---

[1] 《道德经》第25章：“有物混成，先天地生。寂兮寥兮，独立而不改，周行而不殆，可以为天地母。吾不知其名，强字之曰‘道’，强为之名曰‘大’。大曰‘逝’，逝曰‘远’，远曰‘反’。故道大，天大，地大，人亦大。域中有四大，而人居其一焉。人法地，地法天，天法道，道法自然。”译文：有一圣物混沌而成，先于天地前就存在。寂寞啊寥廓啊，独自存在而且永不改变，不断地进行运作而且不会停止，这就是天地的创造者。我不知道这创造者的名字，就特意用一个字命名为“道”，又特意用“大”形容道。大相离开本原，离开本原就已遥远，遥远却又终将返回心性。所以道大，天大，地大，人也大。自然中有四大，而人是首位的。人的法性是地，地的法性是天，天的法性是道，道的法性是自然。

[2] 《道德经》第4章，译文：本体心性不断运作而且自然使它又不会停止。深邃啊，好像是万物的宗主；清晰可见啊，好像又不存在。我不知道心性是由谁缔造的，好像是先于“造物主”前就存在了。

居其华。故去彼取此。”① 自然运作或以向完美运作，或以向恶劣运作。人之道德以向善为准则，向善运作是德。以向善为准则看恶，只有恶道不运作了才是德。所以下德不失掉，即是无德。从德到礼，要求人际交往以礼相待，讲究礼尚往来，即使发生战争也得先礼后兵。如果以礼相待，对方却目中无人不回应，那就没必要再予以理睬。大丈夫处世要实在厚道，没必要虚伪地自欺欺人；衣冠禽兽者，常说人话却不干人事。事实上，老子告诫我们，若人回归了本性，人与自然共为一体，人很高大；若人未回归本性，人与自然对立或发展了祸性，则人很渺小。

继而，老子阐述了祸性的具体表现。一切大祸小祸皆为祸性所现，正道邪道皆是心性所生，心性中有本性亦有祸性，所以世界运作的方式就有善美有恶劣。灾祸的表现方式各不相同，世间的祸根是除不去的，但祸是可以避免的。“天下有道，却走马以粪；天下无道，戎马生于郊。祸莫大于不知足，咎莫大于欲得。故知足之足，常足矣。”② 心性有基本的需求，但对需求的过度追求就可能演化成祸。世上的很多祸患源于贪念，贪得无厌，死不悔改：想要名，所以不择手段去出名；想要利，所以不择手段去争利；想要享受，所以拼命地去糟蹋东西。贪得无厌、不择手段、穷奢极欲必然带来无穷无尽的压力，造成自我不平衡，给自己带来强大的精神压力。道反常，人身亦病疾；道常无为，人身健康必大害。

其次，老子述及选择带来的压力。自然是公平的，为什么人与人之间却有诸多差距？有人认为有差距就改变自然。事实上，对于自然人们只能持有敬畏态度，对于自身则须尽力改造。对自然，人类能进行一定的改造，但只限于常规。改造常规是因为自然在常规以外还有别的规律，对于自然整个运行规律，人是根本无法改变的。所以道法自然是绝对的真理，道本性的表法就是自然，自然或以完美，或以常态，或以恶劣。生命灵性最高的就是人，所以人的自由权有很多。人可以改造他人，使其行于常德之道。“使我介然有知：行于大道，唯施是畏。大道甚夷，而人好径。朝甚除，田甚芜，仓甚

---

① 《道德经》第38章，译文：上德不用示现德，还是有德；下德不失掉德，却是无德。上德没有作为而且没有主观认为；下德没有作为然而有主观认为。上仁做事没有主观认为；上义做事却有主观认为。上礼待人却没有回应，就拂手离去并不再理睬对方。所以失去道然后就剩下德，失去德然后就剩下仁，失去仁然后就剩下义，失去义最后就剩下礼。而这个礼，因为忠信浅薄，从而是导致祸乱的首位。所谓有知识的先知，做事自以为光彩，然而却是愚昧的开始。所以大丈夫处世厚道，不居浅薄；处世实在，不居虚伪。所以去掉糟粕，取择完善。

② 《道德经》第46章，译文：天下有正理，战马回到地里去施肥耕作；天下没有正理，战马在荒郊野外产仔。祸患没有大过不知足的，罪过没有大过想要的。所以有着满足的心，才可以常充足。

虚。服文彩，带利剑，厌饮食，财货有余，是为盗夸。非道也哉！”[①] 如何看待这类无道现象？命存于世，行驰天下，就怕走上歪门邪道，走错道就会把造恶当事业干。个人贪欲无道不仅带给他强大的精神压力，而且会被诛杀，官吏贪墨无道就会视百姓命如草芥，自己活得很奢靡，百姓却很贫困，民众会群起而攻之，直至诛灭他。

再次，化解压力的关键在于领悟为人处世之道。人从何处来？向何处去？先看“为人之道”，“天地所以能长且久者，以其不自生，故能长生。是以圣人后其身而身先，外其身而身存。以其无私，故能成其私”[②]。做人之道，必是利人才能利己。人之道，是共生的一体；如果人人都损人利己，天下就危矣。所以觉悟的人常常想着为大众谋求福利，而不会以个人为中心，不会为利益而争斗；人们都利他，为大众奉献，必然得到大众认可，最终成就的其实还是自己。再究“处世之道”，人生在世，如何处理好各种人与人之间的关系？关键在于对待社会事务的心态。“上善若水。水善利万物而不争，处众人之所恶，故几于道。居善地，心善渊；与善仁，言善信；政善治，事善能，动善时。夫唯不争，故无尤。”[③] 人与人的本质是有区别的，上德之人本性上善，符合人的本原，本质是至净圆满的永恒，这种人不会伤害众生，对名利毫不动摇，完全做到了见素抱朴，清净为天下正，在现实的人之道上这样的人很稀少。不过，老子还是给出了“七善”的标准作为处世之道。老子说：“执大象，天下往，往而不害，安平泰。乐与饵，过客止。道之出口，淡乎其无味，视之不足见，听之不足闻，用之不足既。”[④] 人生在世，与人结善不结恶，与人礼尚往来，该舍利的时候舍利，与别人换取友谊，从而谋求长远的利益。对于世道之理，尽可能去领悟，只有当人的境界层次足够高时，才能看淡名利情色，从而淡乎其无味。

---

① 《道德经》第53章，译文：进入其环境使我有所认知：行驰于天下大道，就怕踏上邪道。正理大道很正直，而人却还要走不正当的道路。上朝甚至都废除，田地很荒芜，国库很空虚。但其却穿着艳丽的衣服，带着锋利的宝剑，贪图丰盛的宴席，自己的财物绰绰有余，这就是强盗的头目。真是无道！

② 《道德经》第7章，译文：天地之所以能够长久存在，是因为不为自己所生，所以才能长久存在。同理，圣人把自身置于众人之后，然而又受众人的推崇在于众人之先。不以个人为中心并把自己置于众人之外从而保全自己，因为没有以自己为中心的意识，所以最终成就的还是自己的事业。

③ 《道德经》第9章，译文：上善的本质如同水一样。水滋养万物却不与万物争利，居住在众人所厌恶的地方，所以接近于道。居住在人心善良的地方，心灵很善良；与仁人志士结交，言语就诚信；治理国家善于以道莅天下，做可以做的事，行动时把握好时机。只有不争夺，才没有过失。

④ 《道德经》第35章，译文：执大道，与天下人来往，来往却不损害别人，就会和平安宁。美乐和美食，吸引路过的人停下来。道从口中阐述出来，平淡的没有真实的感觉，口述的看见不如真实的看见，口述的听见不如真实的听见，口述的使用不如真实的用过。

不过，老子并非让众生碌碌无为。人生在世会有基本的需求、相对发展的需求，甚至还有价值实现的需求。老子主张采用实用主义和有用主义态度，必需的就是实用，所需的就是有用，其他的多余摄取就是浪费。“三十辐共一毂，当其无，有车之用。埏埴以为器，当其无，有器之用。凿户牖以为室，当其无，有室之用。故有之以为利，无之以为用。”① 人存活于天地之间，必然有所需求，如衣食住行是必需品，对于这些生存必需品，老子主张积极改进革新；对于可以提高人们生活水平的需求品，也要改善、推进、发展；只是事物的生产不能过度，否则就会浪费资源。老子看到人们因为过度追求物质享受、感官刺激和无用主义带来了精神压力。所谓“五色令人目盲，五音令人耳聋，五味令人口爽，驰骋畋猎令人心发狂，难得之货令人行妨。是以圣人为腹不为目。故去彼取此”②。对世上可见物的占有念头须适可而止，守持中道，不然终将得不偿失。人的欲望是无止境的，对于追求物质的享受常会穷奢极欲，就会出现一个物欲横流的时代。万物皆是对立统一的存在，对一切都不可太执着，否则就会着相，会境随心转。现在社会的问题恰是人们把欲望放在首位，致使人的作为坏伦乱纲、黑白混淆、是非颠倒，伦理规范力量的消减甚至没有信仰的约束，必然压制人们内心道德的声音，引起精神天平的倾斜，给人们带来巨大的精神压力。

第三阶段，明心见性复归大道，精神压力消失。既然人的精神压力来自社会的无序，而人们内心的道德命令失灵了，就需要依靠外在的伦理来调整。“大道废，有仁义；智慧出，有大伪；六亲不和，有孝慈；国家昏乱，有忠臣。”③ 事物的对立统一都是因为对方的存在而显现，好与不好是通过对比出来的。人之大道荒废之际，则渴望仁义的一面出现。所以，老子告诫我们要正确评估社会现实。“绝圣弃智，民利百倍；绝仁弃义，民复孝慈；绝巧弃利，盗贼无有。此三者，以为文，不足。故令有所属：见素抱朴，少私

---

① 《道德经》第11章，译文：三十根车轮的辐条汇聚在车轮中心，当没有这些辐条的时候，才知道车子需要它。用黏土和泥做成器具，当没有这些原料的时候，才知道做器具需要它。凿开房屋的墙壁作为门窗，当没有门窗时，才知道房屋需要门窗。所以有比没有强，在没有的时候才知道需要。

② 《道德经》第12章，译文：五彩缤纷的颜色使人眼花缭乱，各种各样的声音使人听觉出错，各种各样的味道使人味觉麻木，骑马奔驰打猎使人内心发狂，难以得到的宝物使人做出伤害他人的事。因此，圣人以肚子得到充实为主，不以眼见可欲想要为主。所以，去掉贪婪之心，选择正确的养生之道。

③ 《道德经》第18章，译文：大道被废弃了，才有提倡仁义的需要；智巧计能发展进步了，虚伪和权谋从中滋生；家庭出现了纠纷，才能显出孝与慈；国家陷于混乱，才能见出忠臣。

寡欲，绝学无忧。"[①] 能明心悟性的人精通大道之理，知晓政治，知晓经济，知晓生死，知晓养生，知晓宇宙的由来，他们既然有了大智慧，就不再着相，所以几乎没有自我主观意识，没有自我主观意识就尽以客观展现，故没必要再不断地学习了，他们绝学无忧。这样的社会是以人性为主的社会。当以人的欲望为主时，就必然刺激消费、加速消费，从而使经济发展，财富获得百倍以上的增长，但这只是短暂的现象。圣贤的教诲是束缚这些欲望，使人向净、向无杂念、向无执着的方向发展。为了摆脱这个短暂的表面现象，需要有一个长久的归宿：见素抱朴，少私寡欲，绝学无忧。可问题是如何提高人的境界，达到明心悟性或明心见性，使人的心神复归于大道。以智慧观察事物的实质，看破虚妄，放下自在而不着相。"名与身孰亲？身与货孰多？得与亡孰病？甚爱必大费，多藏必厚亡。故知足不辱，知止不殆，可以长久。"[②] 人因为过度执着外在表相，过多地追求名、追求利、追求享受。有的人更是穷奢极欲，把造恶当事业干，例如近现代社会人为因素制造的金融危机、环境生态危机、文化危机等。解决危机之道即在于如何实现民德归厚。教化世人知道满足可以不受屈辱，知道适可而止可以没有危险地长久生存。

老子看来，君子行驰在天下，立心于天地间，以无为之道处世。无为有二：修之于身，常使心神复归于道，奉行自然完美之法则，运作自然完美之规律；或以传承先哲述而不作，亦是无为。无为而无不为，行事经其时间磨炼而不磨灭。什么境界可以无为而无不为？那就是博学多才，达到通达世出世间法的境界。有道之人常感慨：天长地久，愿吾事业也与天地一样长久，长久不衰，生生不息。老子说："为学日益，为道日损。损之又损，以至于无为。无为而无不为，取天下常以无事。及其有事，不足以取天下。"[③] 知识是智慧的表达方式，智慧是知识的体现形式。知识如何习得？智慧如何获得？知识通过学习来获得，所以为学是以日益；智慧是以修身转知识为智慧或以心神复归于道来获得，所以修身是以日损。放下又放下，最后通达了世

---

① 《道德经》第19章，译文：断绝了圣贤的教诲和弃绝智慧，人民的财富可以获得百倍不止；断绝了仁义，人民就需要尊长爱幼的秩序；断绝了获取财富的奸巧计谋，盗贼就没有了。这三者，还只是个短暂的表面现象。所以令有个长久的归宿：见到本性执守至净圆满的永恒，减少自我的意识和减少欲望，断绝了学习，也就没有什么可担忧的了。

② 《道德经》第44章，译文：名声与身体哪个更亲近？身体与身体以外的世物哪个多？得到与丧失哪个痛苦？过度的喜爱必然造成巨大的耗费，过多的储藏必然导致重重的丧失。所以知道满足不受屈辱，知道适可而止不危险，故而可以保持长久。

③ 《道德经》第48章，译文：从事学习是不断地精进，从事于修道是不断地放下。放下又放下，一直到无为的状态。不以自我主观意识作为而以自然完美之法则来作为从而无所不善为，取得了天下常常没有事故。一旦有了事故，就不可以长久拥有天下。

出世间法；彻底地放下就明心见性了。修道境界达到明心见性或明心悟性时，就可以行天之道处无为之事了。行天之道处无为之事的人不缺名利。所以舍得舍得，有舍才有得。怎样修身以道？老子认为，道产生生命者，德养育生命者，人的行动目的是使他的心性最终返璞归真回归自性。“道生之，德畜之，物形之，势成之。是以万物莫不尊道而贵德。道之尊，德之贵，夫莫之命而常自然。故道生之，德畜之，长之育之，亭之毒之，养之覆之。生而不有，为而不恃，长而不宰，是‘玄德’。”[①] 人之道以父母养育之道而生，天下之道以尊道贵德而生。人与人的性德是一样的，因为本性一样；人与人的道德不一样，因为本质不一样。世界是由自然产生的，自然的本原是本性与祸性共为一体，所以自然的运作就有善美有丑劣。自然的运作以自然规律为客观，绝对不会以生命者的主观意志为客观。所以万事万物都是自然的，只不过或以完美，或以常态，或以恶劣。不可思议之处就在于自然是以常德运作，常德不离，就是玄德。究其实，我们在日常生活中产生的精神压力都因诸多追求“完美、常态，甚至恶劣”而致，这与人的本性无关，但与本质有关。故人生之道在于“其兑，闭其门，终身不勤；开其兑，济其事，终身不救。见小曰‘明’，守柔曰‘强’。用其光复归其明，无遗身殃，是为‘袭常’”[②]。生命回归自性，就得看本质是什么了。本质向善终将回归本性，本质向恶终将回归祸性。回归自性所用的时间也取决于本质。或许一生、三生、万世，甚至是一瞬间永恒。人生在世，默默无语，不与人结交，关闭心门，一生不勤奋，所以才会自甘堕落；人生在世，用捭阖之术利用他人来成就自己的名利，最终也不能得救。所以，修身之道在于养性，在于养生，在于加深修为，在于觉悟，在于回归自性。“善建者不拔，善抱者不脱，子孙以祭祀不辍。修之于身，其德乃真；修之于家，其德乃余；修之于乡，其德乃长；修之于邦，其德乃丰；修之于天下，其德乃普。故以身观身，以

---

① 《道德经》第51章，译文：道产生万物，德养育万物，万物成形，环境形势成就其结果。所以万物没有不尊敬道而重视德的。道之所以受到尊敬，德之所以受到重视，就在于它不加干涉而顺其自然。所以道产生万物，德养育万物，先使其成长并培养，再考核磨炼，最终结果是养活而覆灭。产生却不占有，有所作为却不依仗功劳，使其成长却不主宰，这就是玄妙不可思议的德。

② 《道德经》第52章，译文：堵住口，关闭心门，一生不勤奋；打开口，用捭阖之术成就自己的名利，一生不得救。见到小能向其看齐就是明悟，执守柔就是强。用慧光引领心神回归明悟，生命不遭祸害，就是传承常道。

家观家，以乡观乡，以邦观邦，以天下观天下。吾何以知天下之然哉？以此。”① 民以修身为本。国民应该向以权效国者看齐、向圣贤看齐、圣贤又向人性大道看齐。向人性大道看齐就能看出其他事物的实质，看出其他事物的实质后就能做出正确的判断，采取正确的行为。因此，这类人生活不迷茫，并知晓天下的状况。在老子道法自然基础上，庄子提出了选择要顺乎自然的则无精神压力的观点。“天其运乎？地其处乎？日月其争于所乎？孰主张是？孰维纲是？孰居无事推而行是？意者其有机缄而不得已邪？意者其运转而不能自止邪？”② 人处在自然社会的大环境当中，必须感知所处社会的内在特征，选择恰当的条件，顺应自然，方能有所发展。背离道，则酿成悲剧，比如揠苗助长，背其道而行之则颗粒无收。在人的认知方面，应当充分认识自身条件，顺应外界大环境，这样人就时时处在道法自然的无压力状态，身心平静。

二、儒学：无法实现理想道德产生压力感

中国古代传统文化场域涵养了中华伦理和道德观。历史证明：人们在接受一种伦理道德观念时，他们非常有主体性，积极主动理智地甄别、选择现行主流意识形态倡导的价值观。人们清楚自己的行事方式未必能够进入体制的法眼，人们更清楚改变或对抗主流意识形态须付出的成本，所以较少采取对立或对抗的态度，但是人们会对主流意识形态推崇的伦理道德观做出自己的解释。中华传统伦理道德观正是在这样的甄别、选择的过程中逐渐形成，并经我国人民群众长期共同的生活实践认同并代代相传的。中华伦理道德观念不仅是中国古人的核心价值观，也是他们为人处世的基本原则，构成了中国人之所以为中国人的文化基因，儒家思想中仁义礼智信就昭示了中国人积极有为的担当意识和超越生死的洒脱态度。在儒家思想里，我们看到中国古人伦理道德规范的智慧火花，同时也看到中国古人突出人伦观，强调道德品性和关注理想人格给世人带来的压力；而且传统儒家应对压力的思想已经深深内化在人们的思想深处，并外化在人们的生活过程中。

---

① 《道德经》第 52 章，译文：完美的创建者不拔除根基，完美的守持者不脱离守护物，子孙用祭祀不忘祖先之本。修道于自身，其德真实；修道于家庭，其德家人都有；修道于家乡，其德更加长进；修道于国，其德丰厚；修道于普天之下，其德普遍。所以以自身观他人，以自家观他家，以本乡观他乡，以本国观他国，以自然大德观天下者。我如何知晓天下的状况？就以此大道之理观察。

② 〔战〕庄周：《庄子》，北京燕山出版社 2009 年版，第 110 页。

（一）严格遵守人伦规范带来的精神压力

古人鼓励人们要实现须臾不忘德，“回也，其心三月不违仁，其余则日月至焉而已矣”[①]。孔子特别推崇颜回，他能安处于仁的境界三个月之久而不违背仁的规范，其余的学生也许是一天、一月或更长时间偶尔一次能达到仁的境界。当然，这里的三月可以理解为时间久远。孔子告诫后人守仁要有恒心，真正能够坚守仁的境界不是一件容易的事情，或许我们可以在某一时刻、某一阶段达到仁的要求，但要天长日久地坚持需要大毅力，这种境界既是一种目标，也是我们生活中应该遵守的人伦规范，对于遵守人伦的人来说，这种毅力更多的是一种精神动力，支撑其所有的日用常行，其中也蕴含着一定精神压力的成分，而对于逾越人伦的人来说，这种规范直接体现的是一种行为约束的精神压力，是其不得已而为之的精神强迫。孟子进一步论证了人伦规范的具体德纲：“乃若其情，则可以为善矣，乃所谓善也。若夫为不善，非才之罪也。恻隐之心，人皆有之；羞辱之心，人皆有之；恭敬之心，人皆有之；是非之心，人皆有之。恻隐之心，仁也；羞恶之心，义也；恭敬之心，礼也；是非之心，智也。仁义礼智，非由外铄我也，我固有之也，弗思耳矣。故曰，‘求则得之，舍则失之’。或相倍蓰而无算者，不能尽其才者也。”[②] 孔子倡导民众崇尚美好的德行，并把此理解为人的天性，孟子进一步阐发了孔子这一思想。依照人的天性来看，善是人固有的一种品质，所以人是能够为善的。至于有的人为不善，不是资质的罪过，是外铄作用的结果。在孟子看来，同情之心、羞耻之心、恭敬之心、是非之心人人都有。同情之心属仁，羞耻之心属义，恭敬之心属礼，是非之心属智，人们获得这些规范不是依靠外力或从外面获取的，而是人本来就具备的，是人之所以为人的本来，只是我们未曾去领悟去发掘罢了。仁、义、礼、智构成了孟子的人伦纲目。所以说，求索就得到，放弃就失去，有的人与优秀的人相差一倍、五倍甚至无数倍，就是那人没能充分发挥个体资质的缘故。孟子把善的纲目仁、义、礼、智看作人的天性，喻为如水往低处流般合乎自然规律，而不善则如水受拍打而飞溅至额头、水受压迫使它倒行上山岗，这些都不符合水流的本性，而是外在形势迫使它如此。孟子人性善的良好愿望在现实社会中也遭遇种种障碍，纯粹本性遇到利益时，在欲望和贪婪的鼓动下有可能扭曲，因为人的天性在现实利益的拷问下将会承受莫大的压力。小的方面有生活中屡屡可见的搭便车行为和加塞现象、各类失范行为互相感染并累加的社

---

① 《论语·雍也》。

② 《孟子·告子上》。

会现象以及适度工作产生的压力；大的方面有社会规范失范带来的大命题，如掌握权力的人不遵守规范瞬间以权力换取巨大的利益引起权力寻租现象等。不管是小的失范还是大的违法，行为的背后都是对道德规范的挑战，失范的大小仅仅是违反道德规范所支付的心理成本而已。

（二）树立理想人格带来的精神压力

儒家重视家国一体的道德人格养成，内心的噪声会给人带来压力，外显的压力止于内心的宁静。追溯至尧、舜、禹时代，中华民族在殷周之际第一次凝练出了“自强不息”和“厚德载物”相统一的核心价值观，这是中华民族在文化方面形成的初步共识。到了先秦春秋战国时期，在“百花齐放、百家争鸣”的背景下，孔子集合先贤学说创立了以“仁”“礼”“中庸”为主的儒家伦理道德观。“仁”既是社会主体的仁之理念，也是本体意义上善人的本性。可以说，民本“仁”的思想是孔子伦理思想的核心，孝弟（悌）慈爱等德目是仁学思想体系的基本支撑。孔子“礼”的思想与“仁”分不开，如：“人而不仁，如礼何?”可见仁爱之心是遵守礼仪的前提。“礼”是一种社会的典章制度和道德规范，表现为人与人交往中遵循的礼节仪式。“礼”强调客体的外在规定，宗法意义上中国传统的“礼”守持的是无过亦无不及的中庸伦理思想，客观上形成了以“仁”为内在人性、以“礼”为外在社会伦理规范、以中庸为目标的相对稳定的儒学价值体系。仁与礼犹如车之两轮、鸟之两翼，仁是心内之礼，礼是仁之外见于事；人们通过礼这一外在形式，充分发挥“仁”的本性，则可以实现中庸的伦理政治境界。学者们认为，孔子伦理价值观中“仁、礼、中庸”的核心观念是对“厚德载物”的充分展开，而修养方法上的“修身、齐家、治国、平天下”则是对“自强不息”所做的全面解读，其意在于教化并引导人们积极“入世”。虽然道家跟儒家之间一直在上演“百家争鸣”式论战，但是到了西汉时代，经由董仲舒极力倡导，汉王朝慎重选择，最终“罢黜百家，独尊儒术”，从此，儒家就从春秋战国时的一个普通学派脱颖而出成为天下独尊，中国社会逐渐形成“家国一体”的文化特质。董仲舒所倡导的“三纲五常”“天人感应”的价值模式不仅是对先秦神学的承继，更是对孔子“仁、礼、中庸”三维价值观的进一步完善与丰富，儒学基本形成了一个较为完备的理论体系。事实上，儒学能够获得天下独尊的地位，既是社会历史的需要，也有其自身发展的内在逻辑。这标志着中国古代儒家核心价值观趋向政治化和宗教化，也标志着中国封建社会儒家文化体系的形成。

实现圣人君子道德品格，内含精神压力。传统儒家将个体的修养、品德作为判断一个人德性好坏、能力大小的尺度，如《论语·大学》开篇：“大学之道，在明明德，在亲民，在止于至善。”把“止于至善”作为人们“修身、齐家、治国、平天下”的最终目的，甚至把这种道德品质纳入行政考评范畴，东汉的举孝廉制度就是最好的诠释。实现这一道德目的，取决于每个人道德修养的主体能动性和道德自觉性。孔子说：“我欲仁，斯仁至矣。”虽然善是人的天性，但守住善需要个人持之以恒的努力、不断学习和受到教育帮助。天下归仁的道德共善可视为古人对人性的完美追求，圣人君子人格则视同古人完美追求的具体化。圣人的崇高道德人格由内而外逐渐形成，修身是出发点，修身小成可至齐家，能够使家齐则具备治国之条件，从而最终抵达平天下的归宿。经历了这样的道德成长之路，圣人才能完成为天地立心、为生民立命、为往圣继绝学、为万世开太平的崇高使命，才能博施济众、行仁安民。所以，孔子眼中圣人也是遥不可及的存在，“圣人，吾不得而见之矣；得见君子者，斯可矣”。君子之志在终生求道，也就是说，只要你去追求，就可视之在走君子之路，相对而言，君子是一种普遍、现实的道德存在，是人人都可以实现的人格追求。

人们常常会把儒家的道德要求作为自己行动的指导，也常常忧思自己德性不到位，因而产生压力体验。所谓“君子谋道不谋食。耕也，馁在其中矣；学也，禄在其中矣。君子忧道不忧贫”[①]。甚至，孔子还提出：“志士仁人，无求生以害仁，有杀身以成仁。”足见古人对道德追求的重视程度，同时也明示，道德品行不坚定者要实现这一道德目标，会带来足够大的精神压力。个人拥有完好的道德规范是做好事情的基础和前提，也是伦理秩序、社会秩序有效运行的源头，因此，圣人君子的人格目标成为人们日常行为准则的精神原动力。

三、心学：不合礼的欲望导致压力

“自强不息”和“厚德载物”相统一的道德观构成了中华民族的文化基因，并在实践中潜移默化为指导人们现实行为的参照系。先秦“百花齐放、百家争鸣”时代开启了一大主流价值观流派“儒学”，孔子在前人基础上创立了仁—礼—中庸三位一体伦理政治价值架构，确立了善之人性、礼之规定和中庸目标的儒学文化价值观。“百家争鸣”时代也开启另一大价值流派“道学”，老子《道德经》抒发理想主义情怀，“庄子梦蝶”、《逍遥游》抒发浪漫主义情怀，稷下道学诸贤阐述政治权术，“名教”与“自然”开展玄学

① 《论语·卫灵公》。

之辩，都极大地发展了道家学说，无为而无不为—以柔克刚、知足不争—真人人格的伦理架构也展示了道学的价值观精髓。儒学修齐治平的自强不息精神与道学崇尚自然逍遥超然的处世哲学相结合，恰好形成一个张弛有度、儒道互补的双重结构。除却儒、道两大本土价值流派，舶来的佛学构成了另一大主流价值观流派。佛学中缘起论、三法印说、四谛说、八正道等学说不仅解开了人生德性与命运之间的矛盾，其重视纯粹抽象思辨的形而上学也弥补了儒道学的缺憾，所以佛学一经普及推广，很快就被中国古人接纳，继而迅速内化为中国人的传统价值观。当然，儒、佛、道三种文化并不是单一发展，而是呈现彼此交叉融合式推进的理路，胶着的趋同点在于道德的天性与德性的二元人性论，人性中善恶矛盾之辩在宋明时期得到空前融合，宋明理学倡议实现性、理、心一体化的“天人合一”之境，不仅克服了天与人、先验与经验、名教与自然、伦理与政治的分裂，而且把人伦秩序与人性融合，即所谓“心以性为体”（《朱子语类》卷九十八）。

事实上，宋明时期倡导的心学思维早已有之。“治之要在知道。人何以知道？曰：心。”（《荀子解蔽》）这里的“心”被看成人的器官，作为理解“道”的器官而存在。中国古人不仅把“心”理解为主宰人思想的感官，更突出“心”主宰人们的灵魂，“心者，形之君也，而神明之主也；出令而无所受令”，荀子强调心同时主宰了人的神明。后人承继了这一心学思想，“心者，人之知觉，主于身而应事物者也。指其生于形气之私者而言，则谓之人心；指其发于义理之公而言，则谓之道心”［《尚书大禹谟》见《朱文公文集》（卷六十五）］。人心带有个人的认知偏好，所以每一个人的“心”知不一定具有普遍性意义，不一定与道完全吻合，故“人心”应该服从有规律性意义的“道心”。与程朱心学理论不同，陆九渊和王阳明认为“心即理”。陆九渊认为心与理合一，王阳明进一步完善了这一观点：“心之体，性也，性即理也。故有孝亲之心，即有孝之理；无孝亲之心，即无孝之理矣。有忠君之心，即有忠之理，无忠君之心，即无忠之理矣。理岂外于吾心邪?”（《传习录》）有孝心、忠诚之心才会体现忠孝的道理，无忠孝之心则无忠孝之理，心是内蕴的，理也是内生的，非外源而形成，故此有心理一致之说。

人的欲望和需求与心相联系，如果把心喻为水，则欲望和需求如水的波澜，良好的合乎礼节的欲望和适度的高级需求犹如涓涓细流，微波荡漾，令人清新透彻，助人健康成长，推动人们追求进步和健康发展。相反，恶劣的不符合礼的欲望犹如洪水、暴雨，狂躁而混乱，破坏人心平衡，把人推向堕落或毁灭的边缘。宋明时期，理学家们对欲和人欲进行了严格的区分。欲指的是个人的，比“情”的活动更激烈。心如水，性犹水之静，情则水之流，欲则水之波澜。同时，欲也有好、坏之分。“从人之性，顺人之情，必出于争夺，合于犯分乱理而归于暴。”① “夫所以害吾心者何也？欲也。欲之多，则心之存者必寡；欲之寡，则心之存者必多。养心莫善于寡欲。”（陆九渊）所以，古人倡导人们控制自己的欲望，保证内心平和，从而避免心理冲突和挫折，使自己的喜、怒、哀、惧、爱、恶、欲尚未表达时合乎“中”的原则，表现出来的感情则合乎“和”的法度常理。中庸把这个“中”与“和”分别厘定为一切情感和道德的根本、一切事物遵循的普遍原则。正所谓“喜怒哀乐未发，何尝不善？发而中节，则无往而不善”（《二程遗书》卷二十二上）。欲望和需求的刺激，使人产生各种情感。良性的情感活动有节有度，让人身心协调、平和；不良的情感情绪，影响个人的身心健康。“忧世念人，身体羸恶，不能身体肥泽，可也；夫易则少忧，少忧则不愁，不愁则身体不癯。（《论衡·语增篇》）”

第二节　西方国家关于精神压力的理论

早在古希腊时期，西方哲学家们就关注了精神现象，著名的德斐尔神庙中的石刻铭文“认识你自己”标志着人的觉醒和人的观念的产生。古希腊早期哲学家对人的生命价值和创造力的重视，可以视同精神命题的发端，不过古希腊学者探讨的灵魂只是一种自然哲学范畴的概念。如思想家伯里克利提出人是第一重要的早期命题，泰勒斯认为灵魂是一种具有活动能力的东西，德谟克利特得出精神愉快高于肉体的判断。公元前5世纪，西方学者对人的关注发生转向，从直观自然人到人的价值尺度。普罗泰戈拉提出人是存在者存在和不存在者不存在的尺度，打破了人是自然产物的直观论断；苏格拉底则最早为“认识你自己”赋予认识人的内心世界、心灵以及它们的道德品质和能力的含义；柏拉图把灵魂分为理性、激情、欲望三部分；亚里士多德把人的认识具体化——人有理性，肉体服从灵魂，个人要合群于社会。近现代西方学者在认识精神方面阐发了丰富的内涵，如爱尔维修的“精神感应论”、弗洛伊德的“心理学精神动力论”等。

① 王先谦：《荀子典注》，中华书局1988年版，第11页。

一、乌托邦与精神压力

在常识和科学意义上，对“乌托邦”一词有不同理解，日常经验层面理解为没有经验根据的“空想”，是不切实际的代名词；科学主义层面理解为无法被证实和检验的言说，属于“无意义”的妄言。柏拉图认为灵魂是知识的载体，灵魂在与肉身结合之前就存在，灵魂由一直处在争斗中的理性、非理性两个部分组成。首先是理性部分处于主导地位，灵魂能知晓万事万物的表现和真理，其后有灵魂受到非理性部分牵引而堕落，从而在尘世中与肉身结合成了人，尘世幻象的蒙蔽和肉体的各种欲求刺激非理性占据了灵魂的主要部分，灵魂的理性受到强大压制，对万事万物和真理的正确认识被弱化甚至被逐渐遗忘。

柏拉图把非理性分为精神和欲望两部分，两者与理性交织缠斗，得到不同的结果，共同决定一个人的品德。欲望是人的一种本能，渴望情爱、美食、财富等享乐，无限度地追求利益等都属欲望；精神体现为对荣誉的追求，如欲望不得寸进尺且有一定的自控能力，便赋予“节制”的美德，敢于拼搏且不鲁莽行事的称为“勇敢”的品德，不被原始欲望左右且懂得助人为乐称为义气，追求知识且洞穿世事、明辨是非称为“智慧”等。马克思说：“人直接地是自然存在物。人作为自然存在物，而且作为有生命的自然存在物，一方面具有自然力、生命力，是能动的自然存在物；这些力量作为天赋和才能，作为欲望存在于人身上；另一方面，人作为自然的、肉体的、感性的、对象性的存在物，同动植物一样，是受动的、受制约的和受限制的存在物。”[①] 人来源于自然，自然性构成了人的重要性质，但人并非完全从属于动物本能，人是“能动的自然存在物”，这种不同于动物的能动性是“作为天赋和才能，作为欲望存在于人身上”，言下之意，人以自然生命为基础，同时又突破自然的主宰，通过实践活动去创造属“人”的生活世界和社会环境。因此，人是自为的存在体，自为的实现需要克服自在的状态，这个克服过程是矛盾的，并体现为精神追求，即在满足欲望的同时又控制欲望。人的自为、自主和自由本性决定人有摆脱“前定本质”规定而追求未来“生成”的品格，人通过自主性创造、自为性活动和自由性追求而成就自身的过程，称为追求自我超越的“生命精神”，面对压力抗争、迎难而上的人常表现这种根本特征。柏拉图认为人的这种精神通过教育可以排除不理性部分的干

① 《马克思恩格斯全集》第3卷，人民出版社2002年版，第324页。

扰，发掘遗忘的真理，“让灵魂安适”的善欲为求知提供了动力。他主张的谈话教诲式教育不被他人理解，甚至遭到冷嘲热讽和棒杀，所以收效甚微。柏拉图用“洞穴”比喻人们的认知差异：缺乏智慧的人如同关在洞穴里的囚犯，面向墙壁、背对洞口且被锁着不允许转头、移动，他们只能通过火光的倒影看到人和花草树木投射的形状，他们理所当然地认为这些影子便是实在之物，直到有个人逃出了洞穴看到实物，才察觉到他以前被影像所惑；有智慧的人就如同走出洞穴的人，当他回到洞穴教育洞中人，告诉他们真理，说服他们走出去时，不仅没人相信他，而且因他再入洞穴以致眼睛不适看不清倒影而被人认为比以前更加愚蠢。智者是痛苦的，迫于自己肉身的限制，教育说服众生，为人们解释世界，他们的种种愿望唯有最大限度地发挥个人才智，利用社会资源，才可能艰难达成。柏拉图将他设计的这种蓝图称为“理想国”，由三大阶级三种品德的人群组成并进行分工：具有“节制”品德的普通人构成主要的生产者，由普通人中选拔出来的有“勇敢”品德的人成为护国者，由护国者中选拔出来的有“智慧”品德的管理者成为统治者。个人品德的成长非一蹴而就，柏拉图倡导提升品德的教育创新。如按照“有产无权、有权无产”原则推行优生优育，严格审查教育内容。理想国中的人们承载着巨大的压力：小孩出生后要在父母认出前带走集合培养，小孩从小接受“音乐”和“体育”两类严格的文武教育，长大后接受一些欲望的训练且不合格者要被踢出队伍，只能食用烤鱼烤肉，且绝对禁止配料和点心；除了仅有一座简陋的小屋子和必需的食物、家什，没有任何私产，除了生育下一代，可以自由性交；有时必须流产或杀婴以严格限制人口，个人品德和能力水平是阶级和职业划分的主要依据等。柏拉图主张的乌托邦精神崇尚“每个人都去做他自己分内的事情，而不干涉别人分内的事情”的自由精神，严格文武教育的理念，实施国家和谐发展的严厉生产方式，要求每个人压制自己私有的感情，不允许个人追求自己的幸福，每个人都为国家的和谐效力，一定程度加大了人们的精神压力，限制了自我超越的实现。

二、自我意识运动的冲突

自我意识到对象自身是客观现实时，我们称之为发现事物。在黑格尔看来，自我意识与对象积极发生关系的过程具有不同的运动形态，自我意识的直向运动构成他的伦理世界。那么，这个过程最基本的有哪一些阶段呢？一般来说，只需把它以前走过的道路分析比较一下就可以看出区别所在。在前观察中范畴的要素里理性重复了意识的如下运动：感觉确定性运动、知觉运动和理解过程；而目前这个理性也将重新通过自我意识从独立过渡到它的自由的双重运动。第一步，行动的理性意识到它是作为个体存在，这个个体必须在别的个体中要求并产生出它的现实；第二步，个体的意识要提至普遍性的高度，个体意识到它自己就是理性，具有普遍的理性，意识到它自己就是自在自为地承认，这种被承认的东西在纯粹意识里完成对一切自我意识的统一。伦理是各个体的本质在各自独立的现实与精神的统一，是个体自身普遍的自我意识；这个普遍的自我意识在另一个意识里体现的现实具有完全的独立性，伦理普遍的自我意识正是在这个完全的独立性里才意识到自己同另一意识的统一。而这个自身与客观本质的统一就是自我意识。在普遍的抽象里，这个伦理实体只是思维出来的规律，它同样是现实的自我意识，这也就是我们常说的伦常礼俗。个别的意识，当它的行动与实际存在都是普遍的伦常礼俗时，也就是在它的个别性中意识到普遍的意识即是它自己的存在，它只是这种存在的个体而已。也就是说，那种现存的我之前的出现就是我自己的否定物，被作为我的对象出现。一个个体所做的，不仅是它行动持续存在的一般形式，同样取得其持续存在的具体内容；在普遍的实体里，个体所取得的就是一切个体的普遍的共同的技巧与伦常。在黑格尔看来，在一个自由的民族里，理性因而真正得到了实现；此时，理性是一个活的精神形态，在这个活的精神里，个体不仅表示了其作为事物性现存的规定，即普遍与个别的本质特性，而且它表示自己已经是这个本质的使命，已经达到了它的规定或达成了它的使命。所以，古代智者说，个体的智慧与德行，都在合乎自己民族生活的伦常礼俗中。

个体的道德世界是其自我意识反向运动的结果。自我意识首先体现为个别精神，而道德世界的伦常和法律整体就是一个特定的伦理实体。伦理实体仅仅在关于它自己的本质意识里才破除限制，也就是在更高级的环节中才取得它的真理性，而不会直接在它的存在里呈现。原因有二：一是在它的存在状态中，它是一个有限制的伦理实体；二是在绝对的限制状态中，精神具有存在的形式。进一步看，个别的意识在他的民族生活中直接以实在的伦常而存在。

相对于个别坚实的信心而言，精神并没因这个信心而将自身融解为它的抽象环节，个别意识因而也就没想到自己是一个纯粹自为的个别性。当然，它是必然有这个思想的，当个别意识有了这个思想的时候，那么它与精神的直接统一或它在精神中的存在、它的信心，就通通丧失了。此时，个别的意识是自为而孤立的，它就是它自己的本质，而普遍的精神不再是它的本质了。自我意识的这个个别性环节，诚然是存在于普遍精神自身之内，但在那里它仅仅是一种不能持存的数量，它一旦自为地出现，也就立即消融于这个精神之中，并且它只是作为信心而进入意识。由于自我意识的个别性环节这样固定了下来（任何环节，既然是本质的环节，自己就必须达到能将自己表现为本质），个体就进而与法律和伦常对立起来了。于是法律和伦常就被认为只是一种没有绝对本质性的思想、一种没有现实性的抽象理论；但是个体，作为这一个特殊的我，在它看来乃是活的真理性。或者，我们也可以说，自我意识还没有达到它即是伦理的实体、民族的精神这个幸运。因为从观察回到自身，精神还没有立即通过它自身的活动而实现为精神，它只被设定为内在的东西，亦即被设定为抽象。或者说，精神起初是直接地存在着的。但由于是直接存在着的，它是个别的。它是实践的意识，实践意识进入它所找到的现存世界，在个别性的规定性里将自身加以双重化，这就是说，它想将自身创造为既是这个个别性又是它的存在着的对象，并希望意识到它自己的现实与客观世界的统一。实践的意识具有统一的确定性。它认为，统一即它自身与事物性的一致，是本来存在的，只是还要通过它自己予以实现，或者说，它创造统一同时也是它寻获统一。由于这个统一又名为幸运，于是可以说这个个体从它的精神那里被送到世界去寻找它的幸运。因此，如果说理性的自我意识的真理性就是伦理的实体，那么它的伦理世界经验自此开始。如果理性的自我意识还没有成为伦理实体，那么这个运动是在走向伦理实体；而在这个运动中扬弃了的，是自我意识认为孤立的有效的个别环节。它们就像是一种直接的意愿或自然冲动，冲动得到了满足，于是又产生一个新冲动。但是，如果认为自我意识已经失掉了它存在于实质中这一幸运，那么，这些自然冲动就与它们的目的即真正的使命、规定和本质这一意识关联起来。伦理实体就下降而为无主的宾词，这个无主的宾词的活的主体，乃是尚待通过自身以充实其普遍性并必须由其自身完成使命的那些个体。在前一种意义下，意识的这些形态都是伦理实体的形成或实现过程，它们走在伦理实体之前；在后一种意义下，它们跟随在伦理实体之后，并向自我意识披露它的使命或规定。按照前一种意义所说，自然冲动在向意识揭示真理性运动过程中丧失了它们的直接性或品质性，它们的内容就过渡成一种更高级的内容。但按照后一种意义所说，所丧失的是意识的错误表象，意识是把自己的规定放置到自然冲动里去的。按照前一种意义，它们所争取的目标是直接的伦理实体，但按照后一种意义，其目标是对这种实体的意识，它意识到这伦理实体是它自己的本质，在这个意义上，这个运动应该说是道德的形成或实现过程，所谓道德，乃是一种比伦常更高的意识形态。不过这些形态仅构成道德的一个方面，即自为存在的那一面，或意识在其中扬弃了目的的那一面；它们并不构成道德的另一个方面，即道德摆脱伦理实体而独立出现的那一面。这些环节还没有被当作与已丧失了的伦常相对立的目的的含义，它们在这里纯然是由于它们的天真的内容，而它们所追求的目标就是伦理的实体。既然这些环节在意识丧失了它的伦理生活以后所显现的那种形式里，则更接近于当时所处的这个时代，而且意识在寻找其伦理生活时所重复的也正是那些形式，那么，这些环节就应该更可以按后一种说法予以表象。自我意识首先只是精神的概念，它走上这条道路时所具有的规定性是作为个别的精神，它是它自己的本质；因而它的目的是将自身作为个别的意识而予以实现并在这个实现中作为个别的意识而自我享受。在这样一种规定之下的自我意识，乃是他物的否定性。自我意识作为一个肯定性，从而与一个虽然存在但自我意识认为不是自在存在物的东西对立起来，意识于是分裂为两半，既显现于这个现成已有的现实里，又显现于目的里，而目的乃是意识通过扬弃现实而实现的，它不是现成的现实，而是要被造成的现实。但自我意识的第一个目的，是要直观它的直接的抽象的自为存在，换句话说，要直观到自身是在另一个自我意识里的这个别的自我意识，或直观到另一自我意识即自身。对这个目的的真理性认识经验，提升了自我意识，自此以后，自我意识自身就是目的，因为它既是普遍的自我意识又直接在它自身中具有法则。但在实施内心法则时，它经验到个别的本质并不能同时被保存下来，只有通过对个别本质的牺牲，善才能得到实行；自我意识于是变成德行。德行所取得的经验，只能使它认识到：它的目的本来就已经是实行了的，快乐直接就在行动本身以内，而行动本身就是善。所以，如果欲望和欲望的对象在一种元素里各自独立，这种元素乃是活的具体存在；如果这种元素属于欲望的对象，那么当这个欲望获得享受时，元素就被扬弃了。这个元素是独立性的意识，不管它是天然的意识也好，还是发展成为一种规律体系的意识也好，总之，保持个体为独立个体的，就是这个意识。就事情本身来说，这样的一种分离不是对自我意识的，因为自我意识知道别的自我意识即是它自己固有的本性，于是自我意识享受了快乐，意识到自己在一个独立意识里的实现，直观了两个独立自我意识的统一。

相反，自我意识里的矛盾则带来了精神压力。自我意识从一个绝对的抽象性过渡到另一个绝对的抽象性，从切断与别的存在的一切联系的、纯粹的自为存在，过渡到纯粹的反面，即过渡到因此而同样抽象的自为存在。这种过渡情况表现为个体干脆地化为乌有，而个别性的绝对的脆弱性则在同样坚硬但绵延持续的现实性里归于粉碎。既然个体作为意识是与它的反面的统一，那么这个过渡就不是这个个体所意识的；而它的目的和它的实现，以及它以前所以为是本质的东西与自在本质的东西之间的矛盾，都是这个个体所意识的；个体体验到它所做的事情里，即它已经获得了它的生命这一事实里，有这样的双重意义：它当时是去寻求生命，但它所获得的毋宁是死亡。从它的活的存在走向无生命的必然性这个过渡，对它就是一个不通过任何中介的逆转。作为中介的事物，一定是被中介双方在它那里合二为一的东西，因而一定是在一个环节中认识另一环节的意识，意识在它的命运里认识它的目的和行动，在它的目的和行动中体现它的命运，在这个必然性里认识自己的本质。但是统一性对于这个意识而言正是快乐自身，或简单的、个别的情感，而从这个目的环节到真正本质环节的过渡，对它来说则是向其反对方面是一个纯粹的飞跃。因为这两个环节不是包含并结合在情感里，而只存在纯粹的自身里；纯粹自身乃是一个普遍思维。意识经验到对它来说它的真理性应该实现；通过这个经验，于是意识对它自己而言变成了一个不可解的谜；它的行为的后果，在它看来竟不是它的行为自身。在它那里所发生的，对于它而言不是关于它自在的经验，过渡不是同一个内容和本质的一种简单的形式变换，也不是有时被表象为意识的内容和本质在另外的时候被表象为它自己的对象或被直观了的本质。这样，抽象的必然性就成了粉碎个体性的那个仅仅否定的、未被理解的普遍性的势力。这种形态下的自我意识的显现，一直发展到这里。它的存在的最后环节，是它自己丧失在必然性中的这个思想，或它自己是一个对它自己来说绝对外在的这个思想。但自我意识自身在这个丧失中得以幸存，因为这个必然性或纯粹的普遍性是它自己的本质。意识的这个自身回复，即知道必然性是它自身，乃是意识的一个新的形态。

个体性所实现的东西本身就是规律，因而他的快乐也是一切人心的普遍快乐。相反，与心的规律对立着的是与心分离开来、自为而自由的规律。受制于这种规律的人类，并不生活在规律与心的令人快乐的统一性里；人类的生活，如果说不是残酷的分裂和痛苦，至少是于服从规律时缺乏对它自身的享受，于逾越规律时缺乏对它自己高贵性的意识。这种强有力的、神的和人的规律是与心分离开来的，它被心认为是一个假象，而这个假象被认为应该丧失还与它联系在一起的东西，即应该丧失其力量与现实性。人和神的规律诚然可以在内容上偶然地与心的规律相一致，可能被心的规律赞同或默许，但对于心来说，本质不在于单纯的规律性本身，而在于在服从规律性中获得它自身的意识，在服从规律性中获得满足。如果普遍的必然性的内容与心不相一致，则普遍的必然性，就必须让路给心的规律。这一特定的心的规律本来只是自我意识在其中认识它自己的规律，由于规律的实现，普遍的、有效的秩序对于自我意识来说也同样变成了它自己的本质和它自己的现实；因而在它的意识里自相矛盾的两方面，都是以它的本质和它自己的现实形式出现。自我意识既然宣示了关于它的自觉的毁灭这个环节，从而表达了它的经验的结果，就表明它自身乃是它自己的这个内在的颠倒，乃是意识的疯狂；对于这种疯狂的意识，它的本质直接地成为非本质，它的现实直接地成为非现实。在这里，不能把疯狂理解为这样：将非本质的东西当作本质的，将非现实的东西当作现实的；对于此一人是本质的或现实的东西，但对于另一人不是本质或现实的，关于现实性的和非现实性的意识或关于本质性的和非本质性的意识会分离开来。事实上某种东西对于意识一般是现实的和本质的，而对于“我”来说，在对它的非现实性的意识里同时也就具有对它的现实性的意识，因为“我”也就是意识一般，既然它们两者都是“在我之中”固定下来，那么这就是一个统一体，这个统一体即是疯狂一般。不过在这个状态下，癫狂了的只是意识的一个对象，而不是自在自为着的意识自身。相反，在此显现了的经验结果中，意识是在它的规律里意识到了它自身即是现实性的；由于这同一个本质性、同一个现实性对它来说已经异化了，那么它作为自我意识，作为绝对的现实性，就意识到它自己的非现实性了；换句话说，这两方面在互相矛盾之下，对于它都直接算它的本质，而这个本质于是在它最深的内部里癫狂错乱了。为追求幸福的那种心情的跳动，转化为疯狂自负的激情，转化为维护它自己不受摧毁的那种意识的愤怒，发生这种转化，乃因为意识自己本是颠倒，而现在却不承认自身就是这种颠倒，反而竭力把它视为另外的东西。于是意识就把普遍的秩序当作对它的心的规律和它的幸运的一种颠倒歪曲，说这种颠倒歪曲是由狂热的传教士们、荒淫无度的暴君们以及企图通过屈辱和压迫以补偿它们自己所受到的屈辱的臣仆们，为了致使被欺压的人类陷于无名的苦难而发明出来的。意识在它自己的癫狂错乱中将个体性表述为颠倒的和被颠倒的东西，但这是一种外来的和偶然的个体性。心或意识的直接想变成普遍的那种个别性自身，即是这个现在颠倒的又被颠倒了的东西自身，它的行动仅仅是使得心自己意识到这个矛盾。在它看来，真的东西首先是心的规律，这是一种单纯臆造的东西，它不像持续不变的秩序那样经历得住天日的考验，而它毋宁是一遇天日就归于毁灭。它这个规律应该具有现实性；成为现实、成为有效秩序的规律，对它来说乃是目的和本质；但另一方面，现实以及成为有效秩序的规律，对于这个心毋宁直接是个虚无、非现实。同样的，它自己的现实，亦即意识的个别性的心自身，对它自身来说成了本质；但它的目的是要使这个个别性成为存在着的，于是那非个别性的自身对它来说毋宁直接是本质，或者说，那作为规律或普遍性（在它的意识自身看来，它即是普遍性）的它的自身毋宁对它来说成了目的。它这个概念（即以为它自身即是普遍性这一想法），通过它的行动变成了它的对象，经验到它的自身反而是不现实的东西，而非现实的东西却是它的现实。于是，颠倒的和被颠倒的东西，并不是一个偶然的和外来的个体性，从一切方面来看，这个心的本身恰恰就是那颠倒的和被颠倒的东西。不过，直接普遍的个体性既然是颠倒的和被颠倒的东西，那么这种普遍的秩序，作为一切心的规律，即作为颠倒的意识的规律，其自己本身就是颠倒的东西，正如愤怒的疯狂所宣布的那样。一方面，一个特定的心的规律在其他的个体那里所遇到的抵抗，这种普遍秩序证明自己是一切心的规律。持存的规律总受到保护，以反对任何个体的规律，因为持存的规律并不是空的、死的、无意识的必然性，而是精神的普遍性和实体；精神的普遍性赖以作为它自己现实的那些东西，都作为个体生活在它里面并在它里面意识它们自己。因此，即使它们抱怨这个普遍的秩序违反了它们内在的规律，即使它们违背着这个普遍秩序而坚持它们的心的意见或愿望，事实上，它们终究是和它们的心一起附着在这个普遍秩序上并以之为它们的本质的，如果从它们那里去掉这个普遍秩序或它们自己置身于这秩序以外，它们就失掉了一切。既然这是公共秩序的现实性和力量，那么公共秩序自身就是本质，就是自身等同而普遍的活生生的本质，而个体性就是这公共秩序的形式。但另一方面，这公共秩序同样又是颠倒的东西。因为既然公共秩序是一切心的规律，而一切个体直接就是这种普遍秩序，那么在此情况之下，这种秩序就仅仅是一种自为存在着的个体性或心的现实。这样，当意识建立它自己的规律时，它就经验到从别的意识那里来的抗拒，因为它的规律与它们的心的同样个别的规律发生矛盾；而这些别的意识在它们的抗拒中所做的，恰恰就是建立它们的规律并使之生效。现成已有的那个普遍，只不过是大家相互之间的一种普遍的抗拒和搏斗而已，在这一团混战中，大家各自努力维护其个别性，但又都做不到这一点，因为每个个体性都受到同一样的抗拒并相互地为别的个体性所消融。一般人所看到的公共秩序就是这样一个普遍的混战，在这场混乱里各自夺取其所能夺取的，对别人的个别性施以公平待遇以图巩固自己的个别性，而他自己的个别性则同样因别人的公平待遇而归于消失。这个秩序就是世界进程，它看起来好像是一种持存的进程，实则仅是一个臆想的普遍性，它的内容毋宁是个别性的建立与消融的无本质的游戏而已。

如果我们把普遍秩序的这两方面对照起来考察，我们就会看到，后一种普遍性是以不安静的个体性作为它的内容，而对不安静的个体性来说，意见或个别性是规律，现实是非现实，非现实是现实。但它同时又是普遍秩序的现实性方面，因为个体性的自为存在属于这个方面。前一方面的普遍秩序，乃是一种静止的本质，如此看来，它是一种内在的东西；它并非什么都不是，但毕竟不是现实性；而且它只有扬弃了曾经自称为现实性的个体性，自己才能变成现实。这个形态的意识，已经确知在规律里，在自在的真与善里，它自己不是个别性而仅仅是本质，但另一方面它知道个体性是颠倒的和被颠倒的东西，因而它必须牺牲意识的个别性；这个形态的意识，就是德行。

三、自我直觉的因量

有学者指出，马克思和尼采的哲学、现象学、德国的存在主义，以及精神分析学，都是从黑格尔开始的。黑格尔关于精神压力的理论为精神哲学体系奠定了理论基础。费尔巴哈在唯物基础上，让精神下降到人间："在思维本身中，我与我自己同一。"费尔巴哈指出，"思维与存在的同一，不过表现了思维与它自身的同一，从而，无论何时都在同一的、总是与自己本身同等的主体中对象化，似乎这个主体从未有过称谓。其实，可以简单地称之为绝对的东西，称之为上帝、'我'、本体；他用毫不暧昧的、爱人的感官之光，用哲学的真实性，用思辨和宗教，一般地，用生命的真实性，来反对迷信的哲学（因为，迷信的真正的本质，就是思维与存在的这种同一），这种同一，乐意为一切谬见辩护"①。这种思维与存在的同一，体现了精神的愉悦，"在思维本身中，我与我自己同一，我是绝对的主人翁；在思维中，没有任何事物与我相矛盾，我是法官，同时又是诉讼人，因为在思维中的对象与我对对象的思想之间没有任何严重的差别"②。反之，我与我自己相异，则引起精神压力，"对存在、对自己的思想、对经验意识的意识，是人的非生理的本质，也是支配着一切人类行为的无边无际的、不可计量的中心特质。这种非生理的特质是怎样从其动物底质中衍生出来并支配生活的，这就是'思维——人体'问题的核心"③。

新黑格尔主义的主要代表之一，意大利哲学家克罗齐持与此相左的观点，他综合了康德、黑格尔与赫尔巴特等人美学、逻辑学、经济学与伦理学的理论元素，构建了黑格尔以来的庞大精神哲学体系。克罗齐充分肯定了康德的"先验综合"概念，并称"不懂得先验综合的人，就是处在近代哲学，

① 《费尔巴哈哲学著作选集》上卷，生活·读书·新知三联书店 1959 年版，第 366 页。
② 《费尔巴哈哲学著作选集》上卷，生活·读书·新知三联书店 1959 年版，第 155 页。
③ 芭芭拉·布朗：《超级思维：人的终极能量》，同济大学出版社 1989 年版，第 153 页。

甚至整个哲学之外，必然重蹈经验论、神秘主义与经院哲学之覆辙”①。克罗齐把精神看作现实的全部内容，除精神之外否定有单纯的自然存在，因此一旦我们的直觉有了压力表现，我们精神上必然有“材料”存在，如情感、欲念、快感、痛感等。克罗齐主张纯粹的精神哲学，强调纯直觉的存在。他分析康德的想象力之困在于将“直观”与“概念”统一的“先验想象力”的功能定位问题。他运用逻辑学的“两度四阶”考察了“精神活动”的综合，将审美活动、逻辑活动、经济活动与伦理活动融会贯通，揭示了人类精神活动不同领域间的关联和演进，也为每一个领域提供推理法则和概念系统。“两度”是精神活动的知与行，“知”是理论活动，“行”则是实践活动，精神活动的“知”一度又分为美学阶段和逻辑学阶段，“行”则分为经济学阶段与伦理学阶段。四个阶段互相关联、层层演进，前一阶段并不一定依赖后一阶段，后一阶段却一定包含前一阶段。克罗齐认为，直觉的功用在于使情感成为意象而“对象化”，这种“心灵的综合活动”有成功和失败之分，美只是指成功的表现，不成功的表现则是丑，美感就是成功的表现引起的一种快感，双方产生直觉差距是因为直觉在量上的不同。

四、现代虚无主义的信仰

传统时代人们的信仰受制于匮乏的物质资料，自我难以通过自身实现，人们依赖神性表达追求彼岸世界真理的愿望，同时也在物质匮乏中实现社会公正，这一时期文化依托最为稳定的形式是宗教仪式，神（灵）的敬畏成为基本的伦理前提。现代人摆脱了匮乏物质的依赖，同时也解除了对自然和超自然的附魅，人们借助技术的力量获得了独立性，通过自己的能力实现了人们的自我认同，但这种日渐强大的自我力量和物化逻辑一旦反过来支配人的精神，则成为虚无主义的依据。

信仰当然需要个体化，但信仰的个体化并不意味着孤立，而是一定的类群形式自觉自愿地将个体性与超越性沟通，通过建立相应的神圣意识，进而内在地集聚生命个体。几乎所有的文化传统都相信：通过超越性确立起来的信仰，不仅不会破坏个体的生命自由，反而是诸个体实现生命自由及其意义的保证。然而，自现代以来，启蒙理性抽掉了个体性对神性的依附，个体不再满足于早先的群体性生存状态，而是要求获得个性独立性，人不再依附于超验的神性，而是通过与市场化物化状况的直接同一进行自我肯定，并且形

---

① Croce. *Logic as the Science of the Pure Concept*. Macmillan and Co. Limited, 1917: 219.

成了一种新的崇拜，即商品拜物教。商品拜物教与传统的宗教崇拜是根本不同的。如果说传统的崇拜主要是对超越者的崇拜，是对精神超越性与纯粹性的推崇，那么商品拜物教则是对物欲化的无条件追逐，通过大众文化及其消费社会的强势影响，商品拜物教更具有从众性乃至盲目性。于是，对名利的追逐正是大众文化中明星及偶像崇拜的堂皇理由与动力，崇拜的元素变成世俗化的名利地位、品牌效应、人气指数，以及不可缺少的感官愉悦，因而一旦有必要，“大众”就“生产”自己喜欢的明星。物化了的个体信仰已不再具有神圣性，而是个体通过物化并以物化为据表现出的自我迷恋，对神圣性的依附变成对物役性的依附，甚至极少数个体已经完全为物役性所宰制。物化时代的价值观即虚无主义，拜物教则是虚无主义的“宗教”。现代的物化处境对信仰不仅表现为内涵上的吞噬，还表现为制度及程序上的排斥；现代的社会关系，已不再是地域、交往以及文化传统等方面相对稳定且通过相应的宗教信仰得以凝聚的类群，而是处于变化、流动、陌生化中的无论在秩序还是在德性上都不够稳定且缺乏依赖感的松散合成状态，因而，传统信仰得以发挥作用的群际共同体形式已不复存在。马克斯·韦伯（Max Weber）曾把新教伦理看作资本主义的精神动力，他力图描述一种由相应的信仰基础支撑起来的法治型的资本主义结构，事实上，他只在宗教信仰与拜物教之间做了某种调和。他没有看到，现代性社会结构的剧烈变化反过来动摇乃至瓦解宗教的社会基础。自近代以来，宗教的世俗化进程一直就在寻求与现代社会组织系统的协调，但现代社会组织系统的进化在撇开信仰介入的同时，也在排斥宗教的社会参与。这一情形在现代尤为明显，由于社会组织系统本身的复杂性、流动性以及突变性，晚期资本主义法治化的社会治理方式越来越滞后。实际上，社会结构的有效整合常依赖后工业社会的程序合法性取得，程序的合法性在很大程度上已取代了法的合法性，社会管理则日趋技术化和官僚化。法治化所依托的宗教认同不再进入社会管理程序，如格里芬所说：“宗教在它得以生存的程度内越来越被局限于私人事务；事实上，在公共生活领域中，上帝彻底地消失了。”[①] 与之对应，精神信仰以及道德问题也被排斥于整个现代性社会制度的运作及教化体系之外。缪勒指出：“技术官僚合法化丝毫不重视公民的信仰，也不重视道德本身。”[②] 晚期资本主义的社会管理方式，正是与虚无主义价值观相匹配的。然而，信仰从公共生活领域的消

---

① 格里芬：《后现代精神》，王成兵译，中央编译出版社1998年版，第7页。

② 让·弗朗索瓦·利奥塔尔：《后现代状态：关于知识的报告》，车槿山译，生活·读书·新知三联书店1997年版，第101页。

失，并不是现代精神生活的成就，而是物化时代或全球资本主义时代的重大征候。19 世纪 80 年代，尼采就宣称，随着“上帝的死亡”，欧洲进入虚无主义时代。尼采主张的虚无主义并不是简单地否定一切、对什么都不在乎的“消极的”虚无主义，而是指作为强力象征因而自身“具有裁判权的价值”的“积极的”虚无主义。[①] 尼采把他主张的虚无主义看成超越欧洲悲观主义的核心价值观，事实上，这一核心价值观是真正拯救了欧洲精神文化，还是揭示乃至激起了诸多负面甚至反面的文化价值，倒值得深思。存在主义呈现了个体生存真实的同时也是荒诞的病态的生存处境，但对个体生存仍然满怀希望；后现代主义则呈现某种精神退却，形式上它在努力呈现真实的个体，但同时也在解构和瓦解个体的真实性，暴露个体生命的虚无处境，尤其是解构式后现代主义奉行的相对主义，已彻底颠覆了启蒙与解放的逻辑。我们知道，从尼采开始，经海德格尔再到后现代主义，包含着一种回复传统的精神努力，但在反讽性的后现代文化氛围中，所谓回复最终还是沦为无社会批判与实践改造效应的精神自娱。正如伊格尔顿所说：“一系列异质的生活方式和语言游戏已经抛弃了把自身总体化与合法化的怀旧冲动。”[②] 后现代相对主义本身就为虚无主义提供了通行证。由此可见，从尼采到存在主义再到后现代主义，在某种意义上其实见证了从“古典的虚无主义”到“否定性的虚无主义”的倒退，这也意味着当代西方精神文化的不断倒退。

第三节　马克思主义关于精神压力的理论

黑格尔认为，“人是‘精神的东西’，精神在本质上就是人类”[③]，马克思主义对此有独到见解：“自然本身给动物规定了它应该遵循的活动范围，动物也就安分地在这个范围内活动……神也给人指定了共同的目标——使人类和他自己趋于高尚，但是，神要人自己去寻找可以达到这个目标的手段；神让人在社会上选择一个最适合于他、最能使他和社会变得高尚的地位。”[④] 青年马克思已开始关注精神压力现象，尽管他依然有精神神性观念，但他强

① 尼采：《权力意志：重估一切价值的尝试》，张念东、凌素心译，商务印书馆 1994 年版，第 250 页。

② 戴维·哈维：《后现代的状况——对文化变迁之缘起的探究》，阎嘉译，商务印书馆 2003 年版，第 15 页。

③ 黑格尔：《历史哲学》，王造时译，上海书店出版社 2001 年版，第 293 - 294 页。

④ 《马克思恩格斯全集》第 1 卷，人民出版社 1995 年版，第 455 页。

调人的超越冲动，人们的精神世界是在现实批判与理论批判、客体批判与自我批判中建立起来的，两对矛盾的冲突过程也是压力积蓄和释放的统一。

一、生物性需要与精神获得感

人首先是一个生命个体存在，是肉体的、现实的、感性的存在物，因此，人们首先要满足吃、喝、住、穿等需要，才能维持个体的生存和生命体的延续，才能从事社会政治、文化活动。马克思指出："饥饿是自然的需要，因此，为了使自身得到满足，使自身解除饥饿，它需要自身之外的自然界。"① 满足这些需要的物质生活资料首先来自自然界，自然界是人的无机的"身体"。作为有生命的自然存在物，人是大自然的一部分，其本身包含着"自身的自然"，人类机体的生物性存在和延续需要衣食住行的满足，这是人的存在的必然性需要决定的，这是人存在和发展的前提，人的思想、行为的内容、方式、选择都受制于人的生物性需要。

人本质上是精神性的存在。纯粹的肉体需要只是一种动物式的需要，马克思指出："吃、喝、生殖等等，固然也是真正的人的机能。但是，如果加以抽象，使这些机能脱离人的其他活动领域并成为最后的和唯一的终极目的，那它们就是动物的机能。"② 超越这种肉体需要的生产才是真正的人的生产。人进行物质生产活动、满足物质需要，同时也在塑造自己的精神世界。首先，真正的人的生理需要的满足，是超越肉体需要、追求精神性需要的满足。一方面表现为以人的方式，而不是动物的方式满足肉体需要。"饥饿总是饥饿，但是用刀叉吃熟肉来解除的饥饿不同于用手、指甲和牙齿啃生肉来解除的饥饿。"③ 另一方面表现为人的纯粹的精神性需要，包括人的平等交往、得到尊重、陶冶情操、艺术享受、思维训练等。古希腊哲学家柏拉图认为人的需要越少就越近似神，意味着人摆脱了肉体束缚，真正地追求智慧。其次，人不断丰富自己的情感世界，精神追求获得成功与失败产生两种迥异的精神效果。丰富的情感是幸福的真正源泉，它是超越利益关系的心理满足和精神快乐，具体表现为由血缘关系产生的亲人之间先天具有的爱和不能疏离的亲近感，以及对祖国的归属感；由交往活动产生的超越工具理性和价值理性的情感交往而确立的互相尊重、互相包容的关系。丰富的情感表现为更

---

① 《马克思恩格斯文集》第1卷，人民出版社2009年版，第210页。

② 《马克思恩格斯文集》第1卷，人民出版社2009年版，第160页。

③ 《马克思恩格斯全集》第30卷，人民出版社1995年版，第33页。

包容的爱、更无私的奉献和更宽广的归属感，以及更多的精神获得感。作为伟大的思想家，马克思具有浓厚的亲情，他对燕妮的真挚爱情，对父亲深深的眷恋之情，和恩格斯一生的革命友谊，对朋友的真诚友情，对祖国的独特的感情，这些彰显了其丰富的情感世界。再次，人追求有尊严的生活，追求自我存在的尊严感，是人的精神性追求的重要表现。一方面，每个人先天具有作为人的平等的尊严，这是“最初的尊严”，它需要在自我约束和人性完善中加以维护。有尊严地活着，意味着人以理性和道德恰当地表现自己的本能和欲望，实现自己的行为目的。康德认为，“只有道德以及与道德相适应的人性，才是具有尊严的东西”①。另一方面，是人后天“实现了的尊严”，它是在人努力追求自我完善、不断超越自我局限、达到更加高远的境界中实现的。如马克思指出，这种尊严是“最能使人高尚起来，使他的活动和他的一切努力具有崇高品质的东西，就是使他无可非议，受到众人钦佩并高于众人之上的东西”②。最后，信仰是人的最崇高的精神追求。人的行为直接受意识指导、影响，人的存在和发展的状况、方式、方向在根本意义上取决于其理想、信念，特别是信仰。信仰是人们勾画的美好、科学的图景，像星空一样，被人们景仰和敬畏；在现实社会实践中，这种外在的理想规定还内化为人们的道德律令，于是信仰和道德这两种规范都成为约束人们行为的力量。信仰是指向更大目标、更高远的精神存在。它作为一种终极性的精神力量，对人的生活方式、价值追求、精神状态、理想信念发挥引领和塑造作用。

二、自由的追求与束缚

自然界、人类社会以及人自身的运动、变化、发展都有其客观的规律，人的存在和发展要受这些必然规律的制约。这些外在的必然性对人的存在和活动具有先在的强制性，它构成了人们的意志和自由选择的限度，构成了人的思维和活动的必然王国。在没有被认识的时候，它们作为盲目的必然性起作用；在被认识之后，它们作为被把握的必然性起作用。但人总是在不断超越现实必然性的限制，获得思想和行动的自由，进入自由境界。

人必须依存自然和社会，必须尊重自然、社会和人自身的发展规律；要赋予人生以意义，人就必须超越必然条件的限制，在认识客观规律的基础上，获得自由发展。人类社会的历史就是人不断改造外部世界、获得自由的

---

① 康德：《道德形而上学原理》，苗力田译，上海人民出版社 2002 年版，第 55 页。
② 《马克思恩格斯全集》第 1 卷，人民出版社 1995 年版，第 458 页。

历史。自由是马克思价值追求的重要维度，他在博士论文中充分肯定伊壁鸠鲁对偶然性的偏爱，反对机械决定论。他认为，只有在原子的偏斜运动中才体现原子的真实的灵魂，以及自我意识的绝对性和自由。“自由是全部精神存在的类的本质”，“自由确实是人的本质，因此就连自由的反对者在反对自由的现实的同时也实现着自由……没有一个人反对自由，如果有的话，最多也只是反对别人的自由”①。自由可以分为思想自由和行动自由。思想自由意味着人们在科学、哲学、艺术、宗教领域自由自觉地、创造性地思考；行动自由表现为人充分认识、利用自然社会和人自身的必然性，按照人的需要、意愿自觉地改造外部环境，使其更适合人的生存和发展，成为“人的现实的自然界”“真正的、人本学的自然界”②。

人的自由是理性的自由，它表现为：其一，自由的主体具有独立的人格，必须具有选择的权利、空间和可能，他能够自己分析、判断、选择，自己决定生活方式和理想愿景。其二，自由以准确把握、科学遵循、充分利用客观规律为前提，从必然束缚中解放出来。马克思指出，必然王国的自由是“社会化的人，联合起来的生产者，将合理地调节他们和自然之间的物质变换，把它置于他们的共同控制之下，而不让它作为盲目的力量来统治自己；靠消耗最小的力量，在最无愧于和最适合于他们的人类本性的条件下进行这种物质变换”③。这个必然王国的彼岸则是“以每个人的全面而自由的发展为基本原则的社会形式”④，“在保证社会劳动生产力极高度发展的同时又保证每个生产者个人最全面的发展”⑤。其三，自由与人的责任联系在一起，自由的行为也必然要承担选择的后果，这体现为权利和责任的一致性。能够自觉承担责任，人们选择的自由、行动的自由才有持久性。其四，自由选择的行为原则应该是普遍的原则。一个良性运转的社会都具有成熟的、被人们普遍认可的交往原则，我们都必须遵循社会秩序、公共交往规范。如果有人选择损人利己作为自己的生活原则，由于它不能成为普遍原则，他必将受到这个原则后果的束缚，他一定是不自由的。

---

① 《马克思恩格斯全集》第1卷，人民出版社1995年版，第167页。
② 《马克思恩格斯文集》第1卷，人民出版社2009年版，第193页。
③ 《马克思恩格斯文集》第7卷，人民出版社2009年版，第928－929页。
④ 《马克思恩格斯全集》第23卷，人民出版社1972年版，第649页。
⑤ 《马克思恩格斯文集》第3卷，人民出版社2009年版，第466、602页。

三、利己与利他的冲突

人们首先需要满足基本的生活资料吃、喝、住、穿等需求。马克思说："在任何情况下，个人总是'从自己出发的'……的需要即人的本性。"[①] 需要是人与生俱来的内在规定性，一切压抑人的正当需要的行为，都是违背人性的。

需要满足的必然性决定了人的利己性，人首先要获取满足自身需要的利益。马克思说，人们奋斗所争取的一切，都同他们的利益有关。"任何人如果不同时为了自己的某种需要和为了这种需要的器官而做事，他就什么也不能做。"[②] 人的活动选择、社会制度设计、社会组织安排、社会关系建构都体现为利益关系，而每一次社会改革都是利益关系的调整。利己性是人的动机和行为的必然表征，但人同时具有天然同情心，即关心别人命运和福祸的情感。这种同情心能促使人产生自我克制、关心别人、帮助别人的心理倾向，并在一定条件下转化成利他的行为动机。来自同情心的利他行为是一种本能的行为，也是一种易受干扰、感性化的道德行为。这种利他行为难以持久，仍处于精神境界的较低层次，不能构成典型意义的道德范本。社会发展要求消解利己主义危害公共利益的后果，提倡理性的利他行为。单独的个人是"具有意识的、经过思虑或行动的、追求某种目的的人"[③]，他们具有追求个人利益的冲动，但社会发展需要各种力量在动态平衡中形成历史合力，这就要求真正超越利己主义。就每个个体来说，这种超越利己性的利他性是在自由意志支配下的道德行为，它进入人的精神境界的新层次。为了克服利己必然性，它需要专门教化，确立比较高尚的思想道德，并在这种德性意识指导下形成一贯性行为；这种有德性的生活是人之为人的必然要求和表征。在现代性的社会秩序视角下，利他主义表现为人具有超越个人狭隘利益追求的德性培养，既包括私德，也包括公德。私德表现为人的诚实、正直、合作、正义等良好道德；公德表现为人的公共意识、公共精神、公共道德和社会责任感，甚至为人类解放和个性自由奋斗的信仰。它要求人们自觉约束其利己主义行为，在社会制度的限度内从事社会实践活动，遵守公共秩序，增进公共利益，维护公共安全。在人类解放和发展的终极目标下，利他主义表现为增

---

① 《马克思恩格斯全集》第 3 卷，人民出版社 1960 年版，第 514 页。
② 《马克思恩格斯全集》第 3 卷，人民出版社 1960 年版，第 286 页。
③ 《马克思恩格斯选集》第 4 卷，人民出版社 1995 年版，第 247 页。

强社会责任感和历史使命感，牺牲个人利益，自觉奉献社会，为人类解放和社会发展实现自身价值。这是精神境界中德性的最高层次。泰戈尔认为："人类永久的幸福不在于获得任何东西，而在于把自己给予比自己更伟大的东西，给予比他的个人生命更伟大的观念，即祖国的观念、人类的观念、至高神的观念。这些观念能使人类更容易舍弃他所有的一切，连他的生命也不例外。"①

马克思是实践这种人生品格的典范。他凭借家庭条件、卓越才能，完全可以跻身上流社会，过上舒适安逸的生活，但他选择了充满艰难险阻的革命道路，树立了超越个人利益、为人类解放奋斗的崇高理想。马克思指出："在选择职业时，我们应该遵循的主要方针是人类的幸福和我们自身的完美。……人的本性是这样的：人只有为同时代人的完美、为他们的幸福而工作，自己才能达到完美。如果一个人只为自己劳动，他也许能够成为著名的学者、伟大的哲人、卓越的诗人，然而他永远不能成为完美的、真正伟大的人物。"② 马克思一生都在为无产阶级和全人类的解放而奋斗，他站在人类解放的高度，在资产阶级革命取得的政治解放的基础上，提出无产阶级要彻底消灭私有制，实现经济、社会意义上的民主和自由，使人真正成为自己的主人，实现人的彻底解放。马克思的崇高理想与他的阶级感情联系在一起，他旗帜鲜明地表明自己哲学的阶级性，并坚定地为争取人民大众的物质利益而努力。他在《关于林木盗窃法的辩论》中站在贫苦农民一边，为他们辩护；在任《新莱茵报》主编时，为了办报，他几乎耗尽了父亲的遗产和他的个人财产。李卜克内西充满敬意地说："马克思是属于无产阶级的。他的一生都献给了全世界的无产者了。全世界能够思考的、有思想的无产者都将对他表示感激和尊敬。"③

四、现实追求与理想世界的差距

实然与应然、现实与理想是人的生存和发展中的必然性矛盾，人类社会的发展过程是不断将理想变为现实，并在现实中规划理想的过程。在这个过程中，自在自然不断变为人化自然，人类社会不断改革，创造更适合人性的环境。

---

① 泰戈尔：《人生的亲证》，宫静译，商务印书馆 1992 年版，第 86 页。

② 《马克思恩格斯全集》第 1 卷，人民出版社 1995 年版，第 459 页。

③ 《马克思恩格斯全集》第 25 卷，人民出版社 2001 年版，第 600 – 601 页。

人生活在现实世界中。一方面，现实世界构成既在的条件性。它是人存在和发展的根据和环境，是人类生活资料的来源和交往的条件；每一代人都创造一定的社会文明成果，它构成下一代存在和发展的前提。另一方面，现实世界也形成限制性、现实规定性。它规定了新的一代本身的生活条件、生活方式、思维习惯、行为方式和特殊的时代特征，也规定了人生存和发展的状况和程度。马克思就从现实的社会存在，尤其是经济现实出发，理解“现实的人”，揭示“现实的历史”。

人从来不满足于世界的现实，他们总是在批判现实中构建理想世界。理想是人走向未来的自觉、意图，是人生存和发展的合目的性的观念表现，是人这一价值主体的自我意识和表征，它高飞于人的精神天空，使人的情感更丰富，意志更坚定，心灵更纯洁，心胸更旷达。这个理想追求构成不懈努力、不断超越自我的动力，它既包括人生活的世界的愿景，又包括人自己发展状态的期望。就整个人类来说，人既在意识、观念中把握现实世界，又深刻地思考现实世界的贫乏、不公、罪恶，并在精神世界中构建更加公正、更加富裕、符合人性发展要求的理想世界。社会主义学说史的“理想国”“太阳城”“新和谐社会”和马克思的共产主义是人类理想追求的图景。马克思认为，共产主义是“自由人的联合体”，在那里，每个人的自由发展是一切人的自由发展的条件。这个自由的生活状态表现为人们可以随自己的兴趣自由选择职业。就个人来说，人在对自己生活状况和生活世界表达不满中，不断构造自身发展的理想状况，并由此提升自己的生活层次，进入社会理想世界。一方面，个人不会停留在自己已有的发展状态中，他处在未完成而又力求使自己完成、不完善而又力求使自己完善的理想追求之中；另一方面，现实社会划分为不同的社会阶层，个人力图不断超越自己现有的社会阶层，努力跻身更高的社会阶层，体现了人的本质力量的确证和展开。

马克思主义是无产阶级和人类解放的学说，体现人类超越现实的理想追求，具有鲜明的价值特性。资本主义的现实社会关系和社会矛盾及其生活其中的现实的人是马克思主义理论展开的出发点，共产主义社会、人的解放、人的自主活动和自由个性，每个人的自由发展和由此实现的一切人的自由发展，是贯穿其中的根本思想和始终如一的理想目标。具体表现为：一是其价值指向。马克思主义是无产阶级革命的理论基础，具有鲜明的政治立场，始终代表无产阶级的根本利益。它对资本主义不公、罪恶的批判，对历史发展规律和资本主义生产方式的科学分析，其价值指向是人类解放。二是具有理想实现的科学性。马克思主义是无产阶级批判的武器，它阐明的人类社会发展的道路就是无产阶级和全人类解放的道路，历史发展的潮流与人民群众的愿望、意志、要求是一致的，它的科学理论成为无产阶级革命的指导思想。

第三章　现代精神压力的类型、特征及内在矛盾

孟子曰："人之所以异于禽兽者几希；庶民去之，君子存之。"人区别于动物的"几希"，直指人的精神。精神生活构成了人之所以为人的规定性，这种规定性集中体现为人的道德观念和伦理秩序。现代人精神生活存在的突出问题是精神停在原地，但欲望飞速前进，欲望反过来影响精神世界的恐慌，以致出现有的人如禽兽的恶果。

第一节　现代精神压力的类型

物质决定意识，人的精神不可能脱离物质而独立存在。但是，意识具有能动作用，人们在获得物质满足后，必然对精神追求提出要求。现代人的精神压力依次大致分为三类。

一、生存性精神压力

生存性精神压力指物质生活带来的精神压力。"物质生产和它所包含的关系是社会生活的基础，这种社会生活只有在它一旦表现为自由结合、自觉活动并且控制自己的社会运动的人们的产物时，它才会把神秘的纱幕揭掉。但是，这需要在社会上有一系列的物质生存条件，而这些条件本身又只是长期的、痛苦的发展的产物。"① 人们在社会中生活需要进行物质生产，需要进行"长期的、痛苦的"发展，这个过程的精神压力称之为生存性精神压力。

（一）人异化为机器

18 世纪后半期的西欧资本主义经济，随着社会分工的发展，资本主义生产水平达到一个全新的高度。尤其是水力和蒸汽力的开发和运用，进一步促进资本主义机器工业化飞速发展，从而引起了工场手工业、独立手工业和家

① 《马克思恩格斯全集》第 49 卷，人民出版社 1982 年版，第 194 – 195 页。

庭劳动的生产革命，从而为社会变革创造并储备了充足的物质条件。这场工业革命的直接作用是社会生产力得到空前提高。“资产阶级在它不到一百年的阶级统治中所创建的生产力，比过去一切世代所创造的全部生产力还要多，还要大。自然力的征服，机器的采用，化学在工业和农业中的应用，轮船的行驶，铁路的通行，电报的使用，整个大陆的开垦，河川的通航，仿佛用法术从地底下呼唤出来的人口——过去哪一个世纪能够料想到竟有这样大的生产力潜伏在社会劳动里呢?”[①] 到19世纪初叶，自然科学得到迅速发展，并日益应用到生产劳动、交通运输和社会生活的各个方面。

英国、法国、德国三国的资本主义生产得到高度发展。19世纪30年代末，在最早开展产业革命的英国，大机器生产首先在棉纺和其他一些轻工业部门占了优势，发展到了40年代，重工业部门也出现了机器制造业，整个工业基本上实现了大机器生产。大机器的生产发展促进了交通运输业的迅猛发展，1825年，英国出现了第一条铁路，到40年代，英国已建造了六七百艘轮船。法国的产业革命晚一些，到19世纪30—40年代，大机器生产在轻工业部门占了优势，重工业部门也基本实现了大机器生产；水路交通工具也出现了新面貌，到1847年，法国已有1500公里铁路。英国、法国、德国的资本主义生产发展水平并不平衡，英国、法国的资本主义生产发展水平高于德国，德国的大机器生产发展较晚，直到19世纪三四十年代才有一定的发展，但马克思的故乡莱茵省，由于受法国影响，资本主义生产迅速发展起来。

“工业革命既是技术的革命，又是生产关系的重大变革。它的另一个直接后果，是促使资本主义制度最终战胜封建主义并上升为统治阶级，资本主义雇佣劳动制度最终确立起来了，但也因此形成两个彻底分裂的对立阶级。”[②] 一方面是拥有一切生产资料的资本家，他们利用科技的发展，拼命攫取工人的剩余价值，财富源源不断地流进他们的保险柜；“另一方面是丧失了一切生产资料的生产者，他们一无所有，只能受雇于资本家，忍受其剥削，成为机器的一个活的部件。为了攫取更多的剩余价值，资本家不仅把成人变成了资本增殖的直接手段，而且把大量儿童和妇女也变成了创造剩余价值的工具。为了榨取大量的剩余价值，资本家对工人的剥削是无所不用其极的。机器大工业发展把现代无产阶级推向了贫困和愚昧的深渊，损害着他们

① 《马克思恩格斯选集》第1卷，人民出版社1995年版，第277页。
② 龚超：《马克思社会教育思想研究》，人民出版社2013年版，第29页。

的身心健康。”[①] 这一切正如马克思揭示的：“在我们这个时代，每一种事物好像都包含有自己的反面。我们看到，机器具有减少人类劳动和使劳动更有成效的神奇力量，然而却引起了饥饿和过度的疲劳。新发现的财富的源泉，由于某种奇怪的、不可思议的魔力而变成贫困的根源。技术的胜利，似乎是以道德的败坏为代价换来的。随着人类愈益控制自然，个人却似乎愈益成为别人的奴隶或自身的卑劣行为的奴隶。甚至科学的纯洁光辉仿佛也只能在愚昧无知的黑暗背景上闪耀。我们的一切发现和进步，似乎结果是使物质力量具有理智生命，而人的生命则化为愚钝的物质力量。现代工业、科学与现代贫困、衰颓之间的这种对抗，我们时代的生产力与社会关系之间的这种对抗，是显而易见的、不可避免的和毋庸争辩的事实。”[②]

“机器的广泛使用，童工、青少年和女工增长的数量大大超过了成年工人。据马克思研究，1838 年各种工人的比例：13 岁以下的童工占 5.9%，13～18 岁的男性未成年者占 16.1%，13 岁以上的女性未成年者占 55.2%。这就是说，童工和未成年工人占将近 80%。”[③] 对于他们的劳动状况，马克思曾引用德国政论家舒尔茨在《生产运动》一书中的描述：“千百万人只有通过糟蹋身体、损害道德和智力的紧张劳动，才能赚钱勉强养活自己，而且他们甚至不得不把找到这样一种工作的不幸看作是一种幸运。”[④] 资本主义社会的“孩子一到能劳动的时候，就是说，一到九岁，就靠自己的工钱过活，把父母的家只看作一个小客栈，交给父母一定的膳宿费。这种事情已经屡见不鲜了”[⑤]。马克思曾经满腔愤怒地揭露了资本主义这一惨无人道的罪行，“大工业是以希德罗王式的大规模掠夺儿童来庆贺自己的诞生的”[⑥]。大工业带来的丰富物质财富，是靠大量雇用童工、青少年及女工获得的，是以人的异化来实现的，因而给人造成的精神摧残也是巨大的。“我们随便把目光投到什么地方到处都可以看到经常的或暂时的贫困，看到因生活条件或劳动本身的性质所引起的疾病以及道德的败坏，到处都可以看到人的精神和肉体在逐渐地无休止地受到摧残。”[⑦]

---

① 龚超：《马克思社会教育思想研究》，人民出版社 2013 年版，第 30 页。
② 《马克思恩格斯全集》第 2 卷，人民出版社 1957 年版，第 78～79 页。
③ 《马克思恩格斯全集》第 12 卷，人民出版社 1962 年版，第 207 页。
④ 《马克思恩格斯全集》第 42 卷，人民出版社 1979 年版，第 59 页。
⑤ 《马克思恩格斯全集》第 1 卷，人民出版社 1956 年版，第 472～473 页。
⑥ 《马克思恩格斯全集》第 23 卷，人民出版社 1972 年版，第 826 页。
⑦ 《马克思恩格斯选集》第 4 卷，人民出版社 1995 年版，第 389 页。

（二）工业共体形成

伴随工业革命的发展，在资本主义社会，一种新的生产过程转变为另一种生产过程，与之相应的是人类社会也经历了一种无情的现代化进程。在大约100年时间内，农业社会便转化为都市工业社会，农村或乡村生活累积形成的社会规范和风俗习惯大都被工厂和城市的节奏取代。

人力资源和自然资源被工业革命以世界性的规模有效利用，生产率提高到史无前例的水平。英国首先在这方面受益，从1750年到1800年，50年间其资本由5亿英镑增长到15亿英镑。到了19世纪后半叶，不断提高的生产率影响了整个世界。许多资源都卷入了蓬勃发展及不断扩张的全球经济之中，如马来西亚橡胶、缅甸稻米、新西兰羊毛、加拿大小麦、孟加拉国黄麻以及西欧和美国东部兴旺的工厂等。然而，大量的剥削和社会分裂存在于工业化早期阶段：佃农丧失家园，织布工和其他手工业者被不可抵抗的竞争新机制商品淘汰；淘汰后，迁居城市、寻找工作、适应不熟悉的环境及陌生的生活方式和工作方式等严峻问题考验着这些人；他们丧失了土地、房屋、工具和资本，只能依靠雇主。总而言之，他们已成为纯粹的劳动者，除了自身的劳动力，他们一无所有。也就是说，工业革命把劳动者塑造成了工业共体。

他们虽然能够找到工作，但是工作时间非常长，每天工作16小时司空见惯。当12小时工作制被工人千辛万苦争取到时，一件“幸事”被他们像新鲜事物一样对待。人们可以忍受工作时间长，但工厂的纪律和管理机器的单调令人痛苦：工人们随着工厂的汽笛声而上下班；他们必须跟上机器的运转，并始终处于在场监工的严格监督下；工作是单调乏味的——拉控制杆、刷去污物、接上断线等；此时工人身心疲惫。普通民众对社会发展和工业化也存在恐惧和迷茫。在经济大萧条之后，英国喜剧家卓别林的电影《摩登时代》就反映了都市工业化之后给工人身心带来的精神压力。资本家的本性是追逐利益的最大化，在大机器工业时代，工人被当作机器来使用。大工业的共性完全取代人的个体性，最终人被异化，而这种异化的牺牲品只能作为社会最底层的工人。他们就像是任人宰割的羔羊，完全没有选择的余地，他们成群地拥进工厂；面临生存的困境，他们不停地加快操作速度，否则他们就不能生存。卓别林在《大时代》中用无声电影的方式夸张地反映着这一精神失衡现象，让它赤裸裸地在世人面前展现。回看第一次工业革命以前以农业为主要方式的生活：没有工厂的紧张节奏，面对美丽的山水田园，也许有牧歌式的感觉；那时人生面对的选择不多，人们在婚姻伙伴、工作住所、信仰方面很少有自己的选择，经常会受到来自家庭、部落、等级、宗教、封建义务等压抑性联系的束缚。如中国古代婚姻讲究“父母之命，媒妁之言”，这种婚姻制度有其存在的合理性，但也是一种不尊重当事人意愿的束缚。相对而言，农业时代的人还未异化为机器的一部分，保持了一定程度的独立性，工业时代则抹杀了人的个体性。

（三）政治伦理获得普遍性

随着资本主义生产的高度发展，资本主义社会化大生产和生产资料私人占有之间的矛盾日趋激化，这种由资本主义生产方式带来的矛盾是资本主义社会无法克服的顽疾，它以经济危机的形式表现出来，而且会周期性“发作”。而经济危机爆发后受到伤害最深的还是无产阶级，经济危机使阶级矛盾尖锐化，从而加剧了阶级分化。

1825年，资本主义国家爆发了第一次经济危机，广大的无产阶级生活窘迫，他们自发地发动了破坏机器、反对企业主的斗争，这种自发的阶级斗争受到了资产阶级的镇压，阶级矛盾变得尖锐，于是斗争的形式从早期的自发状态转变为有组织、大规模的政治罢工。1831年和1834年，法国里昂爆发了两次大规模的工人起义，矛头直接指向资产阶级的统治。1836年，英国工人阶级组织发动了“人民宪章”运动，前后的斗争延续十余年，矛头直接指向资产阶级的政治统治，斗争的范围波及全国。列宁称这次运动为“世界上第一次广泛的、真正群众性的、政治性的无产阶级革命运动”①。1844年，德国西里西亚的纺织工人举行起义，旗帜鲜明地提出“反对私有制社会”的战斗口号。这些斗争表明，无产阶级和资产阶级之间的矛盾，已经到了不可调和的地步，阶级斗争在欧洲最发达国家中已经不可避免，无产阶级已经作为一支独立的政治力量登上历史舞台。

随着阶级斗争形势的新发展，无产阶级迫切需要正确认识自己的历史地位和任务，需要正确了解资本主义的本质以及推翻这种剥削制度，谋求自己解放的正确道路，也就是说，迫切需要一个科学的世界观来指导无产阶级的革命行动。而在此之前，即在19世纪初期，无产阶级本身尚不成熟，阶级关系也不成熟，反映这种不成熟阶级关系的思想也是不成熟的。这表现在空想社会主义者宣传一种普遍的禁欲主义和粗陋的平均主义，他们不能认识资本主义的本质，看不到无产阶级的历史作用，不能指明无产阶级解放的正确道路。到19世纪40年代，由于资本主义社会生产力的高度发展，社会阶级关系日益成熟，社会矛盾的经济根源也日益明朗，社会发展的客观规律已经

① 《列宁全集》第29卷，人民出版社1956年版，第276页。

可能被认识。这一点要归因于机器化大生产带来的社会化，人们在长期的协同劳动过程中养成了分工合作的习惯，产生了共同的诉求，从而也就使他们在政治伦理上获得了普遍性目标。

二、竞争性精神压力

智能时代，物质生活相对满足，伦理道德意识趋弱，在社会发展过程中，人们常常要承受竞争性精神压力。

（一）公民行为偏离伦常

历史的车轮继续向前，现代人身心压力是否减少了呢？第二次世界大战引起多项技术重大突破，其意义如此深远，甚至值得将它们归类为第二次工业革命。例如，核能被用于其他许多领域，如核动力船、生物医学研究、医学诊断和治疗以及核动力厂；科学家能够阅读基因密码，修改基因密码，并创造出新的基因密码；在信息世界，仅世界各地每 24 小时公布的科学信息，其量之多，即可填满 7 套 24 卷整套的《不列颠百科全书》。生产已实现全球化，电视、广播、传真和电子邮件等进行的快速通信消除了长期确立的文化种群的界限。

信息与文明社会强化了自由平等的观念，一切等级制度都遇到了压力，曾经力求通过高压统治将一切东西控制在自己范围之内的规范和制度开始走向崩溃。一些刻板的老牌公司，如国际商用机器公司（IBM）和美国电话电报公司（AT & T）等已逐渐被一些规模小但竞争力强的小公司取代，苏联和前东德亦因为无法掌握及控制其公民的伦理知识而崩塌。

20 世纪 60 年代中期到 90 年代初期，世界大多数工业化社会状况严重恶化，社会动乱和犯罪不断上升，使得世界上最富有的城市中心几乎变成了不适合居住的地方。19 世纪，法国的人口出生率开始慢慢下降，到 20 世纪 30 年代，这种现象蔓延到整个欧洲。许多国家不得不开始实施鼓励提高人口出生率的政策，这种政策代价极高，但仍旧不能刺激人口出生率增长。数据统计显示，与意大利或西班牙相比较，瑞典在鼓励其公民生育子女方面的投入大约是上述国家的 10 倍，而其人口增长率也勉强与于上述两个国家持平。在大多数欧洲国家和日本，结婚和生育量变小，人口出生率水平降至很低，且离婚数量显著增加。

（二）道德世界观混乱

道德意识反映了义务和现实的联结状况，信仰和纯粹知见一定程度是道德意识的本质体现。早在1912年，迪尔凯姆（Emile Durkheim，又译为涂尔干）在《宗教生活的初级形式》一书中，批判了有关宗教起源的两种流行性解释：自然崇拜论和万物有灵论。迪尔凯姆对宗教的定义是“宗教是一个关于神圣事物的信仰和实践的统一体系，这些信仰和实践把信徒联合在称之为教会的一个道德群体中”。这个定义包括宗教的四个要素：神圣、信仰、实践、教会。关于神圣，迪尔凯姆的解释是“被分离出来并且围绕之设立起禁忌的东西”，图腾就是这样的神圣事物。他认为图腾崇拜来源于人群聚集时的一种集体兴奋行为，这种无法解释的群体感觉具象在某个动物或植物上，由此产生图腾，并以此规范和统治这个部落的认同行为。他坚持“宗教是社会”。迪尔凯姆指出，宗教的目的不仅仅在于提供一套解释世界的理论，而在于为群体或社会建立一套行为准则，成为群体或社会得以延续存在的黏合剂。迪尔凯姆担心一个社会一旦没有了宗教，靠什么维持群体聚合力，如何规范和协调个体的行动，人们是否会走向道德沦丧、分崩离析，只有宗教信仰才能称之为信仰（faith），不涉及超自然因素的信念或相信（belief），不应称作信仰；信仰是对超自然神灵或神秘力量的相信、仰望和依靠。事实上，“宗教鸦片论”也好，“宗教消亡论”也罢，一个不争的事实是，现代化没有带来宗教的衰落，而是带来了宗教信仰、文化信仰、政治信仰的大混乱。

（三）生活意义感乏力

农民也要承受现代生活的压力。美国人口调查局发现，1985年，家庭式农场的收入仅为非农场家庭收入的3/4，生活在农场的人当中，贫困率为24%，而非农场居民的贫困率为15%。由此产生的情绪与社会的混乱反映在自杀率中，1984年，艾奥瓦州诸农业县的自杀率比全国平均自杀率高一倍。为什么会这样？20世纪70年代期间，美国联邦政府鼓励美国农民增加他们海外市场的产品，以抵消日渐上升的贸易逆差。农民们热烈响应，农业出口额从1971年的80亿美元猛增到1981年的438亿美元。接着，华盛顿在苏联入侵阿富汗后禁止对苏联出口，由于美元定价过高——这实际上是1984年向所有的美国出口商品征收了32%的附加税，财政上受束缚的第三世界各国政府减少了各种进口物，国外市场突然缩小的缘故。1981—1983年间，美国农业出口的物价水平下降了21%，出口量下降了20%。可见信息化时代，国家的调控政策失误会给本国百姓的工作与生活带来多么大的影响。

城市工人失业的压力一直存在。经济危机会带来失业，科技进步也会带来失业，因为自动装置和机器人的普及正在取代办公室里的“白领工人”以及工厂里的“蓝领工人”。整个西方世界的失业人数已从1970年1月的1000

万人上升到1983年1月的3100万人。一个国际小组在美国、加拿大、意大利、德国、法国、黎巴嫩和新西兰随意调查了3万名男女，发现这些人中现在正患有严重心理抑郁症的比他们的祖父辈高出3倍。

“过劳死”是导致死亡的第二大疾病，仅次于癌症。“过劳死”这个词由日本机器人和计算机时代所创造。我国此问题亦呈现日益严重的趋势，且蔓延到年轻人当中。设想一位21世纪中期的老人生活，他在计算机网络时代工作了很多年，他在当地以及遥远的异国他乡结交了一大帮朋友，而且在网络上建立了不少联系，每天都跟人保持一定程度的接触，这些人感兴趣的事物大到政治，小到烹饪，无所不有。当代通信显然已经消除了自然距离以及文化和政治上的边界，这是现代通信的诱人之处。正是这一诱人之处在21世纪成为不利因素。他在退休之后，子女还在为工作为孩子而辛苦奔波，于是老人院是他的最佳去处；被陌生人包围的他虽然可以得到网络上朋友的问候，却感到亲自前往老人院探望的不便利，老人的生活就变得孤独，人生最后的阶段似乎是拼凑起来的，当人生的终点来临之时，只有独自一人去面对。

三、发展性精神压力

发展性精神压力指个体文化精神与公共文化精神相冲突或不协调、不均衡而产生的精神压力。道德意识是人为设定的、有意识创造的结果，良知和灵魂、罪恶和宽恕都是对道德意识形态的描述。伴随全球化和网络时代的发展，各民族国家伦理道德在多种文化涤荡中受到严重影响。

（一）民族伦理个体性弱化

1980年以来，全世界经济、政治、文化深受全球化影响。关于全球化的影响，理论层面众说纷纭，最具代表性的是马克卢普的“知识生产社会论”、贝尔的“后工业社会论”、托夫勒的“第三次浪潮论”、奈斯比特的“信息社会论”、德鲁克的“知识社会论”、卡斯特德的“网络社会论”等。这些新概念，在一定程度上反映出人们正在试图解读新时代和为解决自我困惑所做的种种努力。[①] 尽管人们对新时代的意见不一致，但现实是世界已经处于全球化时代。1992年，联合国前秘书长加利在联合国日致辞时说：“我们已经处在真正的全球性的时代。”全球化促进了国际上的协调与对话，快速推

① 刘文富、唐亚林、文军等：《全球化背景下的网络社会》，贵州人民出版社2001年版，第3页。

动了世界经济的增长，促进了国家间的“共赢”合作，减少了国家与国家的斗争，但它同时也削弱了国家的部分作用，在国内和新的世界范围内导致财富分配两极分化、全球生态恶化等问题，尤其是民族国家伦理遭遇危机。

全球化对各国信仰的影响。当代全球化被西方学术界作为一个明确概念提出并在世界各国广为传播，绝非空穴来风。一方面，它与近几十年来信息技术（尤其是 Internet）的迅速发展和推广以及一些全球性问题呈现息息相关。另一方面，它也与冷战后西方国家着力宣传相关联，与近几十年来发达国家出现的新自由主义潮流有着内在的必然联系。西方发达国家企图通过新自由主义思潮的传播，推广经济全球化，弱化国家主权的作用，从而为跨国公司和金融寡头等铺平在世界范围内攫取巨额利润的道路。法国著名社会学家布迪厄（Pierre Bourdieu）在《遏止野火》中明确指出：全球化本质上是西方新自由主义的人为宣传，是为宣传新自由主义而产生的口号，是新自由主义成为跨国公司的意识形态。全球化是跨国公司为达到摧毁各民族国家经济主权乃至政治主权，从而在经济上控制全球的目的而提出的战略口号。全球化不是一个“自然的过程”，而是一种有预谋、有组织实施的“政治行为”，是一场“旷日持久”的“思想灌输工作”在人们心中强加的信仰。

全球化对各国民族文化制度亦产生强烈冲击。发达国家的政府是民选的，但是，国家政府的权力已经部分被跨国公司替代。而跨国公司是非民选的，因此，全球化削弱选民的意志及民主制度。“国家主权的削弱使全球公司的不民主和封闭的本质日益受到公众的关注。反全球化运动也由此而产生。”全球化使发达国家的经济迅速向后工业化、后现代化社会发展，却不能带动发展中国家向前发展。同时，西方发达国家利用全球 90% 的媒体或舆论工具给自己带来更强大的经济和政治力量。发展中国家独特的文化传统和特定的国情、社会制度和社会政策被世界主体传媒的舆论导向否定，不报道正面的东西或只报道负面的信息。媒体是引发发展中国家对全球化不满甚至抵制的主要原因。

由于全球化对世界各国、各地区产生的影响不同，反全球化的思潮和运动亦不同。发达国家的人们认为全球化增加了外来移民，由此反对经济开放，并且担忧丧失民族自由；发展中国家的人们认为全球化虽然加强了物资及资金的国际流动，但并未增加劳动力自由流动的全球性。此外，发达国家认为全球化会恶化全球生态环境，由此，经济发展必须受到限制；而发展中国家认为发展才是首要任务，发达国家对全球环境的治理承担主要责任。但两者不是营垒分明的矛盾和斗争，不同国家的人也可以站在同一个营垒里。例如，在美国，“右翼的罗斯·佩罗特和帕特里克·布坎南、左翼的劳工组织，他们同时认为美国社会和经济问题由自由贸易和跨国公司引起”。总的看来，经济发展和教育程度比较高的地区对待全球化冲击则采取更自觉、敏感和渐进的方式；其他地区则是相对不自觉的、迟钝的；有的地区极具爆发性，并以社会抗议、贸易争端、民族冲突、宗教对立等新的形式来表现。

（二）文明冲突影响精神秩序

有学者指出：“人类发展史上最奇怪的现象之一就是，精神文明并没有随着物质文明的极大提高而相应地提高；在科学技术突飞猛进的时候，人的道德水平不是进步了而是退步了。其表现是：传统的伦理道德不再被严格遵守，旧有的社会规范被打破，社会出现了大紊乱。秩序亟待恢复或重建，否则人类将因为失序而付出沉重的代价。”① 福山在《大分裂：人类本性与社会秩序的重建》一书中，试图解决这一对矛盾，他用社会资本的流失、技术进步与道德相悖来说明这个问题，企图以人性来解决这个悖论重建的社会秩序。“该书特别强调了一些非正式的社会规范（诚实、信任、责任和互惠）对于社会秩序以及对于一个有效的自由民主社会的重要价值，而这些规范在任何一个社会中都是基本的道德规范。”② 事实上，20 世纪 90 年代以来，美国人在各个领域都在讨论责任问题，家庭、商业、官员无一例外；就国际社会而言，政治家、经济学家、外交官也在商谈合作、互信、共赢等伦理问题。“福山将大分裂的产生归因于自由民主政体下的道德相对主义。他认为，迄今为止，美国自由民主政体的成功并不完全依赖于正规的法律和强有力的政治经济机制，而是依赖某种共同的文化价值观念，即道德的一致；但由于美国是一个政教分离的民主国家，因此它先天有一种多元主义的倾向，最终发展成道德相对主义；宽容是最高的道德，也是唯一的道德，除此以外对道德并没有什么要求。”③ 他认为美国只有一个主流文化道德，其他的都不能算在道德序列中，甚至他还特别歧视女人所进行的家庭解放运动，他呼吁女人应该回到核心家庭的模式中。

20 世纪 90 年代以来，关心社会秩序的美国学者很多，如小阿瑟·施莱辛格的《美国的分裂：对多元文化主义社会的反思》（1992）、塞缪尔·亨廷顿的《文明的冲突与世界秩序的重建》（1996）、布热津斯基的《大失控》

---

① 张立平：《对秩序的忧虑——评弗兰西斯·福山的〈大分裂：人类本性与社会秩序的重建〉》，载《美国研究》2002 年第 2 期。

② 张立平：《对秩序的忧虑——评弗兰西斯·福山的〈大分裂：人类本性与社会秩序的重建〉》，载《美国研究》2002 年第 2 期。

③ 张立平：《对秩序的忧虑——评弗兰西斯·福山的〈大分裂：人类本性与社会秩序的重建〉》，载《美国研究》2002 年第 2 期。

等，他们从不同角度表达了对精神秩序的忧心。其中，塞缪尔·亨廷顿的《文明的冲突与世界秩序的重建》与福山的《大分裂：人类本性与社会秩序的重建》相仿，亨廷顿着重提出宗教文明对社会秩序、精神秩序的影响。社会进步离不开社会秩序，大同梦、中国梦都表达了对良好社会环境的希望。有序的社会让所有人获益，反之，无序的社会氛围让所有人都要付出努力和代价。“9·11”事件、伊拉克战争、中东战争、叙利亚战争都毋庸置疑地说明：技术与道德文明冲突的可畏性、多元文化与伦理民族、亲属伦理关系与道德内化等问题都亟待解决。

（三）生活伦理偏离精神信仰

伦理的自我意识是实体的意识，因此，伦理意识体现为消除了个别性的意识存在，忘记了孤立的自我片面存在和一切利己为目的的特别存在。伦理意识中家庭、民族和个体三者之间或内在的关系具有基础性和决定性作用。但是，作为维系社会制度的亲属关系两百多年来一直在衰落，其衰落速度在20世纪后半叶急剧加快；家庭成员间传统的相互理解与包容也遭到了破坏，夫妻之间、父母与孩子之间都有很多正在产生但不知道怎么解决的矛盾。社会关系变得形式化，缺乏人情味：个人之间的交往不再以寻求相互支持为目的，在道义上承担的责任显著减少；人们相互间的关系已变得疏松。在西方发达国家，20世纪50年代对政府和同阶级的公民抱有信心的人占多数，然而到了90年代初，怀有信心的占比显著减少。个人主义虽然刺激了创新和经济增长，但它严重削弱了维系社会关系的伦理纽带。

当个体从与他人的联系中解脱出来后，他们认为可以建立由自己选择的社会关系。事与愿违，这种可以选择的、任意进入或脱离的社会联系，让他们更加孤独和困惑，于是他们又渴望跟他人建立更深一层且持久的关系。不过，事实层面来看，即使物质生活满足了现代人一定程度的需要，但他们的精神需求不像物质那样容易得到满足。

第二节　现代精神压力的特征

人不仅有感性肉体的存在，更有意识的精神性存在。因此，人不仅要安顿自己的肉体，还要安顿自己的精神。精神生活具有相对的独立性和内在的超越性等特点，精神生活想挣脱物质生活的束缚，追求深度意识，勇于提升自我，追寻更为自足和广阔的精神世界。

一、物质主义挤压精神生活空间

精神生活在本质上是寻求有意义的生活。精神试图理解生活，探究生活的意义，精神生活的追求常常为人的生活提供动力支撑，使之充实和丰富。在传统社会中，人的依附性普遍存在，“一个阶级是社会上占统治地位的物质力量，同时也是社会上占统治地位的精神力量”①。超验的精神生活被少数统治者控制，大多数人的精神生活被物质生活挤压，人的精神生活大多数只能围绕着物质生活旋转，“灵与肉”“理与欲”的矛盾异常突出，整个社会的主导性价值选择往往用蒙昧的精神生活压制物质生活。“历史发展到今天，人的物质生活与精神生活之间的矛盾仍然尖锐。不过，这种矛盾具体表现为发达的物质生活挤压精神生活。”② 当代人对物的依赖与追求日渐突出，走向物化人的精神生活也逐渐向物质生活沉沦。“世界精神太忙于现实，所以它不能转向内心，回复到自身。”③ 精神生活遭遇物质生活的挤压，强大的当下意识笼罩人的自我意识，使得精神日益贫乏，精神生活日渐淡化了对意义和信仰的追求，曾经内在刻画的精神超越追求被异化为感性刺激的娱乐追求，或异化为短平快的感官享受，“本质的人性降格为通常的人性，降格为作为功能化的肉体存在的生命力，降格为凡庸琐屑的享乐”④。生活意义的丧失、精神生活的沉沦，使一部分当代人陷入“生命中不堪承受之轻”的生存焦虑中而迷失了自我。

现代人摆脱了人的依赖关系，对物的依赖虽然存在，但是工具理性帮助当代人实现了个人的独立性。工具理性暗含的实证主义驱逐了高尚与理想，继而逐渐表现为实证主义，工具主义的理性使“意义”转变为“功利”，这种转变意味着精神意义的丧失。正如雅斯贝斯指出：“代表这个世界的精神态度已被称为实证主义。实证主义者不想高谈阔论，而是要求知识；不想沉思意义，而是要求灵活的行动；不是感情，而是客观性；不是研究神秘的作用力，而是要清晰地确定事实。”⑤ 工具理性内涵的实证性否定了一切超越性的意义。实证主义者认为，客观存在的且可证实的东西才是真实和有意义

---

① 《马克思恩格斯选集》第1卷，人民出版社1995年版，第98页。

② 庞立生、王艳华：《当代精神生活的虚无化困境及其超越》，载《北华大学学报（社会科学版）》2010年第5期。

③ 黑格尔：《哲学史讲演录》第1卷，商务印书馆1959年版，第1页。

④ 雅斯贝斯：《时代的精神状况》，王德峰译，上海译文出版社1997年版，第40－41页。

⑤ 雅斯贝斯：《时代的精神状况》，王德峰译，上海译文出版社1997年版，第40－41页。

的，抽象的和超越性的东西是虚假的，是毫无意义的浮华和虚妄，人应该摒弃这些不存在的抽象和超越。现代人的生活在实证主义的指引下异乎寻常地外在化，人们日渐丧失精神追求的勇气和兴趣，只是注重现实的经验世界和眼前的既得利益。个体逐渐变得客观化和功能化，从而日渐厌恶倾听和沉思精神生活，对物的追逐和对确定事实的寻求渐渐成为人们生活的中心原则。于是，生活世界的诗意价值在一定程度上被消解，人的存在意义的崇高性在一定程度上被悬置。

二、非理性主义消解生活的意义

如果说，工具理性主义所抱持的实证态度导致了人的精神生活不同寻常地客观化、肤浅化和外在化，造成了人的存在意义的失落，那么，非理性主义则加剧了现代人的无根意识，放大了现代人的焦虑意识，使现代人的生活陷入“生命中不堪承受之轻”的状态。西方学者称尼采消解了西方人眼中绝对理性化身的上帝，所以西方人只能在“上帝之死”的信仰虚空中过着迷茫的生活。曾经是西方人牢固的精神根基——上帝的破碎，则意味着西方人价值理性与信仰世界的双重瓦解。“我们想抓住某一点把自己固定下来，可是它却荡漾着离开了我们；如果我们追寻它，它就会躲开我们的掌握，滑开我们而逃入于一场永恒的逃遁。没有任何东西可以为我们停留。这种状态对我们既是自然的但又是最违反我们心意的；我们燃烧着想要寻求一块坚固的基地与一个持久的最后的据点的愿望，以期在这上面建立起一座能上升到无穷的高塔；但是我们整个的基础破裂了，大地裂为深渊。”① 精神意义失落和精神危机出现，帕斯卡尔深刻地描述了西方人所遭遇的无法逃避的精神困境。

现代人的精神生活呈现不同寻常的客观化、肤浅化和外在化，但是人最终无法忍受无意义的生活，毕竟对生活意义的追寻是人内心深处无法抵挡的渴求。为了逃避内心世界对生活意义的追问，当代人只能沉沦于连续不断的感性娱乐中。物质的感性的娱乐使精神生活变成了“刺激与厌倦之间的交替，以及对新奇事物不断的渴求，而新奇事物是层出不穷的，但又迅速被遗忘。没有前后相继的持久性，有的只是消遣”②。这种感性化的精神生活常常使人们找到“感觉的幸福”，却难以体验“幸福的感觉”，最终仍然感到精神意义的虚无。因此，在不断膨胀的占有意识面前，人们赫然感受到意义的

---

① 帕斯卡尔：《思想录：论宗教和其他主题的思想》，商务印书馆 1985 年版，第 33 页。
② 雅斯贝斯：《时代的精神状况》，王德峰译，上海译文出版社 1997 年版，第 41 页。

深渊；在四海为家的扩张中，人们仍然感到无家可归；在获得梦想中的自由时，人们却产生逃避自由的渴望。可以说，遭遇虚无与逃避自由是当代人普遍的文化心态，当代人陷入“畏惧”与“焦虑”的生存体验中。思想家海德格尔用“烦”形象揭示人的存在的生存论结构，在他看来，日常生活的沉沦使人失去了诗性之思，不再倾听精神生活，使人遮蔽和遗忘了关于自身存在的本质真理。思想家蒂利希曾分析过自古以来西方人所经历的三种不同的焦虑：古代人焦虑于死亡和命运、中世纪人焦虑于原罪感、现代人则焦虑于价值观的颠覆和生活的无意义感。[①]

三、虚无主义侵袭了信仰的场域

当生活的意义被工具理性主义和非理性主义的思想倾向日渐侵蚀的时候，人就会感受到一种“存在着的空虚”，焦躁和忧虑也随之在心灵深处产生。19世纪80年代，尼采在他的《权力意志：重估一切价值的尝试》一书中曾这样断言：“我谈论的是今后两个世纪的历史。我描述的是即将到来，而且不可能以其他形式到来的事物：虚无主义的来临。”[②] 对虚无主义，尼采的理解是“什么是虚无主义？——就是最高价值丧失价值。缺乏目标，缺少对为何的答案”[③]。人生最高价值的陨落，人生意义的丧失，人存在的根基因此崩塌，于是人不得不陷入存在的空虚。“克尔凯廓尔说，在亚当选择去咬那个苹果之前，他身上出现了一个张着大嘴的深渊，他从在虚无的背景下采取某种行动之中看到了自己自由的可能性，这个虚无既迷人，又恐怖。在海德格尔那里，虚无存在于我们的存在之中，一直存在于我们全神贯注于事物的冷静外表之下持续发生的内心震颤之中。面对虚无的畏惧，有多种模式和打扮，有时是震颤而又创造性的，有时是惊恐而又破坏性的，但它总是像我们自己的呼吸一样同我们不可分割。”[④] 当代社会中的虚无主义像邪恶的幽灵一样存在，使人感到自己就像捷克小说家卡夫卡在小说《变形记》中所描写的主人公——找不到自己意义的零一样存在的无根的感觉深入骨髓、深入灵

---

① 庞立生、王艳华：《当代精神生活的虚无化困境及其超越》，载《北华大学学报（社会科学版）》2010年第5期。

② 尼采：《权力意志：重估一切价值的尝试》，张念东、凌素心译，商务印书馆1991年版，第373页。

③ 马克思：《1844年经济学哲学手稿》，人民出版社2000年版，第55页。

④ 巴雷特：《非理性的人——存在主义哲学研究》，杨照明、艾平译，商务印书馆1995年版，第228页。

魂。意义的失落和虚无使现代人失去了精神依赖，荒诞和悲凉感自然而然地产生于人的心中。到了后现代主义者那里，他们以“流浪者的思维”夸张地渲染这种虚无的情绪，失去意义的人就成为茫茫大地上的流浪者了。但是，对理性的消解不能走向绝对的否定，绝对的否定只能成为一种“恶的无限”，最终使人丧失“存在的勇气”，因此生命的意义仍然需要创造。①

虚无主义实质是对信仰正当权利的自我否定。信仰有权利反对启蒙，这权利是神圣的权利，是绝对自身等同的权利或纯粹思维的权利。因为在评价信仰的过程中，启蒙采取的是纯粹否定的态度，它把自己的内容排除在这一纯粹活动之外，并把自己的内容当成自己的否定物，而且它反对信仰时所根据的不是它自身特有的原则，而是信仰本身的原则，这只是一种把信仰意识中各自独立的环节联系在一起的无意义运动。

因此，启蒙既没有在信仰的内容中认识自身，也没有把它所提供的思想与这种思想相反的另一种思想结合起来。在这两种环节的对立之中，它只承认其中的一种环节，即与信仰对立的那一个环节，它并不能创造出这两者的统一体，即概念。结果是，纯粹识见本身异化为一个绝对的他物，由他物回到自身，概念自为地出现了。这概念既不是信仰的，也不为启蒙所知。在信仰看来，启蒙成了歪曲的谎言。

纯粹识见之所以能对信仰施加暴力，并使暴力成为现实，恰恰在于这样一个事实：信仰意识本身就是一种概念，并且它承认和接受了纯粹识见给它提供的对立面。这个对立面，是信仰本身所必要、所包含的东西，也就是有校准的东西。于是，纯粹识见就具有并保持了它反对信仰的权利。

第一，启蒙坚持主张概念这个环节是意识的一种行动，坚持主张信仰的绝对本质是由自我意识创造出来的，而存在是信仰需要考虑的唯一环节。事实上，信仰意识的绝对本质固然是自在的客观存在，但并不是由意识创造的，而是由它的活动创造出来的，只是信仰本身并没有同它的思想结合到一起，它的行动是孤立的，绝对本质的自在存在是在意识行动的彼岸。启蒙看到了信仰活动孤立的这一环节，于是把信仰的自在宣布为意识的产品。而且孤立的行动是一种偶然的行动，是作为一种起表象作用的行动，是虚构的——这就是启蒙对信仰内容的看法。

第二，启蒙坚持它有权利反对信仰意识，而信仰意识对自己的看法也是承认的、接受的。因为信仰意识在自身内被分裂为一个现实的彼岸和一

---

① 庞立生、王艳华：《当代精神生活的虚无化困境及其超越》，载《北华大学学报（社会科学版）》2010 年第 5 期。

个纯粹的此岸，信仰意识并没有将这两种看法结合在一起，所以它时而认为自在而自为的东西是自己的纯粹本质，时而认为那些东西只不过是寻常的感性事物。信仰意识就是一种在自身中没有真理的确定性，本身具有感性存在的样态。至于启蒙，它同样将现实孤立为一种被精神抛弃了的本质，把规定性孤立为固定不移的有限物，仿佛它既不是实在本身的精神过程中某一环节，又不是某种虚无的东西，也不具有自为的存在，而是一种消逝着的东西。

第三，仅对于信仰的行动而言，启蒙认为拒绝享受和占有财产是既不公正又不合目的的。在信仰的行动不公正性问题上，启蒙与信仰意识的意见一致，即承认占有财产、保护财产和享受财产这一现实。放弃财产享受的这个宗教行动能够换取现实之彼岸的自由，于是信仰意识在保卫其财产时越坚决顽强，在放弃其享受时也就越粗暴狠心。由于保存与牺牲并肩而立，信仰的牺牲只不过是一种表象牺牲。

至于信仰的合目的性问题，启蒙认为信仰意识以抛弃一笔财产、放弃一种享受证明自己摆脱了一切财产的束缚、杜绝了一切享受，这是不合目的或毫无意义的，甚至是愚蠢的。因为抛弃一笔财产、放弃一种享受是外在的、个别的行为，贪欲才是内在的根源，是一种普遍的东西，把绝对的行动当成一种普遍的行动，这种行为看起来太朴素、太天真，根本不能算真正的行为。

在启蒙这一方面，它把内在的、非现实的东西孤立起来，与现实性相对立，把本质之点放在意图中、思想中，并且认为旨在摆脱自然目的的行动是不必要的。相反，这种内在性本身是形式性的东西，它要在自然冲动中才能得到具体的实现，而自然冲动之所以是正当的，是因为它们是内在的，属于普遍的存在。基于信仰本身存在着种种支持启蒙使之现实有效的环节，于是启蒙对信仰有了不可抗拒的支配力。表面看来启蒙对信仰的否认或批判，似乎是在撕裂信任和直接确定性之间的完美统一，事实上启蒙真正带给信仰的是它扬弃着信仰本性中存在的那种无思想、无概念的割裂状态。因为信仰生活在两种知觉中，一种知觉是无概念思想中的意识的昏睡的知觉，另一种是感性现实的意识的觉醒的知觉，并且这两种知觉互不相干，各自过着自己的生活。

启蒙对信仰进行着否认或批判，以感性世界的表象来启发信仰，使上述两种表象结合为一，于是信仰丧失了充实自身元素的那种内容并沉沦为一种精神状态，在其自身内进行着沉闷的无意识的编织活动，觉醒的意识将信仰里的区别和扩展“抢劫”到自己这里来，而将其他部分归还出去。但是，信仰并没有因此而满足，因为经过这样的启发后，它发现自身到处呈现出来的都是个别的本质，它的真理性是一个空虚的彼岸，只有无实体的现实性和丧失精神的有限事物。

这样一来，信仰事实上就变得与启蒙一样了，即联结着自在存在着的有限事物和未知的、不可知的且没有宾词的绝对，这两者的意识形态。不同之处在于，启蒙是满足了的启蒙，而信仰是没有满足的启蒙。不过，启蒙能否继续其满足状态，尚有待进一步察看。因为那些丧失精神世界的精神正潜伏在背后，而且启蒙自身具有不满足的渴望这个污点。这个污点在启蒙空虚的绝对存在那里，表现为纯粹抽象的对象；在超越启蒙的个别性以趋空虚彼岸的超越中，又表现为一种行动和运动过程；又在有用事物的无我性中，表现为一种有内容的对象。不过，仔细考察一下构成启蒙之真理性的那种肯定性结果，我们就会发现那个污点已经被自在地消除、扬弃。

第三节　现代精神生活的内在矛盾

从现代精神压力的特征来看，物质主义、非理性主义和虚无主义反映的并不主要是物质需求。市场经济的发展，带给人们物质追求比精神追求重要的错觉，逐利的逻辑仿佛主宰人们的思想，事实上如果仔细审视人们的行动日程和追求目标，我们豁然发现现代社会里物质满足在人的全部需求中所占比例并不高。市场经济强化物质需求意识，但现实是生产高度自动化、物质资料日益丰富、工作时间缩短、家务走向社会化，而文化却越来越发达、越来越重视，文化生活、文化产品越来越丰富。我们仅仅把这一幕精神生活的情景作为"副产品"忽略不计，我们发现"人们素质的提高，精神需求投资的日益增加等等，使精神享受成为越来越多的人所追求和拥有，并在继续深入、普及和提高。物质需求正在意识的大部分时间中缓缓退出：社会在生产物质资料的同时，也在生产大量精神需求的对象和手段。精神需求及其满足已变成人们生活时间的重要组成部分，并将逐渐成为人的生活的主要部分"①。因此，现代精神压力矛盾已经开始转向，"现代化作为蕴含着广泛而深刻的变革内涵的历史演进过程，其中无疑包括人的精神扬弃传统性、获得现代性的矛盾运动。这一矛盾运动在其直接现实上就

① 仲彬：《精神需求及其内在矛盾刍议》，载《南京政治学院学报》2000 年第 1 期。

表现为人的精神生活矛盾”[①]。

一、信仰与功利的矛盾

物质主义专注于自我的功利化取向，一旦自身确定性被放大，信仰中的精神就再也无法从自身出发关照自己的思维编织活动，此时，便进入意识本身，只能在意识的彼岸存在，而这个时候的意识才对自身有了相对明白的理解。一旦精神把对象的规定性吸收到自己的本性里，它就变成对自身否定性的纯粹概念，有这种纯粹概念规定的事物也可称之为纯粹事物，只不过这种事物是否定性的，也就是说它是不可能再有进一步的规定性的。如果刻意再做进一步规定，作为纯粹概念的识见就不再是一种区别于其他事物的规定性，仅仅是作为一种纯粹的区别活动。在这种纯粹概念的区别活动过程中，自身已经成为自己的对象，并且在上述那个运动中把自己设定为本质，这个本质却只是一个没有让抽象或区别在其中被分离开来的方面，这个本质是一种作为纯粹事物的纯粹思维。这种纯粹思维由于仅仅是区别中的运动，本身是作为绝对外在或异己的彼岸的存在状态，也是一种无意识的运动，因此它实际上就分裂为纯粹的感觉或纯粹的事物性。关于这个问题，形成了互相争执的两派，争执的焦点在于何为纯粹本质。事实上，纯粹本质在其自身内是没有区别的，所谓区别，乃是纯粹的本质只存在于意识的范畴之内，是作为自我意识的否定物存在于自我意识的彼岸，我们在这里仅仅得到的是思维的本质性，所以它与做出区别和规定的自我意识有关联，这种关联是感性经验和知觉之间的联系。纯粹感觉或纯粹事物性之所以产生争执，大概因为前者聚焦于思维本身、现实意识彼岸的绝对存在，后者则停留于思维本身被称为物质的存在，前者、后者在交锋过程中各执一端，如果两者放弃自己的执点向前跨出一步，它们的思维就将吻合，它们会发现最大分歧只是彼此出发点不同。一个从感性存在出发，把感性存在看作纯粹的自在存在，从而使之成为自身中的纯粹思维；另一个把外在存在着的彼岸与自己的意识对立起来，忽略了其间的关联性。由此看来，两种截然不同的思维方式将自我的本质一分为二了，两者之间最大的公约数是纯粹自我思维的抽象。这种围绕自我而做的单向思维运动，并不向自身返回的先后交替，就是纯粹的现实意识以之为对象的那种有用的东西，我们习惯称之为功利。

功利虽然在情感和信仰看来是极其丑恶的东西，但是在这里毕竟发挥了

---

① 龙兴海：《现代化过程中人的精神生活矛盾及其导向》，载《求索》2007 年第 11 期。

作用，因为纯粹的思维在这里得以实现，这里的有用性是自身确定性，也被赋予真理性。正如有的学者论述："在人们所学的知识、理论的内容中已经蕴含着信仰的成分，人们已经在接触信仰了，只是人们的信仰意识和观念尚不自觉，还没有真正意识到信仰和人们各种各样的文化学习都有内在的关联，在学习知识、文化的同时，人们可能就形成了某种信仰的观念或者获得了某种信仰。"① 所以，信仰并不是天上的繁星，它就在我们的日常生活思维中，就在我们身边。我们的日用常行获得自我意识依靠功利的效用，可我们的思维本身又是反对功利的，也就是说既有求于功利，又不屑与之为伍，信仰向往的是一种自我等同的纯粹人格，这种自我存在的混乱促使我们返回自身获取直接的同一性。因此，自我意识中的自在存在和自为存在就被设定起来，纯粹识见表现在外就是有用性。人们学习生活知识需要立足他物存在（对象），自我意识在考察对象时，获得对象的个别确定性，从对象的自身确定性中也获得自为存在和纯粹意识，从而完成了现实对象与自我意识的统一。所以，从某种意义上来说，这种对象的功利性构成了纯粹识见的世界，并且纯粹识见已经成为人们普遍学习的真理性存在，亦即形成了人们观念的和实在的世界。

总而言之，信仰与功利的不一致造成自我意识的矛盾，一定程度上给我们的精神生活带来缺憾和不满意。人们从对象的那种有用性中获得个别确定性的运动时，完成了整体自我意识的世界，也唤醒了信仰。

二、价值选择的矛盾

个体对理想的向往和追求是其精神生活的灵魂，也是推动社会发展的精神力量。实现社会主义现代化强国为人们实现理想追求、满足精神追求开辟了广阔的道路，强国梦需要一大批怀有崇高理想和创造激情的人去为之奋斗，理想具有很强的时代性和超越性，时代的变化必然引起人们理想信念的调整与变化。当下中国特色社会主义的城市化、民主化、市场化和工业化变革不仅为人们的理想实现开辟了可行道路，同时也为人们实现理想或重构理想开启了思想之路。我国在实现社会主义现代化建设之路的同时，客观上为人们的对象性活动提供了更加丰富多样的现实可能性条件，为人们的理想创造了充分选择的自由机遇，同时为现实中客观存在的基于不同文化理念或文化意义系统的不同理想主张提供了机会，也加剧了文化思潮的对立和理想信

---

① 胡海波：《精神生活、精神家园及其信仰问题》，载《社会科学战线》2014 年第 1 期。

念的竞争。在现代化实现过程中，人们需求和期望的日益丰富带来了复杂多样性，因而，人们实现理想过程中将不可避免地与多重文化相遇，不同理想难免存在对立和冲突，如基于时代背景下的传统理想与现代理想、基于性质的社会主义理想和资产阶级自由主义理想，以及集体主义主导下的人生理想和突出个人主义的人生理想、高尚的生活理想与庸俗的生活理想之间的冲突等。这类发生在人们内心世界的理想冲突看似是文化冲突，实质上是不同人生价值理念的冲突，只不过以外在文化表现出来，在现实中形成了精神生活的突出矛盾。

观察当下中国人的理想追求，调查显示，绝大多数中国普通公民在物质文明、政治文明、精神文明、社会文明和生态文明的建设方面表现出积极的认同感和归属感，他们高度评价了中国特色社会主义的社会共同理想，尽管他们在人生理想、职业理想、生活理想和人格理想等个人理想的选择方面倾向平常化、实在化和多样化，但总体来看，他们的理想追求保持在积极向上和向善的路向，人们理想选择的主导倾向反映了真、善、美的时代特点。当然，这个倾向并不意味着理想冲突已经消失，更不是说人们在理想选择上不存在值得关注的问题。恰恰相反，这意味着理想变构尚未完成，中国特色社会主义的社会理想与社会现实还存在很大的差距，尤其是以资本为逻辑的利益宰制下的物质主义、消费主义、享乐主义等负面思想文化的影响，不仅未能销声匿迹，甚至因市场的缘由一度负强化，导致他们在个人理想追求方面表现出极端个人化、世俗化和庸俗化的倾向，比较典型的如有人把金钱作为至高无上的追求，甚至认同为了利益而不顾及人的尊严，追求奢靡的庸俗的生活方式等。更可恶的是有人公开叫嚣所谓“理想的失落”和“躲避崇高”，这种种精神乱象实际上反映了一类人的精神状态。应该严肃对待这些精神萎靡的现象，因为这种精神病症存在传染的可能和趋势，故此必须对其保持高度的警觉。①

从实践层面来看，信仰问题和理想问题就是价值问题。人的行为无论是有意识还是无意识，一定程度都由一定的价值观指导；人们的精神生活也体现了一定的价值认同和价值依归。人的精神层面反映的价值问题是极为复杂的，而社会现代化的要求使这一问题变得更为复杂。因为实现现代化就意味着建构与现代性相一致的现代社会组织，以及改变和调整与此关联的一整套承载现代性的文化价值体系。以我国为例，在计划经济体制和单一社会体制下，原来建立的一整套计划组织结构和文化价值体系，受到市场经济、工业

---

① 龙兴海：《现代化过程中人的精神生活矛盾及其导向》，载《求索》2007 年第 11 期。

文明和民主政治为实质内容的现代化变革冲击，我们必须坚持改革开放，全面展开变革和调整社会组织和文化价值体系。“由于经济结构、政治结构和社会结构的变革和调整尚在进行之中，因而主流文化层面的价值变革和调整也尚未完成，一整套与文化传统相衔接、与现代社会相适应的社会主义文化价值体系尚在建构和生成之中。从已经发生的调整看，我们确认和接纳的各种社会组织原则之间，如效率原则与公平原则、功利原则与道义原则、科学原则和人文原则之间，实际上也存在着价值上的内在矛盾性。与此同时，随着市场经济的发展和社会的分化，人们的价值观念也发生了深刻的变化和分化，源于本土或外来的代表不同利益群体的各种亚文化意义系统也在生成。这意味着多元文化格局的形成，意味着多种文化价值规则系统和文化价值解释系统的对立和竞争。”① 当下，获得合法性权威或获得广泛认同的主流文化价值体系是我国民众价值选择的主要依据，但是，在多元文化背景下的主流价值、信息化充斥的时空格局中，面临的挑战是全方位的，体现出来的“未完成性、不完善性、内在矛盾性和不确定性则不仅使人们难于找到确定无疑的基本凭借，而且还使人们处于传统价值与现代价值、本土文化价值和外来文化价值以及各种具体价值的冲突之中”②。另外，除了主流文化价值体系，各种社会思潮衍生的亚文化价值解释系统施加的影响以及各种非主流价值本身具有的歧义性、悖论性和复杂性，稀释了主流价值观的浓度，增加了人们选择主流文化价值观念的难度，“难免使人们在价值认同、价值选择和价值实践等问题上产生种种思想困惑、冲突乃至迷乱，如在义与利、效率与公平、仁爱与正义、忠诚与自主、自由与权威以及个人自我价值与社会价值之间不知什么更重要以及如何选择。这实质上是现代化所必有的价值内涵调整和价值结构调整以及由此而来的社会文化矛盾在人们精神生活中的反映和体现，可以视之为价值调整中的主体思想困惑”③。合法性的文化价值体系遭遇非主流甚至是对立的价值判断，致使人们的价值观困惑，有可能导致认识上的误区、加剧人们心灵上的彷徨苦恼和行为上的迷失，严重的则会走向价值虚无的泥潭，甚至导致严重的精神失调现象，导致严重的行为偏差，最终影响到社会现代化目标的有序推进与和谐社会的构建。因此，必须高度重视引导人们消解这一精神生活矛盾。④

---

① 龙兴海：《现代化过程中人的精神生活矛盾及其导向》，载《求索》2007 年第 11 期。
② 龙兴海：《现代化过程中人的精神生活矛盾及其导向》，载《求索》2007 年第 11 期。
③ 龙兴海：《现代化过程中人的精神生活矛盾及其导向》，载《求索》2007 年第 11 期。
④ 龙兴海：《现代化过程中人的精神生活矛盾及其导向》，载《求索》2007 年第 11 期。

三、情理之间的矛盾

在《中国艺术精神》一书中，徐复观指出："道德、艺术、科学，是人类文化中的三大支柱。"[①] 这是人类精神的文化表现形式，在我看来，信仰、理想和价值也应该划入人的精神追求的范畴，它们不仅涉及理性也涉及非理性的情感，主要关注主体精神层面。"道德是人类生命伦理关系的相与之道与精神操守，确立行为原则，维系生活秩序，追求止于至善。""艺术是人类生命感性直观的精神形象与审美情致，彰显着生命的浪漫、激情与美感。""价值是人理想性、目的性的追求，蕴涵着人的自我需要、自我创造与自我实现。""信仰是要寻找到一个比当下的自己更高大、更深远、更永恒的存在，并且通过它去安顿自己的生命、解释自己的生活，甚至用它去化解人们所遇到的各种各样的实际问题。"[②] 这些是构成人类精神生活基本结构的基本精神元素，而情感生活是人类精神生活中非常重要的一极。譬如，当下我国现代社会的目标是倡导建设"富强民主文明和谐美丽的社会主义现代化强国"，其中富强民主文明和谐充分体现了健全的理性成分，美丽则突出了美好的家庭情感、社会情感和自然情感。这说明现代化建设过程中存在重视规律性、科学性和真理性，而忽视非理性情感的思想倾向，实践层面情理之间的冲突也会映射到人的精神生活层面，造成精神冲突，带来精神压力。

随着社会现代化的推进，情理之间这一矛盾不仅没有消解，相反更加突出和尖锐。"现代化的基本规定之一是理性化，理性原则是现代社会运行的基本法则。现代化所内涵的理性化，不仅意味着价值理性和公共文化理性的昌明，而且意味着工具理性和市场理性的彰显，甚至还意味着情感基础和情感方式的理性化。这不仅对中国人重'情'的文化传统和文化心理结构造成冲击，而且还会对人的家庭情感和社会情感构成冲击和破坏。现代化的另一本质规定和逻辑结果是个人的独立化和个人主体意识的生成，而个人的独立化则不仅意味着个人理性的发展，而且意味着其情感世界的丰富和发展，其情感要求的多样化。"[③] 现代化孕育的理性精神与自我意识成长突出的个性精神同时显现在一个平台，理性化和个性化呈双重走向，这给处于现代化过程

---

① 徐复观：《中国艺术精神》，广西师范大学出版社 2007 年版，第 1 页。

② 胡海波：《精神生活、精神家园及其信仰问题》，载《社会科学战线》2014 年第 1 期。

③ 龙兴海：《现代化过程中人的精神生活矛盾及其导向》，载《求索》2007 年第 11 期。

的现代人提出了情理矛盾调适的显课题。

不过，有学者指出，由于情理调适涉及传统的文化心理结构的改变，同时又涉及不同的现实生活需求，因而它就不可避免地造成人的理性力量和情感力量的内部抗争和由此而来的心理紧张甚至烦恼和焦虑。[①] 回顾西方发达国家的现代化之路，工业化带来了丰富的物质财富，同时也发展了功利理性主义，造成了工具理性的过度发达，严重消解家庭情感和社会情感，人与人之间的情感被利益替代，造成了精神的恐慌。反思我国改革开放以来倡导两手抓的国策，一方面推进了现代化的过程，另一方面注重人的健全理性的培养，兼及关注家庭情感和社会情感的培养。人们的精神生活领域依然存在情理冲突，但是并未导致其文化心理结构严重失衡，也未造成“理”或“情”向两极相反发展。这种状况主要表现在两个方面：“其一是还有不少人现代理性发展不足，尤其是缺乏公共理性，在公共生活中表现出重情不重理甚至是重私情不重公理的行为偏向；其二是有为数不少的人其家庭情感和社会情感被市场理性和工具理性严重侵蚀，表现为对社会公益事业的冷漠，对他人的真诚关怀之情和尊重之情的冷却乃至消失，甚至变得非常薄情和寡情。这尽管是局部性问题，但由于它具有蔓延或扩张的现实可能，并且会危及人们的生活幸福与社会的和谐发展，对其不可等闲视之。应当看到，情理之间的冲突、抗争和紧张是现代化过程中人们精神生活中普遍存在的矛盾之一，避免它的严重失衡，尤其是避免美好家庭情感和社会情感的退化乃至大面积消亡，是我们面临的最为严峻的精神建设课题之一。”[②]

四、文化消费的矛盾

文化消费是指文化产品或服务满足人们精神需求的一种消费理念，如教育需求、文化娱乐需求、体育健身和旅游观光等消费需求。在知识经济爆炸的现实条件下，文化消费呈现向主流化、高科技化、大众化、全球化发展的趋势。一个人的文化消费选择和文化生活状态，必然受到信仰、理想、价值和文化等心理结构状态的影响。“以满足各种文化需求为目的、以消费各种文化产品为内容的文化生活，是人的精神生活的实体化形式，也是人的精神生活的重要内容。积极健康的文化生活，既能使人获得精神的安宁和娱乐的满足，又能使人获得生存发展所必需的理性力量、道德力

---

① 龙兴海：《现代化过程中人的精神生活矛盾及其导向》，载《求索》2007年第11期。

② 龙兴海：《现代化过程中人的精神生活矛盾及其导向》，载《求索》2007年第11期。

量和情感力量。”①

我国的社会主义现代化建设，不仅极大地改善了人们的物质生活，而且在此基础上使人们的文化消费需求空前增长，文化消费形式呈现多样化发展态势，与经济发展和文化消费迫切需要同步。现代化建设也极大地促进了文化事业的繁荣发展，为人们的文化消费创造了广阔的消费空间和极为丰富多彩的文化产品。“在文化生产方面，尽管政府在政策导向上既注意满足人的多方面、多层次的文化消费需求，又注重它的精神健康性，但由于文化的商业化和世俗化浪潮的推动和市场力量的作用，现实中的文化生产实际上存在不少严重的偏向。人们在文化市场和社会上可购买到的文化消费品可以说是能有尽有、鱼龙混杂。”② 这就在一定程度上造成了人们的消费选择困难，尤其在市场经济条件下，人们的文化消费需求复杂多样，各种市场化和媚俗化的文化消费品都附带“快乐诱惑”和相关的消费诱惑，体现出不同人生哲学理念下的各种消费价值理念的冲突与斗争。“因而人们在消费什么的问题上常常陷于内部紧张和茫然之中，必须看到的是，主流文化的正面导向及其影响，培养了人们的消费理性、消费德性和消费审美情趣，使其文化消费基本上保持了积极健康的取向。”社会主义精神产品遭遇市场和各种“快乐诱惑”及享乐主义等各种负面文化理念的影响，加之由竞争带来的工作压力和生存压力，不少人由消费的理性滑到了“跟着感觉走”的庸俗化消费轨道，并表现出文化消费的严重偏嗜。“在精神性文化消费和娱乐性文化消费之间选择娱乐性文化消费；在高格调、高品位的娱乐文化消费和低品格、低品位的娱乐文化消费之间，选择低格调、低品位的娱乐文化消费；甚至有人沉迷于完全感官化的低级趣味的娱乐文化消费之中。这实际上是消费理念冲突所导致的精神与感官的严重失衡，是人的精神生活严重畸形的表现。这种文化消费的感官化和粗俗化取向，是信仰缺失、理想失落和精神空虚的表现，反过来它又会消蚀人的精神追求和精神品质。它如果作为一种文化消费时尚传播开来，还会毒化社会精神文化环境，危害社会精神文明。因此，必须加以抑制和消解。”③

---

① 龙兴海：《现代化过程中人的精神生活矛盾及其导向》，载《求索》2007 年第 11 期。
② 龙兴海：《现代化过程中人的精神生活矛盾及其导向》，载《求索》2007 年第 11 期。
③ 龙兴海：《现代化过程中人的精神生活矛盾及其导向》，载《求索》2007 年第 11 期。

第四章　现代精神压力的现状、形成因素及生成机理分析

随着社会不断发展进步、社会结构转型升级，个体逐渐摆脱对集体、家庭、社区等的依赖而向独立的主体方向发展。在这一过程中，过去的道德共识、生活理念在自我的重构过程中不断受到质疑与挑战。不过，任何一个独立的个体经验不是物理累加的结果，当代人不得不独自探索生活的价值、生存的意义，孤独地追问生命的终极关怀。由此引发人们的慎思：面对纷繁复杂的意义世界，如何超越精神生活的个体化困境，重构精神生活的公共性向度。

第一节　现代精神压力的现状分析

有学者研究指出："在现代社会中焦虑是一种普遍的情绪体验，客观上要彻底消除焦虑这种情绪体验是不可能的，焦虑是不可回避的。保持适度的焦虑还能增强人对自身生存与发展的警醒程度，使人对自身的生存和发展状况经常加以分析和思考并使自己从焦虑中走出来，不断地克服或规避当下的困难或即将可能遇到的难题。如果焦虑程度过低，就会使人容易产生迷茫，容易丧失人的目的性和方向性。如果焦虑程度过高则容易引起过度紧张、恐慌、狂躁等系列心理问题。"① 在全球化、市场化、信息化浪潮的冲击下，在多元文化价值观的影响下，现代人的精神压力普遍存在，"社会精神生活领域出现了生存焦虑凸显、价值观冲突加剧、社会心态失衡、精神追求缺乏超越性、理想信念淡化等问题"②。

一、生存竞争压力引起焦虑情绪

马克思曾指出："人们为了能够'创造历史'，必须能够生活。但是为

---

① 罗希明、王仕民：《论现代人的生存焦虑》，载《长江论坛》2014 年第 1 期。

② 潘莉、董梅昊：《当前社会精神生活问题及其应对策略探讨》，载《毛泽东邓小平理论研究》2016 年第 1 期。

了生活，首先就需要吃喝住穿以及其他一些东西。"① 物质决定意识，生存需要作为人生理的第一个命令，其满足程度将影响人的精神状态。"贫穷本身就是一种痛苦，而在精英崇拜的社会里，贫穷更是一种羞辱。然而，由经济困难产生的焦虑，不仅存在于绝对经济困难者，而且在相对经济困难者身上也有所反映。"② 绝对经济困难指的是基本生活需求的满足，如工作岗位、就业难度等；而相对经济困难指的是比较的满足感。伴随现代化的发展，因过度开发带来的困难也扩至生活环境。有学者指出，绝对困难如"草原退化、水源污染、土地荒漠化、雾霾严重的现实环境问题及其引发的咳嗽、呼吸困难甚至是器质性病变破坏了这种宁静安全的感觉，威胁着人们的身体健康和生命安全，引发个体日益加重的自然疏离感与前所未有的不安和焦虑。而当具有同样焦虑情绪的不同个体进行社会交往时，情绪传递与情绪感染会使恐慌和焦虑不断扩散，成为一种弥漫散发、不断强化的社会情绪"③ 为了解这一问题的现实情况，为了进一步分析各种人群的压力来源及处理压力的方式，我们采用问卷调查，调查压力的来源及个人群体处理压力的方法。以广州市为例，我们尝试调查大学生、公务员及企事业单位人员和外来务工人员三类人群，以图佐证现代精神压力的客观存在。对各类人群，我们首先统计是否存在压力，然后根据各类人群的实际情况，再统计各类人群面临压力时的处理方法，尝试找到精神压力的现实情况（调查问卷见附录）。调查发现，大学生生存竞争的压力相对突出。

社会的一个特殊群体——大学生，是指正在接受高等教育还未完全走入社会的人。大学生年轻有活力，他们是接受社会新技术、新思想的前沿群体，是国家培养的高级专业人才，代表着最先进的流行文化，是推动社会进步的栋梁之材。跟高中生相比，他们生活的大学是一个小型的社会，除了要学习专业的课程，还会参加各式各样的社会活动。在人际关系上，大学生除了要处理与同学之间的关系，还得处理跟老师、家长等之间的关系，大学生面临的人际问题比较多。

（一）大学生对压力的总体评价

受当前社会环境、多样化社会文化及思潮的影响，当代大学生的性格特点及思想观念呈现多面性和可塑性。表 4 - 1 数据显示，总共有 272 名大学

---

① 《马克思恩格斯选集》第 1 卷，人民出版社 1995 年版，第 79 页。

② 罗希明、王仕民：《论现代人的生存焦虑》，载《长江论坛》2014 年第 1 期。

③ 潘莉、董梅昊：《当前社会精神生活问题及其应对策略探讨》，载《毛泽东邓小平理论研究》2016 年第 1 期。

生参与压力调查，其中，自评压力程度为“很大”的有31名（11.4%），认为压力“大”的有115名（42.3%），表示压力“一般”的有118名（43.4%），只有8名学生自评压力“小”（4名，1.5%）或者“很小”（4名，1.5%）。在面对多样化的生活学习环境时，97%以上的学生认为生活学习会对自己产生压力。

表4-1 大学生压力情况

压力程度	人数	百分比
很大	31	11.4%
大	115	42.2%
一般	118	43.4%
小	4	1.5%
很小	4	1.5%

（二）影响大学生压力的主要因素

为进一步分析和探索大学生压力的来源，我们分别统计了“压力程度与性别”“大学生年级”“生活”等多个方面的数据。数据显示，大学生压力仅仅与年级呈正相关关系，而与性别、专业、是否学生干部及家庭压力没有明显的相关性。这可能是一年级同学刚刚踏入大学校门，面临着适应新环境、离开父母独自生活、人际交往等诸多问题造成的。在高年级学生中，心理压力大的比例也比较高，这与他们即将走向社会，对前途无把握，不知自己能否很好地适应竞争激烈的社会有关。

共计168名低年级的学生、88名高年级学生及16名研究生参与研究调查。表4-2数据显示，认为压力较大的学生总数为146名，占53.7%。进一步采用Spearman秩相关分析方法对大学生的自评压力程度与年级进行相关性分析，发现大学生的自评压力程度与年级成正相关（$r=0.184$，$p=0.002$），年级越高，压力越大。随着大学生年级的增大，其面临的事情诸如就业、学习成绩等事情也就越多，因此，高年级大学生的压力也就会增大。

表4－2　压力程度与大学生年级的关系

年级	压力程度									
	很大		大		一般		小		较小	
	人数	百分比	人数	百分比	人数	百分比	人数	百分比	人数	百分比
低年级（本科一年级至本科二年级）	12	38.7%	69	60.0%	83	70.3%	1	25.0%	3	75.0%
高年级（本科三至本科五年级）	15	48.4%	35	30.4%	35	29.7%	2	50.0%	1	25.0%
研究生	4	12.9%	11	9.6%	0	0.0%	1	25.0%	0	0.0%

表4－3数据分析显示，共有95名男生、177名女生参与压力问卷的调查。在男生当中，自评压力大的占51%；在女生当中，自评压力大的占54%。进一步采用卡方检验大学生的自评压力程度与性别的关系，结果显示，大学生的自评压力程度与性别无关（$\chi^2=3.379$，$p=0.504$）。因此，本次调查认为，大学生的压力在性别当中没有差异。

表4－3　压力程度与大学生性别的关系

性别	压力程度									
	很大		大		一般		小		较小	
	人数	百分比	人数	百分比	人数	百分比	人数	百分比	人数	百分比
男	10	32.3%	39	33.9%	41	34.7%	2	50.0%	3	75.0%
女	21	67.7%	76	66.1%	77	65.3%	2	50.0%	1	25.0%

表4－4数据分析显示，采用卡方检验进行大学生的自评压力程度与专业的相关性分析，结果显示，大学生的自评压力程度与专业无关（$\chi^2=18.081$，$p=0.066$）。

表4－4　大学生压力程度与专业的关系

专业	压力程度									
	很大		大		一般		小		较小	
	人数	百分比	人数	百分比	人数	百分比	人数	百分比	人数	百分比
文科	12	38.7%	14	12.2%	15	12.7%	0	0.0%	0	0.0%

续表 4-4

专业	压力程度									
	很大		大		一般		小		较小	
	人数	百分比	人数	百分比	人数	百分比	人数	百分比	人数	百分比
理工科	10	32.3%	50	43.5%	53	44.9%	2	50.0%	2	50.0%
医科	7	22.6%	44	38.3%	48	40.7%	2	50.0%	2	50.0%
其他	2	6.5%	7	6.1%	2	1.7%	0	0.0%	0	0.0%

表 4-5 数据分析显示，采用卡方检验进行大学生的自评压力程度与学生身份的相关性分析，结果显示，大学生的自评压力程度与学生身份无关（$\chi^2=18.081$，$p=0.066$）。

表 4-5　大学生压力程度与学生身份的关系

身份	压力程度									
	很大		大		一般		小		较小	
	人数	百分比	人数	百分比	人数	百分比	人数	百分比	人数	百分比
学生干部	17	54.8%	68	59.1%	76	64.4%	3	75.0%	1	25.0%
非学生干部	14	45.2%	47	40.9%	42	35.6%	1	25.0%	3	75.0%

采用 Spearman 秩相关分析方法进行大学生的自评压力程度与家庭月收入的相关性分析，结果表明，大学生的自评压力程度与家庭月收入无关（$r=0.043$，$p=0.477$），见表 4-6。

表 4-6　大学生压力程度与家庭月收入的关系

家庭月收入	压力程度									
	很大		大		一般		小		较小	
	人数	百分比	人数	百分比	人数	百分比	人数	百分比	人数	百分比
<3000 元	15	48.4%	29	25.2%	28	23.7%	1	25.0%	1	25.0%
3000～6000 元	7	22.6%	44	38.3%	54	45.8%	2	50.0%	0	0.0%
6000～10000 元	5	16.1%	24	20.9%	29	24.6%	0	0.0%	1	25.0%
>10000 元	4	12.9%	18	15.7%	7	5.9%	1	25.0%	2	50.0%

（三）大学生压力的来源

大学生精神压力主要来自毕业就业、学习成绩、家长期望、家庭环境、异性相处、师生交往和班级氛围等原因。按“压力来源对大学生的影响程度”从大到小排序，结果显示，毕业就业对大学生的影响最大，见表4－7。

表4－7 大学生压力来源分析

压力来源	综合得分
毕业就业	6.85
学习成绩	6.18
家长期望	5.21
家庭环境	4.01
异性相处	3.65
师生交往	3.22
班级氛围	2.96
其他	0.4

二、生活不确定感和浮躁带来精神困惑

有学者研究指出，随着现代生活场景的快速转换，人与人之间的关系更加复杂，生活中不确定因素增加带来的困惑越来越多。“科学技术的日新月异，经济社会快速发展中的环境污染、贫富差距加大等多重现实问题，使人们原本笃信的价值系统受到质疑。对风险性和不确定性的惶恐大大增加，莫名的压抑、不安、烦躁、不信任等社会心态在不经意间弥漫扩散。其次，不公平感和疲惫懈怠滋生。在多种分配方式并存的当代社会，不同身份、不同职业的人因为分工不同而占有不同资源，拥有不同水平的收入和社会保障。这使社会的低收入群体和困难群体容易产生被剥夺感和不公平感。再者，群际心理对立。由于社会结构变化而形成的市民、农民，官员、民众，富人、穷人等不同社会群体之间存在群际认知偏差、群际情感疏离、群际言行冲突等心理对立现象。”①

有学者指出，失业者、进城农民工和残疾人等弱势群体，由生活不确定感和浮躁引发的精神困惑比较严重，为此，本研究课题组在广州市随机选取少部

① 潘莉、董梅昊：《当前社会精神生活问题及其应对策略探讨》，载《毛泽东邓小平理论研究》2016年第1期。

分外来务工人员作为样本进行了问卷调查，研究外来务工人员的精神压力。

（一）外来务工人员压力情况概述

外来务工人员即身在城市从事非农业工作的农业户口的工人。2017 年 2 月 28 日，国家统计局发布《2016 年国民经济和社会发展统计公报》。数据显示，2016 年，全国外来务工人员总量 28171 万人，比上年增长 1.5%。其中，外出外来务工人员 16934 万人，比上年增长 0.3%；本地外来务工人员 11237 万人，比上年增长 3.4%。外来务工人员大多单纯热情，爱岗敬业，有吃苦耐劳精神；遵纪守法，小心谨慎，管理相对容易。他们对薪资要求简单，对生活质量要求不高。本次调查分析了 35 名广州市外来务工人员的压力情况（表 4－8）。35 名外来务工人员中，自评压力程度为“很大”的有 5 名（14.3%），认为压力“大”的有 7 名（20.0%），表示“一般”的有 20 名（57.1%），只有 3 名员工自评压力“小”（1 名，2.9%）或者“很小”（2 名，5.7%）。由数据可以看出，大多数外来务工人员在生活环境中处于有压力的状态。

表 4－8　外来务工人员压力情况

压力程度	人数	百分比
很大	5	14.3%
大	7	20.0%
一般	20	57.1%
小	1	2.9%
很小	2	5.7%

（二）外来务工人员压力因素分析

随着改革开放进一步深入，经济得到发展，农村生活水平与城市生活水平的差距正在逐渐减小；外来务工人员也更适应城市生活。研究表明，新生代外来务工人员有很多新特点，他们缺乏基本的农村生活技能，但是文化程度较高，思想活跃，消费观念较为现代。因此，新生代外来务工人员的压力具有新特点。从数据分析来看，外来务工人员的压力与性别有关系，男性外来务工人员自评压力程度显著高于女性，这与外来务工人员的家庭责任感有关。在农村，男性的收入往往是一个家庭的主要经济来源。因此，男性的压力要高于女性的压力。

采用卡方检验进行外来务工人员的自评压力程度与性别的相关性分析，结果显示，外来务工人员的自评压力程度与性别有关（$\chi^2=9.722$，$r=0.469$，$p=0.042$），见表 4－9。

表4－9 外来务工人员压力程度与性别的关系

性别	压力程度									
	很大		大		一般		小		较小	
	人数	百分比	人数	百分比	人数	百分比	人数	百分比	人数	百分比
男	3	60.0%	7	100.0%	9	45.0%	1	100.0%	0	0.0%
女	2	40.0%	0	0.0%	11	55.0%	0	0.0%	2	100.0%

采用Spearman秩相关分析方法进行外来务工人员的自评压力程度与工作年限、月收入、学历的相关性分析，结果显示，外来务工人员的自评压力程度与工作年限成正相关（$r=0.484$，$p=0.003$），工作年限越长，压力越大，见表4－10。

表4－10 外来务工人员压力程度与工作年限的关系

工作年限	压力程度									
	很大		大		一般		小		较小	
	人数	百分比	人数	百分比	人数	百分比	人数	百分比	人数	百分比
1～5年	1	20.0%	0	0.0%	10	50.0%	1	100.0%	1	50.0%
6～10年	0	0.0%	1	14.3%	7	35.0%	0	0.0%	0	0.0%
11～15年	3	60.0%	2	28.6%	2	10.0%	0	0.0%	0	0.0%
16年及以上	1	20.0%	4	57.1%	1	5.0%	0	0.0%	1	50.0%

采用卡方检验进行外来务工人员的自评压力程度与居住情况相关性分析，结果显示，外来务工人员的自评压力程度与居住情况有关（$\chi^2=21.763$，$r=0.671$，$p<0.001$），见表4－11。

表4－11 外来务工人员压力与居住情况的关系

居住情况	压力程度									
	很大		大		一般		小		较小	
	人数	百分比	人数	百分比	人数	百分比	人数	百分比	人数	百分比
购房	4	80.0%	0	0.0%	2	10.0%	0	0.0%	2	100.0%
租房	1	20.0%	6	85.7%	6	30.0%	0	0.0%	0	0.0%
单位宿舍	0	0.0%	1	14.3%	12	60.0%	1	100.0%	0	0.0%

采用卡方检验进行外来务工人员的自评压力程度与婚姻情况的相关性分

析，结果显示，外来务工人员的自评压力程度与婚姻情况无关（$\chi^2=9.310$，$r=0.485$，$p=0.030$），见表4－12。

表4－12　外来务工人员压力程度与婚姻情况的关系

婚姻情况	压力程度									
	很大		大		一般		小		较小	
	人数	百分比	人数	百分比	人数	百分比	人数	百分比	人数	百分比
已婚	5	100.0%	7	100.0%	11	55.0%	0	0.0%	2	100.0%
未婚	0	0.0%	0	0.0%	9	45.0%	1	100.0%	0	0.0%

采用Spearman秩相关分析方法进行外来务工人员的自评压力程度与月收入的相关性分析，结果显示，外来务工人员的自评压力程度与月收入成正相关（$r=0.391$，$p=0.020$），月收入越高，压力越大，见表4－13。

表4－13　外来务工人员压力程度与收入情况的关系

月收入情况	压力程度									
	很大		大		一般		小		较小	
	人数	百分比	人数	百分比	人数	百分比	人数	百分比	人数	百分比
<3000元	0	0.0%	3	42.9%	6	30.0%	1	100.0%	2	100.0%
3000～6000元	2	40.0%	4	57.1%	12	60.0%	0	0.0%	0	0.0%
6000～10000元	3	60.0%	0	0.0%	2	10.0%	0	0.0%	0	0.0%

采用卡方检验进行外来务工人员的自评压力程度与是否有社保的相关性分析，结果显示，外来务工人员的自评压力程度与是否有社保无关（$\chi^2=6.464$，$p=0.108$），见表4－14。

表4－14　外来务工人员压力程度与社保情况的关系

社保情况	压力程度									
	很大		大		一般		小		较小	
	人数	百分比	人数	百分比	人数	百分比	人数	百分比	人数	百分比
有	4	80.0%	5	71.4%	17	85.0%	1	100.0%	0	0.0%
无	1	20.0%	2	28.6%	3	15.0%	0	0.0%	2	100.0%

采用卡方检验进行外来务工人员的自评压力程度与医保类型的相关性分析，结果显示，外来务工人员的自评压力程度与医保类型（$\chi^2=16.816$，$p=0.677$）无关，见表4－15。

表4－15　外来务工人员压力程度与医保类型的关系

医保类型	压力程度									
	很大		大		一般		小		较小	
	人数	百分比	人数	百分比	人数	百分比	人数	百分比	人数	百分比
无，自费医疗	1	20.0%	2	28.6%	1	5.0%	0	0.0%	0	0.0%
有，农村合作医疗	0	0.0%	1	14.3%	1	5.0%	0	0.0%	0	0.0%
有，城市医疗保险	3	60.0%	4	57.1%	16	80.0%	1	100.0%	2	100.0%
购买商业保险	1	20.0%	0	0.0%	1	5.0%	0	0.0%	0	0.0%
其他	0	0.0%	0	0.0%	1	5.0%	0	0.0%	0	0.0%

采用Spearman秩相关分析方法外来务工人员的自评压力程度与学历的相关性分析，结果显示，外来务工人员的自评压力程度与学历无关（$r=0.099$，$p=0.571$），见表4－16。

表4－16　外来务工人员压力程度与学历情况的关系

学历情况	压力程度									
	很大		大		一般		小		较小	
	人数	百分比	人数	百分比	人数	百分比	人数	百分比	人数	百分比
文盲	0	0.0%	0	0.0%	1	5.0%	0	0.0%	0	0.0%
小学	0	0.0%	1	14.3%	0	0.0%	0	0.0%	0	0.0%
初中	0	0.0%	5	71.4%	3	15.0%	1	100.0%	2	100.0%
高中或中专	2	40.0%	0	0.0%	8	40.0%	0	0.0%	0	0.0%
大专或以上	3	60.0%	1	14.3%	8	40.0%	0	0.0%	0	0.0%

（三）外来务工人员压力来源分析

一般来讲，外来务工人员在城市从事的工作技术需求较简单，随着外来务工人员数量的增加，劳动力成本相对低下，因此，外来务工人员面临的竞争较大。在众多影响因素中，外来务工人员感受压力的来源往往不是工作本身，而是他们所面临的工作竞争，见表4－17。

表 4 – 17　外来务工人员工作压力与自评压力程度有关的情况

工作压力		压力程度										χ^2	r	p
		很大		大		一般		小		较小				
		人数	百分比	人数	百分比	人数	百分比	人数	百分比	人数	百分比			
经常要在急迫的限期前完成一些工作	是	4	57. 1%	0	0. 0%	3	42. 9%	0	0. 0%	0	0. 0%	10. 436	0. 535	0. 007
	否	1	3. 6%	7	25. 0%	17	60. 7%	1	3. 6%	2	7. 1%			
每天是否在长时间工作	是	1	20. 0%	0	0. 0%	4	80. 0%	0	0. 0%	0	0. 0%	2. 550	0. 250	0. 675
	否	4	13. 3%	7	23. 3%	16	53. 3%	1	3. 3%	2	6. 7%			
工作经常因为受到他人或外界因素影响无法事先对工作做出安排	是	1	14. 3%	2	28. 6%	4	57. 1%	0	0. 0%	0	0. 0%	1. 453	0. 172	0. 899
	否	4	14. 3%	5	17. 9%	16	57. 1%	1	3. 6%	2	7. 1%			
感觉自己有太多工作在身或太少工作在身	是	1	16. 7%	0	0. 0%	5	83. 3%	0	0. 0%	0	0. 0%	2. 849	0. 280	0. 563
	否	4	13. 8%	7	24. 1%	15	51. 7%	1	3. 4%	2	6. 9%			
对自己所负责的工作范畴是否模糊不清	是	1	20. 0%	0	0. 0%	4	80. 0%	0	0. 0%	0	0. 0%	2. 550	0. 250	0. 675
	否	4	13. 3%	7	23. 3%	16	53. 3%	1	3. 3%	2	6. 7%			
需要同时为不同的人办事	是	2	28. 6%	0	0. 0%	5	71. 4%	0	0. 0%	0	0. 0%	3. 830	0. 322	0. 398
	否	3	10. 7%	7	25. 0%	15	53. 6%	1	3. 6%	2	7. 1%			

续表 4-17

工作压力		压力程度										χ^2	r	p
		很大		大		一般		小		较小				
		人数	百分比	人数	百分比	人数	百分比	人数	百分比	人数	百分比			
感到目前的工作没有安全感	是	3	42.9%	1	14.3%	3	42.9%	0	0.0%	0	0.0%	5.158	0.388	0.184
	否	2	7.1%	6	21.4%	17	60.7%	1	3.6%	2	7.1%			
工作环境缺乏别人支持	是	2	40.0%	1	20.0%	2	40.0%	0	0.0%	0	0.0%	3.750	0.302	0.478
	否	3	10.0%	6	20.0%	18	60.0%	1	3.3%	2	6.7%			
工作需要面对情绪起伏很大的人	是	4	57.1%	0	0.0%	3	42.9%	0	0.0%	0	0.0%	10.436	0.535	0.007
	否	1	3.6%	7	25.0%	17	60.7%	1	3.6%	2	7.1%			
在充满竞争的环境下工作	是	3	60.0%	0	0.0%	2	40.0%	0	0.0%	0	0.0%	7.642	0.480	0.033
	否	2	6.7%	7	23.3%	18	60.0%	1	3.3%	2	6.7%			
对现时的工作感到无法控制，并不知道如何去评估工作质量	是	1	20.0%	1	20.0%	3	60.0%	0	0.0%	0	0.0%	1.552	0.134	0.958
	否	4	13.3%	6	20.0%	17	56.7%	1	3.3%	2	6.7%			
正在面对工作上的变数	是	3	50.0%	0	0.0%	3	50.0%	0	0.0%	0	0.0%	6.683	0.444	0.072
	否	2	6.9%	7	24.1%	17	58.6%	1	3.4%	2	6.9%			
感到难以投入工作	是	1	50.0%	0	0.0%	1	50.0%	0	0.0%	0	0.0%	4.211	0.259	0.641
	否	4	12.1%	7	21.2%	19	57.6%	1	3.0%	2	6.1%			

续表 4 – 17

工作压力		压力程度										χ^2	r	p
		很大		大		一般		小		较小				
		人数	百分比	人数	百分比	人数	百分比	人数	百分比	人数	百分比			
不喜欢现在的工作	是	1	20.0%	1	20.0%	3	60.0%	0	0.0%	0	0.0%	1.552	0.134	0.958
	否	4	13.3%	6	20.0%	17	56.7%	1	3.3%	2	6.7%			
感到没法得到清楚及有建设性的回应	是	3	60.0%	0	0.0%	2	40.0%	0	0.0%	0	0.0%	7.642	0.480	0.033
	否	2	6.7%	7	23.3%	18	60.0%	1	3.3%	2	6.7%			
逼迫自己做些根本不喜欢做的事情	是	2	66.7%	0	0.0%	1	33.3%	0	0.0%	0	0.0%	6.121	0.422	0.109
	否	3	9.4%	7	21.9%	19	59.4%	1	3.1%	2	6.3%			
工作需要面对极大的压力或危险	是	1	25.0%	1	25.0%	2	50.0%	0	0.0%	0	0.0%	2.248	0.154	0.932
	否	4	12.9%	6	19.4%	18	58.1%	1	3.2%	2	6.5%			
感到自己正处于孤立无援的状态	是	1	33.3%	0	0.0%	2	66.7%	0	0.0%	0	0.0%	3.005	0.222	0.768
	否	4	12.5%	7	21.9%	18	56.3%	1	3.1%	2	6.3%			
刚离职、刚开始创业或正准备东山再起	是	1	33.3%	0	0.0%	2	66.7%	0	0.0%	0	0.0%	3.005	0.222	0.768
	否	4	12.5%	7	21.9%	18	56.3%	1	3.1%	2	6.3%			
有人做了一些影响您的重要决定，而事前并未征求过您的意见	是	2	40.0%	0	0.0%	3	60.0%	0	0.0%	0	0.0%	4.058	0.333	0.358
	否	3	10.0%	7	23.3%	17	56.7%	1	3.3%	2	6.7%			

三、发展不平衡引起能力恐慌

有学者研究指出："在日常生活中人们往往不可避免地要面临理想与现实的矛盾和冲突，在社会急剧发生变革的时代，面对这种矛盾与冲突，进行判断和选择时，人们往往容易陷入不知所措，无所适从；即使是做出了选择，也会对选择的结果感到不安，经常怀疑选择结论的正确性。久而久之就会形成对自己生存发展目的性和价值判断选择性的焦虑。"① 相对于经济绝对困难者而言，经济相对困难者聚焦自我价值的目标实现，其学习的方式、能力不足的担忧也带来了诸多压力。马克思也曾指出："物质生活的生产方式制约着整个社会生活、政治生活和精神生活的过程。"② 为此，课题组在广州市随机选取少部分公务员作为样本进行问卷调查，研究其精神压力。

（一）公务员、事业单位、企业员工压力情况总体评价

与大学生单纯的学习导向不同，公务员及企事业单位人员，除了完成日常的工作，还必须面临家庭、事业等多方面的事务。因此，面临的外来刺激更为复杂。在内部和外部环境的共同作用下，公务员的意志、心理感受等主要包括"身体素质""情绪和稳定性""团结协作的相容性""工作的独创性""面对服务对象的谦和态度""心理的自我调适"等内容。身体素质主要指公务员的体力和适应力，公务员必须具备连续作战的精力，才能适应外部环境的各种变化。总共有264名公务员、事业单位或企业员工参与压力调查，表4－18数据显示，受调查人群中自评压力程度为"很大"的有36名（13.6%），认为压力"大"的有120名（45.5%），表示"一般"的有98名（37.1%），只有10名职员自评压力"小"（7名，2.6%）或者"很小"（3名，1.1%）。

表4－18　公务员、事业单位、企业员工压力情况

压力程度	人数	百分比
很大	36	13.6%
大	120	45.5%
一般	98	37.1%
小	7	2.7%
很小	3	1.1%

① 罗希明、王仕民：《论现代人的生存焦虑》，载《长江论坛》2014年第1期。

② 《马克思恩格斯文集》第2卷，人民出版社2009年版，第591页。

（二）影响公务员、事业单位、企业员工压力的因素

对公务员、事业单位、企业员工自评压力程度与职业、所在企业性质、所在企业职位、性别等的相关性进行分析，结果显示，公务员、事业单位或企业员工的自评压力程度与行政级别、性别、企业性质、职业、职位、工作年限、专业技术职称、学历、月收入无关。影响公务员压力的因素仅为公务员及事业单位的工作本身。

采用Spearman秩相关分析方法进行公务员、事业单位或企业员工的自评压力程度与行政级别的相关性分析，结果显示，公务员、事业单位、企业员工的自评压力程度与行政级别无关（$r=0.082$，$p=0.184$），见表4－19。

表4－19　公务员、事业单位、企业员工压力程度与行政级别的关系

行政级别	压力程度									
	很大		大		一般		小		较小	
	人数	百分比	人数	百分比	人数	百分比	人数	百分比	人数	百分比
科级以下	0	0.0%	13	10.8%	6	6.1%	1	14.3%	1	33.3%
科级	25	69.4%	62	51.7%	64	65.3%	4	57.1%	1	33.3%
处级	5	13.9%	30	25.0%	22	22.4%	2	28.6%	1	33.3%
厅局级或以上	6	16.7%	15	12.5%	6	6.1%	0	0.0%	0	0.0%

采用卡方检验进行公务员、事业单位、企业员工的自评压力程度与性别的相关性分析，结果显示，公务员、事业单位、企业员工的自评压力程度与性别无关（$\chi^2=7.333$，$p=0.102$），见表4－20。

表4－20　公务员、事业单位、企业员工压力程度与性别的关系

性别	压力程度									
	很大		大		一般		小		较小	
	人数	百分比	人数	百分比	人数	百分比	人数	百分比	人数	百分比
男	16	44.4%	65	54.2%	41	41.8%	2	28.6%	3	100.0%
女	20	55.6%	55	45.8%	57	58.2%	5	71.4%	0	0.0%

采用卡方检验进行公务员、事业单位、企业员工的自评压力程度与企业性质相关性评价，结果显示，公务员、事业单位、企业员工的自评压力程度与企业性质无关（$\chi^2=33.969$，$p=0.061$），见表4－21。

表4－21　公务员、事业单位、企业员工压力程度与企业性质的关系

企业性质	压力程度									
	很大		大		一般		小		较小	
	人数	百分比	人数	百分比	人数	百分比	人数	百分比	人数	百分比
国有	36	100.0%	109	90.8%	95	96.9%	6	85.7%	2	66.7%
民营	0	0.0%	6	5.0%	1	1.0%	1	14.3%	0	0.0%
个体	0	0.0%	2	1.7%	0	0.0%	0	0.0%	0	0.0%
股份制	0	0.0%	0	0.0%	2	2.0%	0	0.0%	0	0.0%
中外合资	0	0.0%	2	1.7%	0	0.0%	0	0.0%	1	33.3%
其他	0	0.0%	1	0.8%	0	0.0%	0	0.0%	0	0.0%

采用卡方检验进行公务员、事业单位、企业员工的自评压力程度与职业相关性评价，结果显示，公务员、事业单位、企业员工的自评压力程度与职业无关（$\chi^2=16.506$，$p=0.372$），见表4－22。

表4－22　公务员、事业单位、企业员工压力程度与职业的关系

职业	压力程度									
	很大		大		一般		小		较小	
	人数	百分比	人数	百分比	人数	百分比	人数	百分比	人数	百分比
公务员	6	16.7%	20	16.7%	12	12.2%	0	0.0%	0	0.0%
参公人员	2	5.6%	4	3.3%	3	3.1%	0	0.0%	0	0.0%
事业单位工作人员	28	77.8%	83	69.2%	77	78.6%	6	85.7%	2	66.7%
企业人员	0	0.0%	11	9.2%	3	3.1%	1	14.3%	1	33.3%
其他	0	0.0%	2	1.7%	3	3.1%	0	0.0%	0	0.0%

采用卡方检验进行公务员、事业单位、企业员工的自评压力程度与职位相关性评价，结果显示，公务员、事业单位、企业员工的自评压力程度与职位无关（$\chi^2=21.706$，$p=0.061$），见表4－23。

表 4-23　公务员、事业单位、企业员工压力程度与职位的关系

职位	压力程度									
	很大		大		一般		小		较小	
	人数	百分比	人数	百分比	人数	百分比	人数	百分比	人数	百分比
中高层	36	100.0%	109	90.8%	95	96.9%	6	85.7%	2	66.7%
普通行政	0	0.0%	8	6.7%	3	3.1%	1	14.3%	0	0.0%
销售	0	0.0%	1	0.8%	0	0.0%	0	0.0%	0	0.0%
后勤	0	0.0%	2	1.7%	0	0.0%	0	0.0%	1	33.3%

采用 Spearman 秩相关分析方法进行公务员、事业单位、企业员工的自评压力程度与工作年限相关性分析，结果显示，公务员、事业单位、企业员工的自评压力程度与行政级别工作年限无关（$r=0.005$，$p=0.935$），见表 4-24。

表 4-24　公务员、事业单位、企业员工压力程度与工作年限的关系

工作年限	压力程度									
	很大		大		一般		小		较小	
	人数	百分比	人数	百分比	人数	百分比	人数	百分比	人数	百分比
1～5 年	4	11.1%	11	9.2%	16	16.3%	1	14.3%	0	0.0%
6～10 年	4	11.1%	18	15.0%	12	12.2%	1	14.3%	0	0.0%
11～15 年	13	36.1%	14	11.7%	16	16.3%	1	14.3%	1	33.3%
16 年及以上	15	41.7%	77	64.2%	54	55.1%	4	57.1%	2	66.7%

采用 Spearman 秩相关分析方法进行公务员、事业单位、企业员工的自评压力程度与专业技术职称的相关性分析，结果显示，公务员、事业单位、企业员工的自评压力程度与专业技术职称无关（$r=-0.037$，$p=0.549$），见表 4-25。

表4-25　公务员、事业单位、企业员工压力程度与职称的关系

职称	压力程度									
	很大		大		一般		小		较小	
	人数	百分比	人数	百分比	人数	百分比	人数	百分比	人数	百分比
未评	5	13.9%	14	11.7%	11	11.2%	0	0.0%	0	0.0%
助理级	0	0.0%	2	1.7%	4	4.1%	0	0.0%	0	0.0%
初级	9	25.0%	20	16.7%	15	15.3%	3	42.9%	0	0.0%
中级	14	38.9%	42	35.0%	37	37.8%	3	42.9%	1	33.3%
高级	8	22.2%	42	35.0%	31	31.6%	1	14.3%	2	66.7%

采用Spearman秩相关分析方法进行公务员、事业单位、企业员工的自评压力程度与学历的相关性分析，结果显示，公务员、事业单位、企业员工的自评压力程度与学历无关（$r=0.114$，$p=0.065$），见表4-26。

表4-26　公务员、事业单位、企业员工压力程度与学历的关系

学历	压力程度									
	很大		大		一般		小		较小	
	人数	百分比	人数	百分比	人数	百分比	人数	百分比	人数	百分比
高中（中专）及以下	0	0.0%	2	1.7%	1	1.0%	0	0.0%	0	0.0%
大专	1	2.8%	9	7.5%	15	15.3%	1	14.3%	0	0.0%
大学本科	27	75.0%	67	55.8%	60	61.2%	5	71.4%	2	66.7%
研究生或以上	8	22.2%	42	35.0%	22	22.4%	1	14.3%	1	33.3%

采用Spearman秩相关分析方法进行公务员、事业单位、企业员工的自评压力程度与月收入的相关性分析，结果显示，公务员、事业单位、企业员工的自评压力程度与月收入无关（$r=-0.018$，$p=0.775$），见表4-27。

表4-27　公务员、事业单位、企业员工压力程度与月收入的关系

月收入	压力程度									
	很大		大		一般		小		较小	
	人数	百分比	人数	百分比	人数	百分比	人数	百分比	人数	百分比
<3000元	0	0.0%	0	0.0%	3	3.1%	0	0.0%	0	0.0%
3000～6000元	13	36.1%	22	18.3%	21	21.4%	0	0.0%	0	0.0%
6000～10000元	9	25.0%	39	32.5%	31	31.6%	5	71.4%	1	33.3%
>10000元	14	38.9%	59	49.2%	43	43.9%	2	28.6%	2	66.7%

（三）公务员、事业单位或企业员工压力来源

公务员的工作具有工作性质的公共性、工作职权的法授性、道德要求的严格性、工作职能的服务性、工作角色的多重性、工作行为的标杆性、组织合作的协调性、工作职责的模糊性及工作任务的直接性和复杂性等特点。从数据分析的结果来看，公务员、事业单位、企业员工自评的压力程度与职业、所在企业性质、所在企业职位、性别、行政级别、工作年限、专业技术职称、学历、月收入等众多因素都无关系。也就是说，公务员、事业单位、企业员工自评的压力程度与个人生活压力以及职业前景压力无关系。影响公务员压力的因素多为工作当中所需要解决的一些事情，如工作经常因为受到他人或外界因素影响无法事先做出安排等，见表4-28。

表 4－28　公务员、事业单位、企业员工工作状况与自评压力程度有关的情况

工作状况		压力程度										χ^2	r	p
		很大		大		一般		小		较小				
		人数	百分比	人数	百分比	人数	百分比	人数	百分比	人数	百分比			
经常要在急迫的限期前完成一些工作	是	32	17.7%	93	51.4%	53	29.3%	3	1.7%	0	0.0%	28.878	0.317	<0.001
	否	4	4.8%	27	32.5%	45	54.2%	4	4.8%	3	3.6%			
每天是否在长时间工作	是	27	19.7%	80	58.4%	29	21.2%	1	0.7%	0	0.0%	44.917	0.381	<0.001
	否	9	7.1%	40	31.5%	69	54.3%	6	4.7%	3	2.4%			
工作经常因为受到他人或外界因素影响而无法事先做出安排	是	26	17.7%	80	54.4%	39	26.5%	2	1.4%	0	0.0%	25.189	0.298	<0.001
	否	10	8.5%	40	34.2%	59	50.4%	5	4.3%	3	2.6%			
感觉自己有太多工作在身或太少工作在身	是	32	18.2%	95	54.0%	47	26.7%	2	1.1%	0	0.0%	41.710	0.372	<0.001
	否	4	4.5%	25	28.4%	51	58.0%	5	5.7%	3	3.4%			
对自己所负责的工作范畴是否模糊不清	是	10	23.8%	18	42.9%	13	31.0%	1	2.4%	0	0.0%	4.297	0.136	0.292
	否	26	11.7%	102	45.9%	85	38.3%	6	2.7%	3	1.4%			
需要同时为不同的人办事	是	26	15.7%	83	50.0%	55	33.1%	2	1.2%	0	0.0%	13.020	0.224	0.008
	否	10	10.2%	37	37.8%	43	43.9%	5	5.1%	3	3.1%			

续表 4－28

工作状况		压力程度										χ^2	r	p
		很大		大		一般		小		较小				
		人数	百分比	人数	百分比	人数	百分比	人数	百分比	人数	百分比			
感到目前的工作没有安全感	是	22	20.2%	61	56.0%	25	22.9%	1	0.9%	0	0.0%	24.201	0.292	<0.001
	否	14	9.0%	59	38.1%	73	47.1%	6	3.9%	3	1.9%			
工作环境缺乏别人的支持	是	20	20.8%	51	53.1%	23	24.0%	2	2.1%	0	0.0%	16.198	0.243	0.002
	否	16	9.5%	69	41.1%	75	44.6%	5	3.0%	3	1.8%			
工作需要面对情绪起伏很大的人	是	27	18.5%	75	51.4%	42	28.8%	1	0.7%	1	0.7%	19.568	0.263	<0.001
	否	9	7.6%	45	38.1%	56	47.5%	6	5.1%	2	1.7%			
在充满竞争的环境下工作	是	22	17.3%	72	56.7%	33	26.0%	0	0.0%	0	0.0%	26.631	0.303	<0.001
	否	14	10.2%	48	35.0%	65	47.4%	7	5.1%	3	2.2%			
对现时的工作感到无法控制，并不知如何去评估工作质量	是	24	26.7%	43	47.8%	23	25.6%	0	0.0%	0	0.0%	25.649	0.306	<0.001
	否	12	6.9%	77	44.3%	75	43.1%	7	4.0%	3	1.7%			
正在面对工作上的变数	是	23	16.8%	67	48.9%	45	32.8%	2	1.5%	0	0.0%	8.482	0.181	0.062
	否	13	10.2%	53	41.7%	53	41.7%	5	3.9%	3	2.4%			
感到难以投入工作	是	12	23.5%	21	41.2%	18	35.3%	0	0.0%	0	0.0%	5.812	0.163	0.124
	否	24	11.3%	99	46.5%	80	37.6%	7	3.3%	3	1.4%			

续表 4－28

工作状况		压力程度										χ^2	r	p
		很大		大		一般		小		较小				
		人数	百分比	人数	百分比	人数	百分比	人数	百分比	人数	百分比			
不喜欢现在的工作	是	17	25.8%	32	48.5%	17	25.8%	0	0.0%	0	0.0%	14.227	0.239	0.003
	否	19	9.6%	88	44.4%	81	40.9%	7	3.5%	3	1.5%			
感到没法得到清楚及有建设性的回应	是	27	19.9%	66	48.5%	38	27.9%	4	2.9%	1	0.7%	15.649	0.235	0.004
	否	9	7.0%	54	42.2%	60	46.9%	3	2.3%	2	1.6%			
逼迫自己做些根本不喜欢做的事情	是	26	20.8%	65	52.0%	33	26.4%	1	0.8%	0	0.0%	23.825	0.290	<0.001
	否	10	7.2%	55	39.6%	65	46.8%	6	4.3%	3	2.2%			
工作需要面对极大的压力或危险	是	29	24.4%	66	55.5%	23	19.3%	1	0.8%	0	0.0%	47.434	0.388	<0.001
	否	7	4.8%	54	37.2%	75	51.7%	6	4.1%	3	2.1%			
感到自己正处于孤立无援的状态	是	17	25.4%	32	47.8%	17	25.4%	1	1.5%	0	0.0%	12.463	0.224	0.007
	否	19	9.6%	88	44.7%	81	41.1%	6	3.0%	3	1.5%			
刚离职、刚开始创业或正准备东山再起	是	0	0.0%	7	70.0%	3	30.0%	0	0.0%	0	0.0%	2.954	0.112	0.504
	否	36	14.2%	113	44.5%	95	37.4%	7	2.8%	3	1.2%			
有人做了一些影响您的重要决定，而事前并未征求过您的意见	是	19	18.4%	50	48.5%	32	31.1%	1	1.0%	1	1.0%	6.594	0.158	0.151
	否	17	10.6%	70	43.5%	66	41.0%	6	3.7%	2	1.2%			

第二节　现代精神压力形成的因素分析

一、个体现代性困境

随着当今社会的现代化进程，个体化问题日益引起人们的关注与思考，因为现代性进程与个体化问题的产生密切相关。对现代性的解读，人们各持己见，现代性社会是与过去截然不同的社会样态，在这一点上，人们达成了共识。在马克思看来，现代性使“一切固定的僵化关系以及与之相适应的素被尊崇的观念和见解都被消除了……一切等级和固定的东西都烟消云散了，一切神圣的东西都被亵渎了”[①]。从精神生活压力的角度来看，内涵着马克思对现代性经典的三层解读：一是现代性要求人们拒斥绝对本体、解构合法的形上理念，同时为个性化的精神生活提供开放空间；二是现代性的生活逐渐唤醒主体自我意识，赋予人们个性精神生活以理想形式，人们期许的主体性原则成为现代核心原则之一；三是随着资本主义全球化的到来，个体的自我意识得到发展，资本逻辑宰制下的人们展开了全面的竞争。也就是说，资本主义的竞争“把各个人汇集在一起，却使各个人，不仅使资产者，而且更使无产者彼此孤立起来”[②]。个体的单子化追求与社会的原子化诉求，成为人们迅速构筑精神生活的一道难题。基于学界研究现状，学者们往往从三个层面解读精神生活与个体化的关系：从精神生活的发端来阐释，精神生活源于主体的自我意识，实现自身精神需要的满足和提升自身精神境界是其建构的基本目标；从社会学视角考察精神生活个体化问题，学者们普遍归因于精神生活压力，是个体化趋势作用于精神生活而产生的一种社会文化现象；从文化病理学角度入思，在精神生活个体化进程中，学者们批判性地分析了精神忽略而产生的公共性式微、意义性失落等文化困境。这三种不同视角指称的精神生活压力问题，都隐含了个体主体性与公共性的相互指涉，实质上，这一现象表征着精神生活的构成离不开以下双重维度。其一，精神生活并非无意义的存在，它活跃在主体精神层面，进行精神生产与享受，从而追寻生命意义、生存价值和心灵安顿的生命活动。因此，精神生活的本己性特征十分突

---

① 《马克思恩格斯选集》第 1 卷，人民出版社 2012 年版，第 403 页。

② 《马克思恩格斯选集》第 1 卷，人民出版社 2012 年版，第 196 页。

出，这要求我们在建构自身精神生活时，需要时时刻刻拷问自身的精神现状，从而不懈努力迈向更高的人生境界，在这个超脱追求过程中，实现人之本性精神世界的还原，直至塑造符合人性魅力的性格品质。其二，人作为精神生活的精神活动主体，并不是静止孤立地在头脑中开展精神活动，而是根植于鲜活的具有总体性特征的客观生活世界。

马克思对人的本质属性即社会性进行了深刻阐释，这一理解同样也适用于人的精神生活领域。人的精神生活的实现与精神境界的提升，是无法离开社会生活的熏染与主体交往过程中公共性向度支撑的。生产力普遍发展了，人的主体交往也会逐渐扩展并呈现多样化样态，特别在现代性社会浪潮的推动下，人的精神生活也会随之发生根本性的转变。个体主体性与公共性的张力赋予了精神生活明确的精神主题、丰富的精神内涵和鲜明的时代特征。从这个角度来看，当前的社会结构及其组织原则日益表现出个体化特征，这间接导致个体主体性在精神生活中日益突出并占据支配地位，逐渐形成了区别于以往文化形态的"自我文化"（贝克）。按照贝克的理解，"自我文化"包括解放、风险、控制三方面的含义：首先，"自我文化"的解放之意，即个体摆脱家庭、社会、国家的束缚，以主人的姿态审视并建构自身的精神生活；其次，"自我文化"的风险之意，个体从旧有参照标准中抽离，"意味着国家认可的标准化人生、参照图式和角色模式的崩溃"[①]，个体构建精神生活的活动充满了不确定的风险与危机；最后，"自我文化"的控制之意，在主体追求个性的过程中，资本主义的意识形态以"新的要求、控制和限制强加于个体"[②]。因此，自我并非真正个性化，其精神生活还遵循一定程度的同一化。在"自我文化"（即以社会结构及其组织原则个体化的文化形态）中，失去群体依附的个人，将自我利益作为主要的价值目标，对公共性问题逐渐采取漠然态度，精神生活的确能以个体化形式显现，但是个体主体性与公共主体性之间的问题凸显，最后形成了精神生活的个体化困境。在个体化时代，超越个体化困境可能实现吗？精神生活的本己性是否必然排斥其公共性向度？但是精神生活的个体化困境源于现代性，而现代性发轫于资本逻辑的运演，因此，当代精神生活的个体化困境也深受资本逻辑的宰制，对资本逻辑的批判与分析就成为我们破解精神生活个体化困境的方法。

---

① 乌尔里希·贝克、伊丽莎白·贝克－格恩斯海姆：《个体化》，李荣山、范譞、张惠强译，北京大学出版社2011年版，第2页。

② 乌尔里希·贝克、伊丽莎白·贝克－格恩斯海姆：《个体化》，李荣山、范譞、张惠强译，北京大学出版社2011年版，第3页。

二、利益逻辑与精神生活个体化困境

人类精神生活的发展历史，按照个体主体性的觉醒程度大致可划分为公共性统摄个人主体性阶段、个体主体性觉醒和扩张阶段。在前一个阶段，人类社会用等级森严的伦理秩序与一元排他的价值理念确立了社会群体本位的特点。在这种公共性统摄个人主体性的社会里，个体的精神生活不过是社会群体意向的表征。随着社会的发展，原有的伦理秩序逐渐消解，一元排他的价值理念将不断受到新的挑战，人的精神生活在这个过程中逐渐被唤醒而呈现个体化征象。

历史唯物主义认为人的意识的表现样态是由现实生活过程决定的，即实践过程形塑着人的精神生活的历史模样。通过对构成人类社会现实基础的物质生产活动及其成果的考察，马克思敏锐地发觉资本主义在打破旧有关系的同时，将人类的各个领域都烙上了“资本”的印记，资本逻辑成为推进资本主义社会运演的深层动因。因此，从对资本逻辑的批判视域入思，剖析精神生活的现代性处境，是马克思主义分析精神生活问题的独特视阈。

作为积累的劳动价值，为实现自身的增殖，资本促使人们摆脱狭隘的地域局限，投入资本主义的世界市场之中，这样的发展结果就是个体从血缘、地缘的依附关系中摆脱出来而被赋予独立性。在这一历史进步过程中，人并没有摆脱对物质力量的依赖性，因此，“以物的依赖性为基础的人的独立性”依然是现阶段人的生存方式，物化与个体化互相纠缠是此时人的精神生活的显著特征。在资本逻辑的宰制下，个体依然无法协调自我利益与公共利益的矛盾，于是人们在追求个人物质利益的目标中，其价值取向逐渐片面化，呈现极端利己主义及功利主义的特点。个体的精神生活蜕变为“自我的精神享乐”，人的精神生活的家园面临失落的危机，个人精神生活压力仍然处在物质利益宰制下。事实上，在物质生活与精神生活之外，资本作为物质力量并不关注形上价值，在受资本逻辑推动的个体化进程中，个体具备多元化选择的权利，但同时资本逻辑消解了所有选择凭借的参照，因此，个体的生命从“可选择的生活”随时可能变为“风险人生”，呈现一种看似“拼凑人生”的图谱。个体化进程失去了形上理念的指引，感性得到解放，但人的感性活动囿于肉体的感官享受而沦陷，人的情感单纯异化为对物质财富的占有感。另外，高强度的市场竞争也使所有人的精神处于高度的紧张状态，在资本逻辑市场利益的驱使下，因精神意义缺失而焦虑的个体很可能信仰迷茫或重新遁入宗教之中。西方现代性进程遭遇了精神生活的个体化困境，目前许多发展中国家人们正在遭遇个体化困境。究其实质，个体化进程中的精神生活困境仍然归因于人的异化处境。

三、活在表层的自我与追求崇高信仰的危机

“心为物役”可以形象描述目前人的异化状态。在现代市场经济环境中，一个人要获取丰富的生活资源，他就必须具备良好的公关能力、把握机遇的能力和较强的抗挫能力。一个人长时间、高强度地关注生存和竞争的资源，可以促使他快速具备各种能力，但灵魂深处的他再也无心审视和思考崇高的意义。为了“推销自己”，他精心地“包装”自己，逼迫自己迅速成为“剧中人”；在频繁的交往和推销中时刻紧紧掩藏真实的自我，在终日的忙碌中忘记了自己出发时的初心。正如马克思所说，“只有在运用自己的动物机能——吃、喝、生殖，至多还有居住、修饰等的时候，才觉得自己在自由活动，而在运用人的机能时，觉得自己只不过是动物”①。个体缺乏生存和生活的真正意义，表层自我挤压了深层自我，人被外物异化了。

人们在精神家园里丢失了最宝贵的信仰，这是个体精神生活日渐迷茫的直接原因。哲学家冯友兰说过，人生有四种境界：自然境界、功利境界、道德境界、天地境界。可见道德与信仰对人来说是多么重要的精神支撑！为替代资本宰制的社会形态，马克思和恩格斯描绘了科学社会主义的发展蓝图。科学社会主义是“人的自我异化的积极的扬弃，因而是通过人并且为了人而对人的本质的真正占有；因此，它是人向自身、向社会的即合乎人性的人的复归”②。科学社会主义与现实社会存在很大差距，但物质财富的极大丰富和精神境界的极大提高是其现实基础。那时物质主义不再是人的主要目标，人的自由全面发展才是社会归旨，这正是共产党人的最高理想和精神动力。由此推测，我国现阶段随改革深入而日渐暴露的各种社会矛盾和精神迷茫，都将在改革的深化中得到解决。但是我们也必须清楚地看到，共产主义信仰毕竟是未来的愿景，困扰人们生活的现实问题仍然十分严峻。例如，这些年出现的宗教思潮、趋热的迷信观念、少数农村泛滥的邪教，都反映了人们对现实生活缺乏信心而“仰望星空”的迷茫，人们对“信仰”的探寻，反映了我国经济发展过程中存在剥离共产主义信仰的流弊。当前，中国社会的主要矛盾是人民日益增长的美好生活需要和不平衡不充分的发展之间的矛盾；人

---

① 《马克思恩格斯全集》第3卷，人民出版社2002年版，第271页。
② 《马克思恩格斯全集》第3卷，人民出版社2002年版，第297页。

们将生活的追求片面理解为对汽车、洋房、金钱等物质财富的满足，造成了重视物质生活轻视精神生活的现象，压缩了人之为人的意义，甚至有人以媚俗为美，放弃了对崇高意义的追寻。

第三节　现代精神压力的生成机理

“对黑格尔而言，精神力量组成了自治国家的终极来源。”[①] 全球现代性带来了多元文化时代，个体主体的生存权利得到正义分配，但是个体精神力量只有在压力调适中发挥，现代精神压力调适构成了一个人精神生活层面最重要的组成部分，精神压力调适也成了重塑文化生态的基础。

一、“文化公共性”生成引起个体精神生活失度

以先进文化引领民众培育优良心性心灵秩序是当今学界研究的热点，因此，引导个体精神压力调适的问题被边缘化，个体有陷入无力自救境地的危险。个体精神生活实现本来是按照自己的方式成为“自我”的逻辑运动，这个过程的实质行思着主体性人学的核心原则，即结合考量个体现代性思考个体解放和自由的逻辑。

从“共同体”到“社会”是现代公民社会诞生的标志，公民社会为个体现代性在社会精神生活中自主、自觉展开提供了可能的物质条件。如果一个社会在物质层面和经济生活上追求“全面的现代化”，必然引起社会结构总体呈现“同质化”趋向，这样的社会精神文化生活一定是残缺的、非健全的状况，其中，个体精神生活也相应地“异化”。这类国家公民普遍缺乏扎根于民族精神的崇高信仰和精神生活：他们没有普遍的伦理乐趣和道德理想，民族感知迟钝，但自我欲望敏感且躁动，他们有对物质、性欲、感官快乐的无穷无尽的感知，却没有对生命存在、对人的价值存在的神圣追求；他们常常持一种非历史的态度看待世界的人、事、物以及问题，以自己的图式来理解人类精神，其生存的目光局限于现实实利和享乐主义。有研究者指出，“由于缺乏民族精神的集体洗礼，崛起期国民精神状态的混沌很容易走向反面，日本明治维新的经验教训就很值得人们研究。同时另一方面，当前

---

① 小科尼利厄斯·F. 墨菲：《世界治理——一种观念史的研究》，王起亮、王雅红、王文译，世界知识出版社 2007 年版，第 172 页。

中国国民的精神状态相当的复杂：既有积极的，也有消极的；既有乐观的，也有悲观的；既有理性的，也有情绪化的，所以处于一种高度混乱状态，有高度的不稳定性，有高度的异变状态”①。

对此，有学者倡导形塑当今中国的“文化现代性”来应对个体精神生活的失度问题。“现代化历程开启以后，中国社会所面临的核心问题，是如何塑造民众的心智问题。如果现代化的过程，是那个曾经塑造了民族精神气质、精神风范、民族气节和风骨的心智模式的被同化，这无疑是最大的文化悲哀。尽管这种情势早在中西两种文化初次相遇时，由于我们文化之动能和势能的明显劣势，就已经开始发生，且一再持续着，情形未有多大改观。应该说，面对这种情形，许多中国文化与知识界学人不愿或不甘心承认和接受。”② 因此，学者认为，“整肃我们这个时代的精神生活秩序，拯救我们这个时代的文化，必须围绕一个核心主题展开：以现代性‘公民性’实践伦理的名义，化育并逐渐养成现代个体优良的心性和心灵秩序”③。优良的心灵秩序是后天培育形成的，回顾几千年中国传统文化对炎黄子孙精神的潜移默化过程，每一个中国人或多或少懂得仁义礼智信等，都能够尊崇“孝道”，仿佛这些德目天生就是中国人的习惯，因为一代又一代中国子孙在教养中形成了一种不需要提醒的自觉人格特质。“人的心灵之所以有其特点，正是由于观念形成的方式。能够按照真正的关系形成观念的心灵，便是健康的心灵；满足于表面关系的心灵，则是浅薄的心灵；能看出关系真相的人，其心灵便是有条理的；不能正确判断关系真相的人，其心灵便是混乱的。”④ 由此看来，观念的形成在于认识理解“真正的关系”，社会个体表现出优良的心灵秩序，也是后天培育养成的“本能”习惯。

当然，我们也不能绝对地认为中国传统的社会教化以及制度文化能够培育具有优良心性和心灵秩序的现代“公民性”特质。“文化总是要具体化为制度的建构与批判，伦理的反思与变革，精神模式的转折与更新，如若不然，文化就不仅具有海市蜃楼般的虚幻，而且充满了腐朽气息。”⑤ 结合“文化公共性”，结合时代特征，学者应该尽力找到适合现代人的对精神灵魂

---

① 杜平：《中国国民精神处在高度复杂状态》，参见 2009 年 12 月 23 日凤凰网。

② 袁祖社：《“文化现代性”的实践伦理与精神生活的正当性逻辑——现代个体合理的心性秩序吁求何以可能》，载《思想战线》2014 年第 3 期。

③ 袁祖社：《“文化现代性”的实践伦理与精神生活的正当性逻辑——现代个体合理的心性秩序吁求何以可能》，载《思想战线》2014 年第 3 期。

④ 卢梭：《爱弥尔》，李平沤译，商务印书馆 1978 年版，第 276 页。

⑤ 宋玉波：《佛教中国化历程研究》，陕西人民出版社 2012 年版，第 34 页。

有敬畏之心的精神生活，“如何将散失在日常生活角落中的传统重新转化为亲切贴己的生活之道这一真正艰巨的伦理任务，重新赋予被外在的技术理性化洗劫的伦理生活真正的‘神’（ethos）”①。

二、社会结构变化造成精神生活秩序混乱

库恩的范式理论谈到，危机是新理论凸显的适当的前奏，从一个处于危机的范式转变到新范式，并不是一个累积的过程，即不是一个可以经由对旧范式的修改或扩展所能达到的过程。② 因此，现阶段“以物的依赖性为基础的人的独立性”生存状态，其物化与个体化相纠缠的精神生活境遇也不可能直接蜕变为自在自为状态，当前社会结构的变化意味着与之相适应的精神生活秩序也需要重塑。

“精神生活秩序重塑与革新是精神生活治理逻辑的价值实践境界的本质体现。精神生活失去自身生存尊严的直接表现就是精神生活秩序紊乱，原有的精神生活治理方式不能适应、不匹配新的实践结构范式。所以，精神生活秩序重塑与革新就是对真实精神生活治理实践的诉求，也代表了人类精神生活治理价值实践境界的提升。在库恩看来，危机是新理论凸显的适当的前奏，从一个处于危机的范式转变到新范式，远不是一个累积的过程，即远不是一个可以经由对旧范式的修改或扩展所能达到的过程。”③ 也就是说，民众的精神生活处于困境状态，且在整个社会生活中已经成为一种精神性生存的瓶颈时，就必须对旧的精神生活秩序进行重塑与革新，从而维持精神生活秩序。“当今时代被称为‘真实复兴’的时代。真实在当代的复兴，从本质上论述就是‘整体性’‘有机性’文化观念的复兴。”④ 这里所指精神生活真实，突出精神生活自身的生存秩序，呈现系统整体的、生态的、差异的、多元的、联动的表达方式，并与社会实践环境、机理、规律有机统一的运行过程同步，内在秩序和外在客观世界形成良好的实践互动。其中，精神生活危机、物化、虚无等精神性病理普遍彰显的是民众个体性精神尊严的缺失，这

① 李猛：《理性化及其传统：对韦伯的中国观察》，载《社会学研究》2010 年第 5 期。

② 托马斯·库恩：《科学革命的结构》，金吾伦、胡新和译，北京大学出版社 2003 年版，第 78－79 页。

③ 托马斯·库恩：《科学革命的结构》，金吾伦、胡新和译，北京大学出版社 2003 年版，第 78－79 页。

④ 袁祖社：《公共性真实——当代马克思主义哲学范式转换的基点》，载《河北学刊》2008 年第 4 期。

个问题的本质是文化整体性的社会关系总体性精神权利在社会实践过程中受阻，精神生活自身却又无法自足性地表达自己的权利及进行真实的实践。精神生活病理治疗的价值境界就是培育、生成“新型治理主体”，并在精神生活自我治理机制运行中实现“精神生活真实”，具体来说就是自我通过真实的精神生活实践获得“‘自我的实在性’或心灵的真实性”①。

精神生活压力的自我治理是一个在精神生活层面极为重要的话题，精神自治从一定层面说是对精神生活任意性的限制，助力个体自我发觉内在生命品质。这里强调的精神自治并不是说没有精神生活治理人就没有正常的精神生活，而是基于精神生活自治赋予精神生活新的存在方式和新的生活形态，或说重塑了“精神生活的新常态”。就像互联网让人与人进入一个全新的维度中交流，和当初没有互联网人们也能正常交流相比，现在的互联网交流维度有了本质上的改变。从这个角度看，人类的各种实践活动都存在“自治与共治”的治理维度。在生活中，精神治理使人类实践更加接近真实，同时在新的层面规定了精神生活的质态。这里强调的精神生活自治不是要夸大与既定秩序或共治的紧张关系，主要是指一种内在的、独立不依的精神立场，一种基于批判和自我批判的形成。

精神生活治理的基础导向、价值伦理、价值结构、价值境界正面临深层的变迁与转型，在精神生活自我治理和共同治理的“治理价值境界”实践中，精神生活治理逻辑从主题与话语、历史与逻辑、内容与表达、规律生成等维度为精神生活走出危机找寻方法与路径。此种路径的实践表明：精神生活秩序的优化与重塑，只能存在于精神生活治理实践与人的精神性生存内在的统一性中，而这一精神生活体系不但构成人的精神尊严的权利形态，同时还从价值境界上客观推进了治理公共理性的生成。具体地讲，就是在整个社会构造出一种“基于多元主体参与、交互、合作治理精神生活”的社会存在实践结构。因而，精神生活治理的时代价值境界与逻辑的核心就体现为精神生活的治理真实生成。具体来看，主要体现在以下四个方面。

第一，界定精神生活治理主体的边界。现代社会构型的精神生活领域，人们常规看到的精神生活治理主体表现为多层、多元、多样的存在方式，譬如有国家、社会、民众个体及社会组织等主体。如果从精神生活权利、人的尊严、价值理想来合理界定不同主体的边界，辅以精神生活治理新型主体培育为目的，通过个人、社会、国家等多元主体参与精神实践共构，就可生成精神生活治理新型主体。因此，进一步设计主体间相互信任的合作模式，设

---

① 霍鲁日、张百春：《静修主义人学》，载《世界哲学》2010年第2期。

定幸福生活的价值规范，形成多元主体相互信任的精神生活实践机制。在此基础上，精神生活多元主体积极参与互动，在互动中共同进行角色认定并划分边界。

第二，精神生活治理伦理的逻辑构成及价值取向。“精神生活尊严及权利的共享是精神生活治理伦理的核心灵魂，精神生活治理伦理就是对精神生活治理实践行为的正当性反思，精神生活自由秩序、精神生活文化制度、精神生活价值理念等构成精神生活治理伦理的主要方面。”① 精神生活自由秩序体现着治理秩序的本质，治理行为的正当性就是通过精神生活自由秩序体现出来，精神生活治理伦理秩序是精神生活的良性与有效治理的内在要求。精神生活文化价值制度是治理价值理念的现实存在或外化，治理主体在治理过程中必将一定的文化价值理念化为整套实践制度，以此实现治理的公共理性合理培育。在治理的公共理性生成中，必然是以精神生活价值理念为优先性的，因为精神生活价值理念前置性主导着治理理性，其存在的价值方式为精神生活治理伦理提供精神定向。

第三，对精神生活治理内容的要素设定。“精神生活治理就其所涉及的广度和范围而言，治理内容具体讲就是要确立起精神生活的治理场域、治理环境、治理伦理、治理结构、治理方案、治理目标、治理过程、治理方式、治理内容、治理对象、治理意义、治理评价。在这些治理内容设置中要考虑到精神生活治理内容与治理规模及负荷之间的关系，治理规模取决于治理内容，其产生的负荷将会对治理效应有重要影响。”② 因此，对于精神生活治理而言，“治理规模与治理内容”要有不同的分类和协同性的评估。

第四，精神生活治理机制的实践运行。“精神生活治理逻辑价值实践境界就体现在精神生活治理机制的运行实践之中，精神生活治理运行实践就是不断地平衡、优化地将社会精神文化习惯、制度安排和市场逻辑结合起来，为人之幸福、安全生存提供‘舒适的精神生活公共性’，能够自动识别精神生活危机、确立方案化解冲动，并重塑精神生活新秩序，进而可持续性地增进精神福利，培育精神生活治理的公共理性，进而实现精神生活优化发展。”③ 精神生活的治理逻辑是人之精神性生存的基础，并实质性从学理高度

---

① 王轩、袁祖社：《精神生活自我治理的价值范式与逻辑规制》，载《陕西师范大学学报（哲学社会科学版）》2016 年第 3 期。

② 王轩、袁祖社：《精神生活自我治理的价值范式与逻辑规制》，载《陕西师范大学学报（哲学社会科学版）》2016 年第 3 期。

③ 王轩、袁祖社：《精神生活自我治理的价值范式与逻辑规制》，载《陕西师范大学学报（哲学社会科学版）》2016 年第 3 期。

推进人之多重生存层次与境界，在现实实践中，精神生活治理的出场为人们提供了新的公共性、生存安全性的精神生活问题解决的方法论，多元主体共同参与，确立边界，协同确立方案治理，最终合作性地化解问题。这正是人类全球复杂现代性的展开逻辑，精神生活的治理正力图在当代与永恒之间的重大关系问题中实现基于人类福祉的价值信念坚守与治理向度的开拓。

三、精神生活的个体化与社会化进程有机融合困难

中国身处“个体化时代”，反思个体化困境的超越路径绝非易事。“一方面，个体化进程解放了被传统价值观念所压抑的人的感性需求，使当代人的精神生活从冰冷的‘彼岸世界’回复到富有生机的‘此岸世界’之中。但当代人对感官欲望的过分推崇又简化了精神生活的内在丰富性，钝化了精神生活固有的超越意识，使其囿于物质享乐，难以觉察。另一方面，传统社会化进程所秉承的价值一元理念对个体自我意识的钳制及其所带来的动荡与灾难，导致当代人对精神生活公共性向度的漠视与厌烦。可以说，个体化本身即是对社会化的极端形式的反抗。因其源发于当代人的切身体验，使人们在反思精神生活的当代境遇和探求超越理路时产生如下的困惑：面对物质生活丰裕、精神生活相对衰败的现状，我们是否应抛却已有的物质成果，回到精神生活的朴素原初状态？重塑精神生活的公共性维度是否需回到一元价值论的老路；换言之，在个体化进程中如何葆有精神生活的个体性与公共性之间的张力？对前述问题的回应，构成了我们扬弃精神生活个体化困境的起点。”①

当前的时代与马克思所处的时代相距百余年，但历史唯物主义理论对物质生活与精神生活、个体化与社会化关系的辩证理解，对我们思考上述问题仍富有启发性，其植根于人的实践活动把握精神生活动向的理路仍具有巨大的时代效应。“与同时代浪漫主义者出于道德激愤而对资本主义所进行的批判不同，马克思通过对构成社会现实基础的人的实践活动的考察，首先肯定了资本主义在世界历史进程中的进步作用。在他看来，资本主义的发展促进了生产力的解放。虽然这一解放过程是以物的形式呈现，但它本身也体现出人的精神生活所具有的创造性特质。从这个层面讲，生产力的发展过程亦是人通过对象化的方式对自身本质的确证过程。其次，他指出精神生活并非完

---

① 王轩、袁祖社：《精神生活自我治理的价值范式与逻辑规制》，载《陕西师范大学学报（哲学社会科学版）》2016 年第 3 期。

全超然与独立的领域，健全的精神生活离不开必要的物质支撑。”[①] 他提醒我们“在极端贫困的情况下，必须重新开始争取必需品的斗争，全部陈腐污浊的东西又要死灰复燃”[②]。马克思通过对人类历史发展进程的科学分析，我们认为尽管在当前阶段人的独立性须以对物的依附为前提，但这也为人们超越当前阶段、迈向新的历史阶段创造着条件。“故而，问题的关键不在于物质文明本身，而在于人们应该如何看待与使用物质力量。我们应该警醒地意识到，当代社会发展的个体化进程仍然是资本主义国家主导的全球化的一部分，它以资本逻辑的运演为其深层本质。”[③] 在马克思看来，资本逻辑存在的根本条件（亦即资产阶级生存与统治的根本条件）在于“财富在私人手里积累”及“资本的形成和增殖”[④]。资本逻辑为巩固其生存根基，将自身的生存条件（资本的增殖）以意识形态的方式转化为个体的心理欲求，从而内化于当代人的精神生活之中。“当代人对物质利益迷狂式的追逐，对物质力量盲目的膜拜恰恰表征着资本逻辑在何种程度上侵蚀和控制着的个体精神生活。尽管资本主义的发展使个体摆脱地域局限性及传统精神生活的唯一性，为精神生活的个体化与社会化的统一提供可能，但由于资本主义制度的固有局限（私有制），社会成员无法共享文明发展的成果，精神生活的个体化与社会化进程仍难以有机融合。因此，对资本主义制度的剖析与对资本逻辑的批判成为当下探求困境出路的首要工作。应当看到，资本逻辑具有鲜明的流动性特征，它在不同的历史时期展现出不同的时代面貌。”[⑤] 由此看来，针对资本逻辑的批判活动仍须持续深入地进行下去。

“历史唯物主义通过对资本逻辑的批判，从历史哲学的高度强调要葆有精神生活个体性与公共性之间的张力。”[⑥] 首先，从生存论的视角出发，人的生存事实本身就蕴含着个体性与公共性的辩证张力。人作为有生命的自然存在物，为满足自身的生存需要，就必然以“类”或“群”的方式生存，而这一“类”“群”相对于个体来说又不是抽象的，它是由有血肉、灵魂的个

---

① 王轩、袁祖社：《精神生活自我治理的价值范式与逻辑规制》，载《陕西师范大学学报（哲学社会科学版）》2016 年第 3 期。

② 《马克思恩格斯选集》第 1 卷，人民出版社 2012 年版，第 166 页。

③ 王轩、袁祖社：《精神生活自我治理的价值范式与逻辑规制》，载《陕西师范大学学报（哲学社会科学版）》2016 年第 3 期。

④ 《马克思恩格斯选集》第 1 卷，人民出版社 2012 年版，第 412 页。

⑤ 王轩、袁祖社：《精神生活自我治理的价值范式与逻辑规制》，载《陕西师范大学学报（哲学社会科学版）》2016 年第 3 期。

⑥ 王轩、袁祖社：《精神生活自我治理的价值范式与逻辑规制》，载《陕西师范大学学报（哲学社会科学版）》2016 年第 3 期。

体具体的生命活动构筑起来的。因而，人既是富有生命的个体性存在，又是彼此相关的社会性存在。其次，马克思深刻指出："只有在共同体中，个人才能获得全面发展其才能的手段，也就是说，只有在共同体中才可能有个人自由。"[①] 这里的"个人自由"实质上是精神生活所内涵的人的自由个性。最后，马克思一再强调"不应将社会作为抽象的东西同个体对立"[②]，明确指出社会的发展归根结底都是为了人的发展。这要求社会在将个体纳入自身的同时，也应自觉地将个体的自由全面发展作为其终极关怀。这样，我们就不难理解马克思对未来社会中人与社会关系的构想。在他看来，"在那里，每个人的自由发展是一切人自由发展的条件"[③]。

精神生活的个体化表征着时代精神的转向。"随着我国社会结构转型的深入，精神生活的个体化亦是我们精神生活面临的现实处境。针对当前精神生活的个体化困境，坚持对资本逻辑的敏锐省察与不懈批判，使个体性与公共性之间葆有辩证的张力构成了扬弃困境的可能路径。"[④] 马克思"立足人的生活实践，分析和批判事实与价值、理论与实践、理性与信仰、个体与社会、物质与精神、历史与现实等诸多二元对立得以存在的现实生活基础，使其在人类自我解放和发展的社会历史进程中，从宰制生活世界的各种虚假意识形态的束缚中解放出来，逐步获得辩证的和解和从容的精神栖息之处"[⑤]。马克思立足于人的生活实践的辩证思维方式和他对资本逻辑的深刻批判，不仅对思考历史有指导意义，而且对我们超越精神生活的个体化困境具有重要的启示意义。"基于中国社会发展的历史，我们有理由相信我们能够克服个体化进程所带来的弊病，并在这一过程中发出自己的'声音'。"[⑥]

---

① 《马克思恩格斯选集》第1卷，人民出版社2012年版，第199页。

② 马克思：《1844年经济学哲学手稿》，人民出版社2000年版，第84页。

③ 《马克思恩格斯选集》第1卷，人民出版社2012年版，第422页。

④ 王轩、袁祖社：《精神生活自我治理的价值范式与逻辑规制》，载《陕西师范大学学报（哲学社会科学版）》2016年第3期。

⑤ 庞立生：《马克思主义哲学中国化的价值自觉与文明憧憬》，载《东北师大学报（哲学社会科学版）》2015年第3期。

⑥ 王轩、袁祖社：《精神生活自我治理的价值范式与逻辑规制》，载《陕西师范大学学报（哲学社会科学版）》2016年第3期。

第五章　现代精神压力的缓释与转化路径

马斯洛把人的需要从低到高分为生理的需要、安全的需要、社交的需要、尊重的需要和自我实现的需要五个层次，在低层次需要满足后，高一层次的需要才被提出。马斯洛的认识中有真理的火花，尤其对人的存在而言，精神需要及其满足更带有根本的意义，即相对于物质生活而言，人的精神生活一定程度上成为人存在的根本生存方式。学者把人的精神生活分为三个层次："一是信仰的层次。它是人的安身立命的归宿，是人的终极关怀，是人的心灵家园。这个层次的精神需要是通过对至善的追求来实现和满足的。作为人的精神生活的最高层次和基本内核，它为人们提供人生的内在理由和理想境界。二是道德的层次。它是需要通过人的行动来得到实践并证明的。人的道德感是人的精神生活的一个重要组成部分，它的合法性最终来源于至善尺度的确立，因而从根本上说，它是第一个层次的延伸和贯彻。三是审美的层次。这个层次是人通过对世界的审美把握来表征的。人们在生活中，既有艺术的存在，又有艺术的欣赏，正是在这些审美活动中，人们既得到了精神享受，同时又陶冶了情操，提升了自己的精神境界和文化品格。"① 不同层次的精神具有不同的特性，人的精神需求会随着物质的满足、文化的发展而体现出更高的需求。"人们在自己生活的社会生产中发生一定的、必然的、不以他们的意志为转移的关系，即同他们的物质生产力的一定发展阶段相适应的生产关系。这些生产关系的总和构成社会的经济结构，即有法律的和政治的上层建筑竖立其上并有一定的社会意识形式与之相适应的现实基础。物质生活的生产方式制约着整个社会生活、政治生活和精神生活的过程。"② 让我们不得不重视的是，马克思强调物质生活的"生产方式"在制约着整个政治生活、社会生活和精神生活的过程。言下之意，一个民族精神生活状况取决于该民族发展的生产方式。因此，依据信仰、道德和审美三个层次的精神需要给人带来不同的精神压力，现代人精神压力的缓释与转化需要回到生产方式的变更和发展视角审视。

① 夏兴有：《论人的精神生活》，载《中国特色社会主义研究》2009 年第 5 期。

② 《马克思恩格斯选集》第 2 卷，人民出版社 1995 年版，第 32 页。

第一节　唤醒异化的精神世界

信仰是纯粹识见利用概念的力量去对付的独特对象，与纯粹识见处于同一属性之中但又与之互相对立的纯粹意识形式。同时，纯粹识见与信仰都是从现实世界返回纯粹意识中。目前，我们需要分析，纯粹识见反对现实世界里的一些不纯粹意图和各种颠倒形式的识见活动是如何进行的。

我们在前面已经提到过这种在自身中瓦解自己又重新产生自己的安静意识，它构成了纯粹识见和纯粹意图的两方面，如我们所见那样，它不含有任何关于教化世界的特殊识见。特殊识见包含对其自身最痛苦的情感和最真实的识见，即它感觉到所有力求巩固的东西都归于瓦解，所有赖以生存的一切环节都遭到践踏。最真实的识见则是因为它有意识地将这种感觉用语言表述出来，并对所有方面的处境进行了富有精神的评述。纯粹识见在这里不可能有它自己的活动和内容，它采取的态度只是对特殊识见的语言进行一种形式上的理解或领会，它把特殊识见之零星片断与杂乱无章的表述和有感而发与转瞬即忘的论断，集结成一个完整普遍的现实，以这个现实作为判断和讨论存在着的精神的实体依据。

在识见所认可的语言中，识见的自我意识会觉得自己是自为和孤立存在的东西。内容的虚妄同时就是知道内容之虚妄的那个自我虚无。目前，这个完整普遍的现实已然把最生动和最精彩的见解进行了汇编，使个别的见解消融为普遍的识见，就为大多数人指明了一个更好的机制，或至少给所有人指明了比它们自己更复杂的机制，毕竟具有普遍性的东西是更好的。但是，关于空虚的知识仍然处于本质现实性的知识之下，只有当信仰和纯粹识见对立起来的时候，它才会表现出真正的活动。

一、启蒙人的理性

有学者指出："当代社会的虚无主义产生两种极端的文化后果：一种是绝望之余的狂欢与游戏；另一种是生命因无意义而产生的自我否定。绝望之余的狂欢与游戏可以通过感性的刺激发泄绝望的情绪，但它并不能超越虚无，反而是助长了虚无。生命因无意义而产生的自我否定则是心甘情愿地接受了虚无，直接被虚无所俘虏。”[①] 虚无主义产生的两种极端后果都丧失了自我，无论前者还是后者都会给人带来伤害，虚无主义造成的这种伤害是本质上的。当代学者在寻求对治理性主义的工具和批判虚无主义的手段时，获得三种值得反思的总体性思维路径。“道德关怀、宗教救赎和审美超越。‘道德关怀’的态度主要是针对传统形而上学的知识论立场对个体存在意义的遮蔽，提出通过道德意识来敞开个体的自由境界，以道德理性来消解工具理性，使人在心灵的自我教化中感受来自心灵深处的意义之光，照亮自我的真实性；‘宗教救赎’则针对当代社会的意义的缺失，试图以宗教的终极关怀使人沉浸于一个神圣的意义世界，从世俗世界的精神危机中摆脱出来，通过对彼岸世界的信仰给予人以终极的价值关怀；‘审美超越’则通过物我一体的审美体验来超越物化的现实，以对感性生命的点化来体悟生活的意义，以达到超远洒脱的诗意境界。”[②] 不管是宗教救赎的态度、道德关怀的态度，还是审美超越的态度，与之对应的是信仰、道德和艺术的精神元素构成。值得一提的是，三种启蒙识见在当代思想领域都可以找到对应的原型，都有不同的存在形式，三种思想态度的共通之处在于希望能够超越工具理性，回归人生和社会的意义世界，从而引领自我观照自为和自在，走向重构“自由”和“意义”的态度。然而，这种启蒙能够激活信仰，真正超越虚无主义的困境吗?

“当代社会工具理性的思维方式以及功利主义的价值态度，的确在一定程度上造成了人的道德危机。以道德关怀的态度来超越功利主义的价值取向，以道德形而上学来取代知识论的形而上学，也具有不可否认的超越性的价值旨趣。个人道德意识的确立，可以提升个体的道德境界，升华个体的道德情操，使个人内心获得严整的精神秩序和伦理性的价值关怀。”[③] 由此看来，道德关怀的思想态度在精神唤醒过程中具有一定的积极意义。不过，道德终究是依靠自律实现的，先天具有柔弱性特征，因此，“单纯依靠道德关怀并不能真正挺立人的自由个性，没有科学理性的支撑，道德理性作为一种价值理性就会陷入一种虚灵的境界，并不具有真正的现实性。因此，纯粹的

---

① 庞立生、王艳华：《当代精神生活的虚无化困境及其超越》，载《北华大学学报（社会科学版）》2010 年第 10 期。

② 庞立生、王艳华：《当代精神生活的虚无化困境及其超越》，载《北华大学学报（社会科学版）》2010 年第 10 期。

③ 庞立生、王艳华：《当代精神生活的虚无化困境及其超越》，载《北华大学学报（社会科学版）》2010 年第 10 期。

道德关怀的精神态度并不能使人的个性获得真正的自由"[1]。纯粹的道德关怀"弱性"的毛病在宗教救赎的场域同样适用，宗教救赎在我国更多体现为一种信仰救赎，而信仰的思想总体上不具有真正的理性性质，它也涵盖了情感属性，不同的是它更加符合当代人追求终极价值关怀的需要。这主要是受现代社会所具有的世俗化倾向影响，"人的精神已显示出它的极端贫乏，就如同沙漠旅行者渴望获得一口饮水那样在急切盼望对一般的神圣事物获得一点点感受"[2]，所以，"曾经遭到理性无情消解的宗教信仰又出现'复活'之势。无论是在西方社会还是在一向受'实用理性'传统浸润的中国，都出现了所谓'宗教热'的现象。不可否认，宗教祈向可以使人获得超越世俗生活的神圣性的意义感受，但当代社会与人的发展不可能摆脱理性，更不能回避科学理性或工具理性的作用，科学理性与工具理性已经作为人的理性的内在组成部分浸进当代人的生活与时代精神之中"[3]。我们在此把审美超越的态度引申为艺术的超越，艺术追求"游于艺"的境界，能够让人体悟人生意义和展开想象，进而将人导向本源性同一的非凡境界，这个过程中艺术发挥的作用不仅可以使人享受到精神的愉悦，更可以使人的精神受到熏染而缓缓高尚起来，这正是艺术培育信仰的前奏。但是，如果艺术的超越背后并不是追求崇高与精神愉悦，则艺术思想可能沦陷为对现实生活世界的逃避，甚至通过科学理性或工具理性来伪装和掩饰自己滑向自然主义的泥潭，这种所谓的超越似乎沾染了消极的意味。

事实上，批判虚无主义的目的只是表明自己的观点，"虽然当代思想领域展开了对科学理性或工具理性的反思运动，体现出追求人文意蕴的价值倾向，但却不能以此走向对科学理性或工具理性的否定态度。其实，当代人的精神生活对意义的追寻，既离不开科学理性或工具理性，也离不开价值理性或人文理性"[4]。

马克思并不否定工具理性的现实作用，他把工具理性视同为人的本质力量的重要组成部分，提倡关注工具理性对促进人的进步和实现人的主体性与解放方面有着积极的作用。人异化为工具并不能完全归咎于工具理性的责

---

① 庞立生、王艳华：《当代精神生活的虚无化困境及其超越》，载《北华大学学报（社会科学版）》2010年第10期。

② 黑格尔：《精神现象学》上卷，贺麟、王玖兴译，商务印书馆1979年版，第5页。

③ 庞立生、王艳华：《当代精神生活的虚无化困境及其超越》，载《北华大学学报（社会科学版）》2010年第10期。

④ 庞立生、王艳华：《当代精神生活的虚无化困境及其超越》，载《北华大学学报（社会科学版）》2010年第10期。

任，甚至工具理性异化也不能完全归罪于工具理性本身。工具理性实质是人的理性问题，工具通过人才能发挥作用，因此，工具理性的识别，工具理性的正确引导，才是解决全部问题的关键。所以唤醒异化的精神世界，关键在于唤醒人的自我觉醒，而不是唤醒工具理性。“没有工具理性的支撑，人的生存无从谈起，价值理性只能陷于抽象和虚幻；没有价值理性的意义关怀，人的生存只能迷失在动物性的生命存活之中；工具理性的扩张，可以造成工具理性的异化和人生意义的缺失；价值理性的绝对化，同样也可以造成道德理想主义的悲剧。因此，人的理性必须对工具理性与价值理性二者兼容，并使它们互相结合，保持必要的张力，从而使之构成人类精神平行飞跃的双翼。”①

二、唤醒物化的本真

启蒙可以对信仰进行否认与批判，并能够以感性世界的表象来启发信仰，所以我们要坚持启蒙人们的本真意识，帮助人们获得自身确定性。今天生活在地球上的人类，一方面在利用高科技拓展生存空间，另一方面又在污染破坏这个人类赖以生存的蓝色星球；人们过着富足和自由的生活，同时又倍感精神压力；人们是否患上了自欺幻想的毛病，还是对未来产生了悲观预知？早在 17 世纪科技革命发生时，英国著名的哲学家弗朗西斯·培根就让人们留意科技潜在的危险性。他认为通过科学追求“知识与技能”，应该是谦卑而仁慈地进行，而不应该仅仅为了心情的愉悦，为了比别人优越或者为了金钱、名誉、权力等低俗的欲望，而应为了生命的利益和价值。

人类是高等生物，人类应该是命运的创造者。如果能够回到培根所说的“为了生命的利益和价值”的科技目标，我们就可以冷静地重新评价现有的做法和制度；保留有用的和抛弃无用的，我们就能唤醒这个被物质异化的世界。人的大脑是由一连串专门模件组成的，这些模件是早期人类面临的特殊环境要求形成的，当代人的大脑也是在那个时代形成的，因此，大脑中就包含解决环境造成之问题的固有知识。心理学家阿尔伯特·班杜拉根据他最近的研究得出，人的本性不是单单的合作性，也不是掠夺性，而是有被流行的文化塑造成各种形式的巨大潜在性。例如，恢复诚信的品质，当今社会，诚信缺失的现象严重。人们通常认为那些经历了父母离异的孩子，或者单亲家

① 庞立生、王艳华：《当代精神生活的虚无化困境及其超越》，载《北华大学学报（社会科学版）》2010 年第 10 期。

庭中接触了母亲不同男朋友的孩子，一般对大人都保持怀疑态度。一个家庭如果缺少父爱，这个家庭的孩子会更容易形成物质主义的价值观，反过来，这种物质主义的价值观又让孩子对世人更不信任。改革开放以来，我国经济大幅度提升的同时，犯罪率也在不断上升；当电视播出犯罪情景时，受害者或者其他观众看见血淋淋的事实之后，心有余悸之时会对世人产生不信任感；人与人之间产生不信任感的原因很多，但这无疑是一个重要原因。当今的网络社会让人们自由地交往，网络中人却不能做出道义上的承诺。据民意调查，人们对公共机构的信任感也降低了。

远古的穴居人之间互相信任，不逃避责任，他们不会把柱牙象从森林吓跑，因为如果那样做了，第二天就会面对怒气冲冲的同伴，所以，并非仅因为原始社会生存条件之恶劣才有人们的信任与合作。现在有的医药公司会把有质量问题的药品立即从货架上取下，因为公司不想因产品质量而损害自己的信誉。可见诚信同样是现代社会必需的美德。孔子说，“人而无信，不知其可”，我们应该反省自私之危害，分析破坏信任的因素，找回中国人失落的诚信之美德。

当人们拥有共同的诚实品质时，互相之间就会产生信任，可以互相协作；过分的自私和机会主义者会破坏信任。如果你曾经和同一群人长期打交道，你能清楚知道他们会记得你什么时候欺骗过他们，以及你何时真诚地对待过他们，那么此时，你真诚地和他们相处才符合你的个人利益。在这种情况下，如果人们信守承诺，相互尊重，避免机会主义行为，更容易形成团体，已经形成的团体将会更加有效地达到共同的目标。人生来就喜欢交际，大部分人表现出的痛苦焦虑症状，并不是与他人交往造成的，而是孤立于他人才产生的。人类的交际始于亲属关系，人们共有的遗传基因与利他主义的程度是成正比的。父母与孩子之间、兄弟姐妹之间有一半遗传基因相同（若是同卵双生双胞胎，遗传基因就完全一样）；而堂兄弟姐妹和表兄弟姐妹之间、叔叔与侄子、舅舅与外甥之间有1/4的遗传基因是相同的，前者的利他主义则明显高于后者。

“人同此心，心同此理”，在与人交往的过程中，我们如果多为对方着想，人与人之间就能恢复真诚的关爱之心，彼此结成友谊的联盟。人类学家亚当·库珀曾提出，就算美国非常认可个人主义和竞争的文化价值观，但是在感恩节和圣诞节这样重要的节日，人们设宴庆祝的也并不是个人成就，而是社会团结。

反之，如果人们生活在怀疑、紧张与动荡的社会之中，在刚开始的时候，压力系统能够应对紧急事件做出较快回应，身心的压力应急系统被不断地激发和关闭，但是时间长了之后，我们的压力系统会因为频繁地调控而不能对紧急事态做出及时反应，最终将会崩溃。英国哲学家埃德蒙·伯克曾指出，邪恶获得成功的前提是，善良的人们需要保持沉默。我们要用实际行动唤醒异化的精神世界。例如，20 世纪 90 年代，在美国首都华盛顿有过两次大游行，其中一次由名叫“诺言履行者”的保守的基督教团体组织的，它强调男人对家庭的责任心下降了，游行之后男人的责任感真的在恢复，至少参加游行的男人们是在用行动呼喊内心的责任感。

唤醒本真的自我不是一时半刻的事情。回看 19 世纪上半叶，礼仪教养不是想当然，英国维多利亚式的道德核心就是以礼仪教养为目标，把抑制冲动反复灌输给年轻人，使他们不沉湎于酒色或赌博之中，这种价值观的灌输对年轻人的未来成长是极为有利的。那是在一个缺乏中产阶级美德的时代，教会人们养成清洁、守时和礼貌的习惯是至关重要的。

社会科学家把一个社会中丰富的共同价值观念称作“社会资本”。如同实物资本（粮食、房子、设备）和人力资本（我们所掌握的知识、技能和品质），社会资本能够产生财富。例如，合作规则是一种社会资本，它可以制约个人选择的自由，但允许个人与他人沟通，并协调众人的行动；通过遵循合作规则，个人可以增强自己的力量和能力。诚实、守信、互惠等社会美德还拥有一种有形的货币价值，可以帮助奉行这些美德的群体实现其共同目标。

当今生活在地球上的 50 多亿人能够支配自然环境，是由于人类通过社会合作创造了社会资本。或许这是人类拥有的最大优势，这一合作过程会通过基因密码遗传给后代；也就是说，人类的大脑里深嵌着进化过程中的合作倾向。根据大脑结构的遗传规律，古人的诚信、合作意识也应该存在于中国孩子身上；教育的作用，只是为了唤醒本真而已。

三、追求精神需要的本性

人有追求精神需要的本性。如何解决当代人类在精神生活方面出现的许多问题？这既是当下中国之问，也是世界之问。帕斯卡尔描述西方人意义失落造成的精神危机，表达了西方人遭遇精神困境时的惶恐和无助。人毕竟无法忍受无精神的生活。因此，当代西方学者开展了声势浩大的唤醒精神的深刻研究。也有学者直面当下中国之问：“社会转型及其观念的转变、人的生存方式的巨大变化和个人独立性的生成及其境遇，是我们所处时代的三大显著特点，也是我们把握当代精神问题及其根源的三重重要维度。”①

在全球化的大背景下，在追寻中国梦、实现社会主义现代化的进程中，各种思潮暗流涌动，人们非常期待新风气、新精神，渴望主流价值观念的引领。这要求我们必须大力培育和践行社会主义核心价值观，引导人们的精神生活健康发展；同时在对物化时代精神生活的反思中推动人们在信仰层面深刻反思，并将这种反思转化成推动人类精神健康合理发展的重要力量。有学者指出：“物化时代精神生活的重构，不仅有赖于物质生活条件的极大改善，更依赖于特定社会制度的创新与核心价值体系的建设。既需要超越‘资本逻辑’及其从属的制度框架，更需要扬弃西方资本主义的价值体系。”② 科学的价值观是精神生活健康发展的重要支撑，而具有共识性的社会主义核心价值观对精神生活具有巨大的引导作用。党的十八大报告指出：“社会主义核心价值体系是兴国之魂……倡导富强、民主、文明、和谐，倡导自由、平等、公正、法治，倡导爱国、敬业、诚信、友善，积极培育和践行社会主义核心价值观。”浓缩为24字的社会主义核心价值观是当代中国人民的精神追求，深刻揭示了中国特色社会主义核心价值观的内涵，也体现了广大人民的向往与追求。在当今繁杂的尘世中，为人们点亮了航行的灯塔，让人们的精神世界远离空虚和浮躁，是人们价值观健康发展的目标与观念。③ 它能够复归人的原始状态，从而促进人自由全面发展；可以有效防御和抵制虚无主义和自由主义等错误思潮的影响，有助于人们养成求真、崇善、尚美的良好社会风尚。马克思主义是统领社会主义核心价值观的灵魂，为人们指明了践行社会主义核心价值观的方向。马克思关于人的自由而全面发展的重要内容就涉及人的精神生活的丰富与发展，马克思早就意识到人有追求精神需要的本性，工人也有参与精神享乐的需要，如订阅报纸、听课、教育子女和发展爱好等。马克思所提出的共产主义既摆脱了自然经济条件下对人的依赖性，又摆脱了商品经济条件下对物的依赖关系，能够为人的自由个性提供成长环境。综上所述，马克思主义将会成为现实的人的真正信仰，因为它兼具实践上的有效性、理论上的科学性、心灵上的皈依性。中华大地近几十年所发生的翻天覆地的变化，不但包括马克思主义指导下所带来的物质变化，还包括人们精神生活质量的显著提高。不管个体是否主动学习了马克思主义理论，但早已受到马克思主义理论的浸润与滋养。马克思主义信仰成为大家心灵的

---

① 胡海波：《精神生活、精神家园及其信仰问题》，载《社会科学战线》2014年第1期。

② 庞立生：《历史唯物主义与精神生活的现代性处境》，载《哲学研究》2012年第2期。

③ 余林、王丽萍：《大学生对社会主义核心价值观的内隐认同研究》，载《西南大学学报（社会科学版）》2013年第5期。

沃土与归属，它不仅有助于建设物质之家，更有益于构建精神之家，为人类精神的彻底解放展现了广阔的前景。

第二节　建构信仰、理想和道德的“精神推动力”

现代化建设不仅需要以利益追求为动因的“经济推动力”，而且需要基于信仰、理想和道德的“精神推动力”。因此，我们必须根据人的精神发展的规律和特点，通过各种行之有效的形式和方式引导人们解决其精神生活的矛盾或问题。卡尔·雅斯贝斯说：“当代状况既是过去发展的结果，又显示了未来的种种可能性。一方面，我们看到了衰落和毁灭的可能性；另一方面，我们也看到了真正的人的生活就要开始的可能性。”① 当今人们的精神生活发展现状和困难，也内含了人们精神生活质量有提升的可能性。我们需要思考的是，怎样在社会历史发展创造的既有条件中去自觉实践，变困境为机遇，形成物与人、社会与人的良好关系，从而实现人的精神生活健康自由发展。

一、创造新的生存方式

在现代社会中，人与人的关系首先体现为通过物来实现，这种物的关系不仅在经济领域表现为人与人的关系，而且精神生活领域也受物的关系的影响。在计划经济时代，人的精神生活受到计划的影响，人们常常用配额的比例处理人的交往；在市场经济条件下，人的精神生活受到等价交换、商品交换关系的影响，人们往往把经济领域的原则用在人和人的关系方面，如按照等价交换原则来对待精神文化和精神生活。市场经济背景突出个体主体，个人感受到独立的生存方式，但生存压力使人们忙于生计，很少关心精神问题，忽略了精神生活的安顿。因此，缓释精神压力不仅要唤醒异化的精神世界，还需要创新与时代发展相一致的生存方式。正如马克思所说：“资本不是一种个人力量，而是一种社会力量。”② 社会力量的一个基本特点就是整体性和社会性，因此，依靠个人的力量摆脱资本逻辑和技术统治的束缚，消除现代性的异化影响几乎是不可能实现的事。

---

① 卡尔·雅斯贝斯：《时代的精神状况》，王德峰译，上海译文出版社2003年版，第16页。

② 《马克思恩格斯选集》第1卷，人民出版社1995年版，第287页。

在这一点上，马克思提供了创造生存方式的参考依据："人的依赖关系（起初完全是自然发生的）是最初的社会形式，在这种形式下，人的生产能力只是在狭小的范围内和孤立的地点上发展着。以物的依赖性为基础的人的独立性，是第二大形式，在这种形式下，才能形成普遍的社会物质交换、全面的关系、多方面的需求以及全面的能力的体系。建立在个人全面发展和他们共同的、社会生产能力成为从属于他们的社会财富这一基础上的自由个性，是第三个阶段。第二个阶段为第三个阶段创造条件。"① 当代处于"以物的依赖性为基础的人的独立性"的背景，形成了"普遍的社会物质交换、全面的关系、多方面的需求以及全面的能力的体系"，无形之中也强化了精神的物化、价值关系的物化和精神需求的物化。因此，在这样的生活背景下，要扬弃精神的物化和异化现象，我们必须跳出物质宰制、资本逻辑和技术统治的框架，"建立在个人全面发展和他们共同的、社会生产能力成为从属于他们的社会财富"这一基础上，以实现人的全面发展为基点，以人自身存在的"生存实践"为逻辑出发点，去考量人的本性问题，理解人的价值和意义世界，从而选择切实可行的现实途径，探寻创造性的生存方式。

有学者指出："在整个国家向现代化发展的进程中，人是一个基本的因素。一个国家，只有当他的人民是现代人，他的国民从心理和行为上都转变为现代的人格，他的现代政治、经济和文化管理机构中的工作人员都获得了某种与现代化发展相适应的现代性，这样的国家才可能真正称之为现代化的国家。"② 创造性的生存方式首先考量的是物质财富，但是要把精神生活的发展作为主导，力求完成对现实存在和精神存在方式的超越。在这种创造性生存方式下，"人不占有什么，也不希求去占有什么，他心中充满快乐和创造性地去发挥自己的能力以及与世界融为一体"③。因此，创造性的生存方式，一方面要克服物质欲望的支配，另一方面要通过精神性的创造，摆脱现实生存的片面化，从而获得精神层面的自由发展。按照马克思关于人的发展阶段理论，人的自由全面创造与未来社会人的自由个性发展相一致，人的现实的创造要以现实生活条件为基础，不断创造着自由的生存方式。当然，精神生活创造并不是要求人人都去创造新的生存方式，而是要我们从现实的困境中看到创造性力量，不断赋予自己生命以全新的活力，在不断的创造中改变自我、重塑自我、重构自我，从而提升自我的生命质量。由此看来，精神生活

① 《马克思恩格斯选集》第1卷，人民出版社1995年版，第107－108页。

② 英格尔斯：《人的现代化》，台北水牛出版社1971年版，第38页。

③ 埃里希·弗罗姆：《占有还是生存——一个新社会的精神基础》，关山译，生活·读书·新知三联书店1989年版，第23页。

的创造并非一日之功。

从目前来看，人的精神生活陷入物化、异化和庸俗化的境地，主要是由资本、技术、文化的发展导致，主要是因为人们在生存方式上重占有、重享受，导致欲望的膨胀和无限放纵。事实上，人们总是“希望能更多地发展并运用自己所具有的才能和潜能，以便使自己的一生获得更大的发展和成功”①。但个人生存方式的选择本身就是一个价值判断，这个选择结果反映的是个人坚持的价值观的问题。正如马克思曾经指出的，人的本质是社会关系的产物，因此，个人的生存方式也反映他的社会联系。如果个人把占有和拥有当作生活的目的，把消费和享受当作生活的目的，那么，他与自然、社会和他人之间的各种社会联系就必然表现为物化的联系，则他的物质生活方式也必然是一种精神异化的存在，是一种同自身相异化的存在物。因此，他个人的生存必然表现为虚假的、片面化的、异化的生存。“只要人不承认自己是人，因而不按照人的方式来组织世界，这种社会联系就以异化的形式出现。”② 因此，只有在不断地创造中，一个人才能不断超脱物质的束缚，求得自身的进步，才能体验到远远超过物质享受的精神享受乐趣，使自己每天的生活都因创造而精彩。

二、实现价值取向的均衡发展

精神“空心人”对标物化、异化而存在，无论是精神生活庸俗化，抑或是物质替代精神、工具理性压制价值理性“单向度”发展引起的结果，都可以归纳为价值取向的片面和不平衡造成的精神困境。正如偏重于物质主义和功利主义的人挂在嘴边的价值观，“用对钱袋的影响来衡量每一种活动的意义”③，这种人总是急功近利、目光短浅，他忽视可持续与全面发展，拘泥于眼前和现实利益；忽视理性思考，专注于感性思维与感官满足；疏远思想、道德、理想和信念等精神意蕴，不仅注重物质实惠，更加注重文化精神的实用价值和工具价值。结果这类人的发展就表现为动力不足、精神浮躁和消极懈怠等。

人是一个将自然性、精神性和社会性交融于一身的有机体，人的丰富内涵体现在各类价值的全面与协调及人的自由而全面发展的丰富本质中。实现

① 马斯洛：《马斯洛人本哲学》，成明编译，九州出版社2003年版，第212页。

② 马克思：《1844年经济学哲学手稿》，人民出版社2000年版，第171页。

③ 《马克思恩格斯全集》第26卷，人民出版社1972年版，第300页。

人的全面发展，首先要实现各类价值取向的全面与协调，这就要求必须对物质生活、社会生活和精神生活等有明确的价值判断，不断满足个体精神深度发展的价值取向；其次，个体所处的高科技、高消费和高享受的社会，同时也应该是一个高理想、高情感和精神生活高价值的全面发展型社会。因此，我们必须充分认识到精神价值在人的发展过程中以及在当代社会发展中的重要地位，要从多方位多视角去探究精神生活发展必须具有的元素，也要关注精神生活在不断发展和变化中的精神动力作用。

我们也必须看到价值取向的全面性是有差异的，也就是说价值取向具有不均衡的特点。以人的全面发展而言，绝对的全面发展是不可能存在的，人的发展只能呈现多样化和特色化的发展模态。因此，人们在发展中做到物质生活与精神生活的平衡性、多样化和协调性发展就是坚持全面发展的价值取向，在精神价值日益凸显的现代社会，并不是要求单向度重精神价值，而是力求以精神生活的发展主导物质生活的方向，在全面的价值取向下展示个人的专长、特色和个性。黑格尔曾经说过："一个志在有大成就的人，他必须，如歌德所说，知道限制自己。反之，那些什么事都想做的人，其实什么事都不能做，而终归于失败……一个人在特定的环境内，如欲有所成就，他必须专注于一事，而不可分散他的精力于多方面。"① 因此，我们不能绝对地将价值全面发展理解成价值取向的全面性，如果将各种价值百花齐放而不知取舍，不但造成价值发展不全面、不协调，更可能如精神替代物质一样，行动上阻碍人的全面发展，最终无法使人解决物与人的矛盾，超越精神生活的发展困境。

三、坚持高度的文化自信

文化是人的本质存在方式。"一个不属于任何文明的、缺少一个文化核心的国家"，"不可能作为一个具有内聚力的社会而长期存在"。② 人存在于社会中，社会不能缺乏文化，也就是说人存在于一定的文化中。只有在文化中，人才开始作为属人的存在，即人的精神存在。所以，人类不能脱离文化，文化在人的生活中应当作为一种精神内在需求、普遍需求而存在，也是无处不在且终生相伴的需求存在，"人们需要通过文化来启蒙心智、认识社

---

① 黑格尔：《小逻辑》，贺麟译，商务印书馆 1980 年版，第 174 页。

② 塞缪尔·亨廷顿：《文明的冲突与世界秩序的重建》，周琪、刘绯、张立平等译，新华出版社 2002 年版，第 353 页。

会、获得思想上的教益，也需要通过文化愉悦身心、陶冶性情、获得精神上的满足和依归。如果没有精神文化上的充实和丰盈，就不能说有真正幸福的生活和美好的人生”①。建构人的精神世界的主要方式就是文化建设。由此可知，只有对自己所处社会的文化有自信，人们才会看到丰富多彩的精神世界，人们的精神世界才会有深度发展。同时，经过社会文化培育、教化、同化而形成的文化自信，将呈现出最佳的文化主体心态，当然也是人们优良精神生活质量的重要标志。

在全球文化背景下，不同文化之间的交流给人的精神生活发展带来了挑战，也带来了机遇。丰富的精神生活资源为我们精神的发展提供养分，但是异质文化的选择、价值取向也使我们遭遇文化的现实困境。尤其在多元文化交流、互动、激荡、碰撞、消长的过程中，个体难以做到文化自觉，甚至出现盲目追捧西方文化、严重误读中国传统文化、对大众文化人云亦云的追逐的现象。“文化自信源于并依赖于人的主体精神自信和本质力量的自信……没有人自身主体精神的自信和本质力量的自信，也就很难有文化的自信”②。事实上，“中华民族素有文化自信的气度，正是有了对民族文化的自信心和自豪感，才在漫长的历史长河中保持自己、吸纳外来，形成了独具特色、辉煌灿烂的中华文明”③。正是文化自信促使我们大胆批判吸收世界优秀文化成果，丰富精神生活内涵，从而促成了中国丰富的精神家园。

不过，在杂多的文化碰撞中，我们的精神生活发展需要保持文化自信，不仅因为文化是人的定在和内在需求，还因为人的精神生活在一定社会历史和文化条件下展开，因而它并非完全是个人的私人事务，而是社会的、历史的。“我们的文化传统历史性地规定了我们对世界的感受方式、情感体验和生活态度，它对我们的精神生活具有家园般的奠基意义。真正自由的精神生活不可能是他人的，而只能从自身的传统中流淌并开放、延展出来。只有在自身文化传统所奠基的家园中，人们的精神生活才能找到熟悉的自由感觉，才能享受相感相应、相亲相属的存在意义。”④ 因此，我们对自己民族的、传统的文化，应该充满高度的自信。这种文化自信，不仅是对国家、民族文化价值的充分肯定，对国家、民族文化生命力的坚定信念，也体现了一个民族

---

① 云杉：《文化自觉　文化自信　文化自强——对繁荣发展中国特色社会主义文化的思考（上）》，载《红旗文稿》2010 年第 15 期。

② 王泽应：《伦理精神自信是文化自信的核心和根本》，载《道德与文明》2011 年第 5 期。

③ 云杉：《文化自觉　文化自信　文化自强——对繁荣发展中国特色社会主义文化的思考》，载《红旗文稿》2010 年第 15 期。

④ 庞立生：《历史唯物主义与精神生活的现代性处境》，载《哲学研究》2012 年第 2 期。

的精神素养和精神状态。唯有高度的文化自信，民族精神才会更加昂扬，国家的文化形象才会更加伟岸，民族精神生活质量才会显著提高。

"辩证理性所敞开的自信意识以及展开的无限意义指向，可以打破理性与信仰的知性对立，使理性与信仰保持必要的张力，维持动态的平衡，使人确立以理性为根基的信仰。理性的信仰可以使人超出宗教的信仰形式而获得一种有张力的、内在的、终极的价值关怀。这种建设性的信仰意识，对于抵御虚无主义，治疗信仰危机，使当代人重塑信仰精神无疑具有积极的价值。"①

第三节　觉醒精神，缓释精神压力

一、觉醒人的信仰

作为一种精神现象存在，信仰体现在每个个体的生命本性中，信仰的形成、凝聚都必须以文化为载体。"所谓文明的文化形式，是指那些稳定的思想形态、理论形态、知识形态。这些文化形式就包含着信仰的元素，真正的信仰就存在于人类生活和人类文明的各种文化形式之中。"② 德国著名学者卡西尔在文化学范畴讨论了人的本性。在他看来，人是"符号的动物"，"人不再生活在一个单纯的物理宇宙之中，而是生活在一个符号宇宙之中。语言、神话、艺术和宗教则是这个符号宇宙的各部分"③。这种文化是人区别于动物的独特标识，人具有感性和理性的符号思维，不像动物那样只是按照物理世界本来给予它的各种"信号"行事，而人可以能动地运用各种符号创造出他所需要的理想世界。正是人的这种劳作特性，形成并规定了人性的概念，为人类开辟了独特的文化之路。从这个意义上说，对人而言，文化形式蕴含着人的丰富性和自我确证的意义。在这个意义上，我们以文化形式考量人，得出这样的结论：人们能创造或者拥有什么样的文化形式，就会养成什么样的信仰，就会成为什么样的文化人。

人拥有和创造什么样的文化形式通常由人们的信仰决定。"所以，人们

---

① 庞立生、王艳华：《当代精神生活的虚无化困境及其超越》，载《北华大学学报（社会科学版）》2010 年第 10 期。

② 胡海波：《精神生活、精神家园及其信仰问题》，载《社会科学战线》2014 年第 1 期。

③ 卡西尔：《人论》，甘阳译，上海译文出版社 2004 年版，第 35 – 37 页。

创造、学习、接受某种文化形式的过程，就是形塑某种信仰的过程。在受教育的过程中，人们获得了一种文化符号，通过这种文化符号，形成了某种信仰。"[①] 因此，在个体接受文明和文化的过程中，我们需要主动帮助个体理解唤醒他的信仰。只有唤醒了人的信仰，才能使其和自己的生命融为一体。也就是说，"不能把信仰简单地等同于某种文化形式或知识体系，即便人们拥有某种文化形式和知识内容，也还需要觉解其中信仰的成分。这样才能真正成为有文化、有知识的信仰者。由于人们缺少自觉的信仰意识，往往把学习理解为学习知识，学习科学，而不把其当作是学习文化，更不会把其理解为学会信仰"[②]。其实，人们所学的知识和理论体系中，已经包括不少的信仰成分，只不过人们还没有意识到信仰早已发生在人们的文化学习中，只是人们的信仰意识和观念尚且模糊，人们在学习知识、文化过程中，可能逐渐形成了某种信仰的观念或者保留了某种信仰的信息。换言之，信仰不是遥不可及的，而是早就存在于人们日常的学习和生活之中。所以，"人们获得信仰的方式也就是对文化的深入习得和信仰意识的自觉。这可能是我们解决信仰问题的一种文化路径。这样看来，人们所面对的信仰问题，就不在于人是否需要信仰，而在于如何寻找信仰。也就是说，信仰的问题是建立起信仰的何种自我意识的问题。在人们的观念当中，存在着诸多关于信仰的文化误区与思想障碍。其中最为普遍且影响最大的是信仰的神秘化，即神学信仰是信仰的主要或唯一形式。信仰神秘化的观念，恰恰在于没有把那些非神化的终极关怀当作信仰。由于这种观念的影响，人们往往把信仰归结为神学信仰。神学信仰有很大的影响，然而，信仰未必就是神圣化的、神学化的。如果我们把信仰仅仅归结为神学或者宗教，就难免神化地理解信仰。西方人有神学的信仰、宗教的信仰，而中国人在这方面表现得不明显，或者说中国文化总体上并不倾向于神学的信仰，这在一定程度上消解了中国文化自身的信仰精神"[③]。中国是主导无神论意识形态的国家，信仰一旦仅仅被理解为皈依宗教神学的领域，势必导致信仰与现实相脱离。

因此，要变构中国人心目中信仰的观念，就一定要把信仰从放逐的彼岸世界拉回到现实生活的此岸世界。"每一个成熟的民族，只要它对未来抱有某种希望，并努力地去寻找支撑人们走向未来、实现希望的主心骨，它一定就有自己的信仰。"[④] 从这个意义上理解，我们就可以正面回答中华民族到底

---

① 胡海波：《精神生活、精神家园及其信仰问题》，载《社会科学战线》2014 年第 1 期。
② 胡海波：《精神生活、精神家园及其信仰问题》，载《社会科学战线》2014 年第 1 期。
③ 胡海波：《精神生活、精神家园及其信仰问题》，载《社会科学战线》2014 年第 1 期。
④ 胡海波：《精神生活、精神家园及其信仰问题》，载《社会科学战线》2014 年第 1 期。

有没有信仰的问题。“我们时常会遭遇这样的问题：中国人有没有西方意义上的宗教？并借此来判断中国传统文化中是否存在信仰的种子。凡认为中国人没有信仰的，多是认为中华民族没有欧洲式的宗教。也有人指出，虽然中国本土的文化形态没有基督教式的信仰，但道教是中华民族的本土宗教，由印度传来的佛教已经本土化了，并由此认为中国人是有信仰的。如上两种观点的思路是一致的，都是按照西方神学信仰的模式来理解中国的信仰。其实，中国人不是没有信仰，只是没有欧式的信仰。”① 事实上，中华民族有没有信仰并不完全以某种宗教观念存在论断，而是求证中华民族是否拥有独特的文化精神。毋庸置疑，有着几千年优秀传统文化的中华民族，必然内含属于中华文化的特有信仰，“对天地之道的信奉与领悟，并期望达到与天地之道合一的人生境界。在改造中国社会，寻求民族解放的历史过程中，中国共产党人选择了马克思主义的信仰，使中国人的信仰愈发丰富、现实，愈发具有社会意义和历史意义”②。人们教条式地理解信仰观念，主要体现在人们对科学信仰的单一模糊理解上，这是影响正确认识信仰文化精神的障碍。

“人们注重科学信仰，把信仰归结为科学，而忽视了信仰的文化性、思想性和传统性这些复杂的因素。这就造成了信仰单一性和信仰丰富性的冲突。因为在各个民族、各个历史时代，人们的信仰观念未必是科学信仰所能统摄的。我们应该按照信仰的具体形式来理解信仰，而不是完全按照某种立场、某种观念，抑或是科学的观念来理解信仰。如何才能走出这一误区呢？恰当的方法是把信仰问题当作复杂的、丰富的文化问题和思想问题去理解，把科学的信仰放在丰富的信仰体系中去理解。”③ 因此，我们要对信仰的概念有清晰的认知，它不再是单一的、教条式的抽象理解，要把它还原到思想、文明和传统文化视域中，恢复信仰本身的思想文化的丰富性、独特性。

我们对任何一种真正的文化形式，都可赋予某种信仰的元素。在现实中，人类的终极关怀有多少判断和选择，就有多少种信仰的形态。“人的信仰不仅仅存在于神学当中；同样，信仰也不仅仅存在于科学当中；在其真实的意义上，信仰存在于各种文化形式当中。但是，当人们把信仰与现实的文化形式彼此外在化的时候，就不能把文化形式和人的精神生活相衔接，就会把文化形态、知识形态仅仅看成是知识和技能，使其外在于精神。”④ 这种对文化形式的外在化理解，促使我们把信仰理解成一个神化的存在；也可以在

① 胡海波：《精神生活、精神家园及其信仰问题》，载《社会科学战线》2014 年第 1 期。
② 胡海波：《精神生活、精神家园及其信仰问题》，载《社会科学战线》2014 年第 1 期。
③ 胡海波：《精神生活、精神家园及其信仰问题》，载《社会科学战线》2014 年第 1 期。
④ 胡海波：《精神生活、精神家园及其信仰问题》，载《社会科学战线》2014 年第 1 期。

科学的意义上把信仰理解成一个功利、物化的存在；甚至把信仰理解成和人没有关联的虚无，这种理解的最大弊端是把信仰推向神化、物化和虚化的境地，无法唤醒身边的信仰，让人们日用而不知。

二、分解目标

“任何社会、文明体系，都存在大量的伦理道德问题，但很少像当代中国这样，伦理道德几乎聚焦了全社会的目光、期待和努力，以至于其俨然成为‘中国难题’。”① 有学者的调查结果显示，目前我国的道德精神不仅仅只需要唤醒，还需要使之成为行动的自觉，这是迫切需要解决的大问题。

（一）美德与自由

现代生活里，人与人之间没有了严格的社会等级之分，性别歧视之门户也在逐渐消除，婚姻不再是父母包办……人与人之间的联系一般都出于自愿的原则，人们选择性地与人交往，特别是互联网的出现，人们可以根据任何一种共同兴趣在全球范围内选择与人交往，不再受时间、空间的限制，个人变得自由。

哈姆费雷和亚历山大指出，与人相处是人的生活环境中最为关键、最为危险的部分，发展社交的认知能力是生物进化论中适者生存最基本的要求。在这种状况下，支配社会生活所需要的智慧，其实是没有限度的，因为其他社会行为者也在以同样快的速度增加智慧。

人们相互交谈并不一定是为了通报某个事实或传递某种信息，而是为了与交谈者建立一种社会关系。天气、朋友、私人问题构成各种社会中谈话的主体，从原始的采集狩猎社会，到现在的后工业化社会都是如此。闲聊的目的主要是把人们纳入社会关系和应尽的社会义务的网络中。

亚里士多德在《政治》一书中开篇就宣称，人天生就是一种介于神和野兽之间的政治动物。人类在任何地方和任何时候都把自己组成政治团体，这些团体在形式上不同于家庭或村庄之类的社会结构，其存在对彻底满足人类本性上强烈渴望的东西是不可缺少的。就其本性而言，人类通过自己组成家庭和部落而成为更高级的群体；因此，人类具有让这个群体继续存在下去所具备的道德品质。

（二）文化与自由

人类行为是先天和后天共同培养的结果。文化能够抑制住人类天生的本

---

① 樊浩：《当今中国伦理道德发展的精神哲学规律》，载《中国社会科学》2015 年第 12 期。

能，文化本身具有一种把行为规范以非基因遗传方式进行代代相传的能力，它紧紧地与大脑连在一起，是人类进化优势的一个重要来源。但这种文化内容是建立在一种自然基础之上的，这一基础或限制或助力开发个人的文化创造力。

文化具有一种力量，它充满生气且不断更新改进。一般来说，文化要比正规的社会制度和国家政治制度变化得慢，但为了适应不断变化的情况，它也会不断进行调整。文化在各个历史的发展阶段慢慢形成，体现了人类的生存智慧，构成文化的各种要素被认为助力了社会的生存和发展。因此，体现在诸文化中的社会标准最有利于保证种族的繁衍，最大限度地生产以保持经济发展，最大限度地加强军事力量以保持种群生存。

经过数千年的发展，文化已成为社会存在必不可少的基础。个体行为只有通过文化学习才知道做什么和怎么做。因此，人们非常不愿意传统文化价值被大量修改。社会文化价值的变更就像生活基本必需品如食物和水般毁坏一样严重。为此，科技的变革被人们接受和欢迎，它改善了生活水平，但文化变革令人恐慌和遭到抵制，因为它威胁到传统的、令人舒适的社会标准和实践。

自由民主政体一定要依赖共享的文化价值观才能更好地发挥作用。这从美国和拉美国家的对比中可以看出。当墨西哥、阿根廷、智利和其他拉美国家在 19 世纪独立时，很多国家都觉得美国的总统制很好，认为总统制建立了正规的民主制度和法律制度。但从那以后，没有一个拉美国家形成和美国一样政治稳定、经济增长的有效局面，于是大多数国家于 20 世纪 80 年代末期回到了民主政府的管理模式。

出现这种结果的原因很复杂，其中最重要的是文化方面的原因：美国当初作为英国人拓展的殖民地，承袭了英国的法律和文化；而拉丁美洲则从伊比利亚半岛继承了各种各样的文化传统。美国文化在形成时期受到了宗派主义的新教教义的决定性影响，它强化了美国的个人主义和“协会艺术”（亚历克西·德·托克维尔所谓美国社会自发产生的众多协会和团体），这种文明对美国的经济发展起到了很好的活力作用。

（三）规范与自由

艾克塞罗德提出一个概念“元规范”，“元规范”是关于如何正确界定、传播、执行普通规范的手段。无论何时何地，尽管事情跟其他人没有直接关系，人们也会保证公理得以实施，这就是人们在维护“元规范”。例如，中国的“小悦悦事件”引发人们深刻的思索与行动，就是在维护中国人心中的“元规范”。

经济史学家道格拉斯·诺思所称的“制度”，指的是支配人们社交行为的一种正式或非正式的规范或规则。行为规范只是白纸上的条条框框，违反了规范，有人焦虑不已，这看似毫无意义，但是它体现了行为规范强大的精神约束力。康德认为，真正的天使会为了遵守规则而遵守规则，特别是在个人利益被道德行为损害的情形之下。现代社会对经济效率的要求意味着在挑选商业伙伴、雇员和银行家时，不应感情用事，不应以血缘关系为依据，而应当以个人的资历与能力为依据，由那些达到工作客观标准或者通过正式考试的人担任。秩序通常是由自上而下的管理方式产生的，当然秩序也可以通过其他各种各样的方式产生，如从等级制的集权类到个人自发的相互作用类，从超凡到世俗的等级制形式等，如：摩西携带十诫走下西奈山；一位首席执行官宣布新的公司信条；支配与顾客的关系。进化生物学表明，制定规则、遵守规则以及对违反团体规则的人（也包括自己）进行惩罚，都是有自然基础的，并表明人的大脑拥有独特的认知能力，能够辨别出某人是合作者还是骗子。

人类天生就喜欢通过等级制度来组织同类。处在等级制度顶端的人，其社会地位能够得到别人的承认，他们对此感到满足和愉快，在他们看来，承认其社会地位常比自己得到物质财富还幸福还重要。现代社会中的等级制比比皆是；在知识分子面前，基于天赋和能力的等级制同样是等级分明的。

（四）合作与自由

早期人类的初级社会组织使人们能够合作行事，并有了内部的和平。但是为了控制自己所生活的小群体或部落或同其他群体部落争夺地盘，和平就常常被内部冲突或对外战争打断。根据我们对狩猎社会的了解和有关史前社会的考古文献记载，当时使用暴力的程度似乎与当代社会一样。

人类的合作行为具有基因遗传基础，并不仅仅是由文化造成的，要证明这一点，最简单的办法可能是通过观察和人类基因关系最近的黑猩猩，而不是人类本身。黑猩猩表现出的社会行为常常与人有惊人的相似之处。荷兰籍灵长目动物学家弗兰兹·德瓦尔与其他灵长目动物学家研究指出，黑猩猩在夺取统治地位过程中使用的手段，真类似于人类政治生活中的勾当。

直到今天，计算机依然做不到像人那样能够理解微妙的面部表情或肢体语言，也许这就是在许多种社交方式下，互联网无法取代面对面交谈的缘故吧。弗朗西斯·培根说，科学是用来为“生命的利益和价值”服务的工具，爱因斯坦坚持认为，“我们大脑的创造物对人类将是一种祝福，而不是一种诅咒”，尽管正规的法律、强有力的政治制度和经济机构都十分重要，但它们不能保证现代社会能获得成功。美德是社会范畴，与之相比，个人的自我利益是比较低的，不太稳定，但美德是比较稳定的基础。

三、价值引领

人们追求精神生活的意义主要在于价值观建设，价值观建设就是通过建设信念、信仰和理想，使人们有方向性地确立生活的全部目的，即让个体通过最大努力去实现个体存在的价值和使命。团队价值的实现是以个体的价值实现为基础，通过每一个人的价值或使命的实现而促进一切人价值或使命的实现，通过满足个人价值的实现需要进而满足其他人实现其价值的需要，而这就是人的生活的根本目的或意义之所在。

任何一个事物的存在都有着独特的基本功能和使命，它的基本功能和使命能够达成就是其存在的价值或意义。比如，一块手表的基本功能是能准确计量时间，如果它不能准确报时，不管这块手表多么华丽，它也没有了作为手表而存在的价值和意义。人的存在也有作为人存在的本质规定，这种规定就是作为人而存在的基本功能或使命。一个人有意义地生活与他自身的基本功能或使命被实现是基本一致的，因此，人生活的意义就决定于其基本功能或使命能否被实现。人的本质是先天自然形成的，不是后天主观自生的，人的本质要在现实生活之内追寻，它存在于可感知的、现实的、发展变化着的各种社会关系之中，是由复杂的现实社会关系的总和决定的，如果不清楚社会关系的变化和发展，就不知道人的本质是什么，就不能读懂现实社会中的人。与他人建立起联系的个体才能成为人，脱离社会关系的个体是不充分的、不完整的人。如果个体的生命对别人没有任何价值，他不能与自我之外的人建立联系，那么生命对其个体就没有价值和意义。因此，人存在的本质规定就体现在人与人的关系中，他的基本功能或使命体现在人与人的关系中。人的生活的根本意义应该是自己被别人需要，并以自己的努力满足更多人的需要，包括亲人的需要、朋友的需要、集体的需要、民族的需要、国家的需要、人类的需要和社会的需要等，这就是人们生活意义的各种层次。不管他是谁，他的存在就决定他会处于个人—家庭—群体—民族—社会—国家—人类这链条中的某一节点或者某几个节点。人的生活的价值和意义就体现在人与人的关系之中，体现在为满足与自己有关系的人的需要当中，而人的生活中最有意义的事是为人类而工作，人通过自己功能和使命的实现来满足人类的需要，个体应以为人类美好生活的实现做出贡献作为生活的最高价值和使命。

在中国文化中，人生活的意义不是把对精神生活的意义寄托在上帝存在和灵魂不死等宗教信仰之上，而是在个人对社会对人类的功能价值或作用贡献中体现。例如，《左传·襄公二十四年》载叔孙豹就说过："太上有立德，其次有立功，其次有立言，虽久不废，此之谓不朽。"这就是根据人对社会的贡献和影响来衡量其生活的价值和意义。如果能做到立德、立功、立言，那就是为人类增加了美德、功业的知识和技能，这就是不可磨灭的贡献，不朽正是基于这种不可磨灭的贡献。李大钊说过："人生本务，在随实在之进行，为后人造大功德，供永远的'我'享受，扩张，传袭，至无穷极，以达'宇宙即我，我即宇宙'之究竟。"鲁迅说："无穷的远方，无数的人们，都和我有关。"胡适说："我这个现在的'小我'，对于那永远不朽的'大我'的无穷过去，须负重大的责任，对于那永远不朽的'大我'的无穷未来，也须负重大的责任。"

美国心理学家马丁·塞利格曼在《真实的幸福》一书中写道："有意义的生活必须与比我们自身更宏大的东西连接上，这个东西越大，我们的生活就越有目的。"他认为这个宏大的东西就是人类发展的历程。"我们所能做到的就是选择自己成为这个历程的一分子，使它前进一步。这是进入有意义的生活的门。参与这个历程会使我们的生活与一个非常宏大的东西连接上，这也将使你的每一天都过得有意义。"① "美好的生活来自每一天都应用你的突出优势并将这些优势用于增加知识、力量和美德上，这样的生活一定是孕育着意义的生活。""你可以选择以增加知识为中心的生活：学习、教书、教育你的孩子，或从事科学、文学、新闻学等许多类似的行业；你可以选择以增加力量为中心的生活：通过技术、工程、建筑、医疗服务或制造业来达到这个目的；你还可以选择以增加美德为中心的生活啊，通过法律、宗教、道德、政治等途径，或通过当警察、救火队员或从事慈善事业来达到你的目的。"② 总之，每一个人为了过上更有意义的生活或者说使自己的生活更有意义，就应该正确认识人的本质规定，那么他全部生活的根本目的应该是以为他人、为人类做出自己的贡献，通过自身的价值的实现服务于其他人价值的实现，在创造更加美好的人类生活中创造和实现自身生活的意义。③

① 马丁·塞利格曼：《真实的幸福》，洪兰译，万卷出版公司2010年版，第261页。

② 马丁·塞利格曼：《真实的幸福》，洪兰译，万卷出版公司2010年版，第263页。

③ 陈洪泉、刘桂英：《论精神生活的意义需要与价值观建设》，载《东岳论丛》2016年第1期。

四、情绪调适

伴随着物质生活水平的不断提高，现代人对精神世界的追求也越来越高。每个独立的个体都有达到身心健康状态的需求，但现实生活快节奏的状态让现代人承受着相当大的精神压力，加之不符合生物节律的工作时间、不和谐的人际关系等，都导致个体衍生出各种心理疾病。其中，部分轻度的精神压力包括焦虑、抑郁、睡眠障碍等，可以通过个体正确的减压方式进行自我调节，从而恢复健康；而对于不能通过自我调整的精神压力，可能会随着时间的推移逐步演变成精神分裂。因此，为了维持平衡健康的精神状态，一是要在日常生活中保持良好的心态，面对负面事件时要有足够的心理准备和抗压能力；二是要正视心理问题，积极寻求专业医生的治疗或者其他人的帮助，及时有效地缓解心理压力。

（一）设置大学生精神压力预警机制

在全社会倡导理性消费价值观教育，倡导理性消费。面对消费主义这种新的西方意识形态对中国主流价值观的影响，全社会应该普及理性消费的立场和思想，积极引导个体形成正确的消费观。对此，要进行两个层面的教育：一是从宏观上进行消费理念及其行为层面的教育。具体而言，首先要通过分析市场经济运行方式中消费理念及其行为的性质，让社会个体对西方资本主义的意识形态有一个客观清晰的认识，让社会个体明白消费主义背后隐藏的价值观在本质上是一种新形态的文化霸权行为，承载着西方资本主义的价值观念。其次要运用马克思主义理论特别是劳动价值论原理，深入分析当前消费主义盛行的现象、本质、原因、危害等，进而帮助大学生自觉与追求感官快乐的精神消费划清界限，树立判断是非的理性标准，最终在正确消费观的指导下进行合乎理性的消费行为。二是从微观上采取以“三贴近”原则为指导的思想政治教育举措。具体而言，就是传授消费价值观的具体内容，包括消费品的基础知识、消费与市场关系的分析理解、消费品的选择与使用、消费品的评价与鉴赏、消费品的保护与维修等，旨在让大学生正确认识自身的知行与社会环境、生态保护之间的关系，了解理性消费的重要性，从而在思想上提高社会责任感，在行为上形成科学理性的消费习惯，促进自我的全面发展。与此同时，在进行消费价值观教育的过程中，必须清晰地认识到一点：消费主义在某种程度上是当代社会群体和个体精神需要的反映形式。对此，依然要坚持创造更高的物质文明，不断满足人们对美好精神生活的需要。

加强政治文明建设，创造全面实现人的精神需求的政治环境。马克思主义的人学理论表明，发展更高层次的政治文明，是实现个体精神需求的重要因素。同样，社会主义政治文明建设是建立人与人的和谐关系、人与环境的和谐关系、人与社会的和谐关系的基础条件，它在理论上符合马克思主义的人学思想，在现实中有利于促进社会主义建设。因此，发展高度的政治文明，关键在于以满足人的精神需要为起点和落脚点，营造有助于实现个体精神世界全面发展的政治环境。

建立有利于大学生发展的培养机制，满足大学生的实际需要。在建设政治文明的过程中，要重视大学生群体的实际需求，并以此为基础提供有利于个体全面发展的制度保障。相比于职业技术学校的学生和高等院校的硕士研究生，大学生通常在两个方面存在一定的欠缺：一是实践经验和劳动技能层面处于弱势位置；二是在思维模式和知识储备层面存在不足之处。同时，他们在年龄上已经成年，却缺乏法律的相关保护；他们在收入上基本为零，却无法得到相关的生活保障资助，需要依靠父母的物质支持；更为重要的是，由于相关劳动就业政策和法律法规保障的缺乏，这导致大学生在开展社会实践活动中存在很多不稳定的因素；由于助学和就业服务的机制不够健全，这导致大学生在专业选择、就业方向上存在盲目和非理性的现象。总而言之，法律制度和社会支持都无法完全满足大学生发展的需求，这就容易造成大学生对自我认识、社会定位、未来发展等方面产生迷茫，最终将大学生置于一个相当尴尬的境地。基于此，大学生在一定程度上可以被划分为社会的弱势群体。

因此，大学生的培养与发展，都需要得到社会各个阶层的关注和重视，才能形成合力，建立符合大学生个体全面发展的培养机制。具体而言，要从以下四个方面着手：一是继续加大教育投资，完善高校奖助学金的体系，以帮助贫困生完成相应的学业；二是建立大学生就业档案库，这一职责应由劳动就业部门和就业指导中心承担，为不同年级的大学生提供准确有效的职业指导；三是开设就业指导课程，高校通过对大学生开展一系列的职业生涯设计、就业选择与分析、职业理想目标等课程或者讲座，积极引导大学生将自身的专业与社会发展进行合理的结合；四是成立大学生心理辅导中心、就业指导中心，使大学生在踏入社会前可以调整就业心态、提升就业技能、提高职场情商，进而更加科学合理地规划职业生涯。

培养优良校风，创建健康、向上的校园文化氛围。高校是大学生树立正确的世界观、人生观和价值观的重要场所，大学生的精神生活的开展与其所处的学校环境息息相关，学校的文化气息、物质环境、教学风气等因素都会影响大学生的精神生活质量的高度。为此，要努力创造一个积极健康、轻松和谐的校园环境，更好地满足大学生的精神生活需要。

（二）调用社会资本培育农民信仰和见识

在社会转型期间，如何调整农村老年人的精神压力成为当前面临的难题。这一难题需要家庭积极调动多方资源，从经济、情感等多重方面积极配合、鼎力支持，帮助老人缓解因经济困难、情感孤独以及病痛缠身等现实问题所带来的心理压力，从而保持精神健康。但是，家庭资源的重构也并不是一蹴而就的，在现代社会，子女外出务工的情况比比皆是，且难以改变，这一现状往往造成留守老人照护资源的缺失，最终在独自面对病痛压力的时候，因情绪波动以及无人照顾等外在事件的压力，导致精神健康遭受损害。因此，当下国家应重视、关注留守老人现象，通过进一步开放廉租房等措施促使外来务工人员在城市安家落户，以及增加农村的养老院、养护中心、老年人活动机构等方式，来填补老年人应对经济、精神等各方面压力的资源范围，从而切实提升其生活质量，同时缓解其精神压力。

要实现上述目标，就必须以民生为本，让农民收入能够与经济增速同步，让农民的经济收入与其支出相均衡。当然，提升农民的收入并不是根本目的，在关注农民收入的同时，政府还要在政策上更多地关注农民的生存和发展状况，让农民能够享受政策的照顾。除此之外，在精准扶贫切实到位的基础上，政府还要因地制宜建立健全农村医疗、社会保障体系，加大对农村教育的财政投资，进一步推动城市公共服务设施向农村地区延伸，积极倡导并支持示范村、整治村等项目的开发，打造出一批批环境优美、规划合理、布局得当的社会主义新农村，让农民既能享受青山绿水，又能享受跟城市居民同等质量的生活，从而让广大农民享受到国家富强带来的切身好处。

（三）政府社会共同致力于形成社会健康大理念

国务院发展研究中心曾对3539位企业家展开过一项精神压力调研，报告显示，在这些被访问的企业家中，有90%的企业家表示自己的工作压力大，76%的企业家指出他们处于高压的工作状态，最为可怕的是，几乎每位企业家都患有一项因压力强度太大所导致的慢性病。

其中，还有53%的企业家表示，他们每天的工作时间都超过了12小时，身体长期处于亚健康状态；特别是在企业初步发展阶段，因为管理制度不完善、不规范，底层职工的文化程度不高以及中层管理者的管理经验不足，往往形成上层领导不得不亲力亲为的困窘局面。忙于企业内部事务的主持和外部的公关活动，90%的企业家的工作时间超过普通人群，压力不断增大，且长期得不到缓释。

从当前的现状看来，企业家自身的健康意识同样亟待提高。根据调查结果分析，企业家不重视健康问题，甚至抱着为了事业弃健康于不顾的错误价值观念，等等。从当前查阅到的部分企业家体检资料中，笔者分析发现，企业家不重视健康问题主要表现在思想上存在着“一个不足”和“三低”的问题。“一个不足”，即对疾病的危害和严重性的认识存在不足。“三低”，一是知晓率低——不知道自己存在什么病；二是治疗率低——生病了没有积极正规的治疗；三是有效率低——对病情不够重视，在治疗后期不做复诊。上述种种原因导致企业家的健康问题变得越来越严重。

（1）学会自我调适。在平常人的眼里，企业家们是光鲜亮丽的。但大部分人并没有注意到，他们成功背后的压力：企业的顶层设计、企业内部资源的管控、企业之间的竞争、公共关系的处理等众多事务都需要企业家的合理规划，目前我国精通现代企业管理学的企业家数量屈指可数，大部分企业家是“摸着石头过河”，在探索中学习管理，因此精神压力非常大。在调查中发现，为发展企业而寻找商机是大部分企业家面临的关键压力，其中有67.8%的企业家认为这项工作是他们所有工作中难度最大的，然后就是“企业内部管理工作”，中选率为49.15%，而“处理与企业生存环境相关的复杂关系”同样是企业家精神压力的源头之一。这些压力的不断积聚，最终导致很多企业家患有轻微的抑郁症、狂躁症。

（2）习得健康早期管理理念。为什么企业家的健康状况如此令人担忧？中国企业家健康工程专家进行了为期三年的对大量病案的调查，调查结果显示疾病本身并不完全是影响企业家健康的主要因素，企业家未能及时监控、管理和治疗疾病的早期症状，在很大程度上酿成了小病拖大病、大病拖垮的结局。同时，繁重的工作任务及巨大的心理压力、不能劳逸结合并有规律的生活方式、“心动身不动”的生活方式造成的体质下降、饮食结构不合理造成的营养失衡等，都成为影响企业家健康的主要原因。目前，一些以老年患者为主体的疾病，如高体重、高血脂、高血压、高血糖、高尿酸、高胰岛素、高血黏的代谢综合征或现代病，却在企业家和商务人士群体中普遍存在。医学专家认为，这与企业家在健康问题上存在的错误观念有很大的关系。例如，一些企业家容易轻视一些健康危险信号，认为那只是暂时的小问题，不用特意治疗，因此贻误最佳治疗时机；还有些企业家则过分依赖医生和药物，却忽略了运动、心理、饮食等才是对身体机能发挥重大调节作用的因素。2004年，中关村成功企业家的健康体检结果即是这一分析的有力确证。体检的个人生活健康风险资料显示，少运动、不吃早餐、爱吃生食、睡眠差是中关村企业家的生活特点。83%的被调查者没有运动习惯，75%的被检企业家体重超重，60%的人饮食习惯中有喜欢生食的爱好，58%的人承认睡眠没有规律，33%的人认为自己的睡眠质量很差。其中75%的人出现颈椎和腰椎的疾患，42%的人过早出现了骨质疏松、骨矿成分减少的状况，40%的被查者有不同程度和不同种类的微量元素缺乏，38%的人临床诊断为轻中度脂肪肝。此外，2004年浙江“百名民营企业家健康状况调查”数据显示，48%的企业家一年之内没有去医院做过全面体检。

（3）养成健康投资意识。人的体质和生理功能在一定的年龄阶段开始逐渐衰退。因此，人进入中年阶段后，当身体感到疲劳时，不可硬撑硬熬。疲劳是身体需要恢复体力和精力的一种正常反应，同时也是人所具有的一种自动控制信号；如果不根据身体发出的提醒信号立即采取措施，那么人体就会积劳成疾。当人的机体生理和心理已经疲劳，如自我感觉出现周身乏力、头昏眼花、肌肉酸痛、精神不振、思维迟钝、呼吸加快、心悸心跳等症状时，应停止熬夜，注意劳逸结合，更不要做突击性的工作。改变错误的健康观念，保持科学、健康、文明的工作理念和生活方式，学会用心呵护自己的身体，都是企业家为自己的健康进行的有意识投资。

（4）缓解介入方法。当今社会竞争日益激烈，生活节奏不断加快，人际关系逐渐疏远，道德生活慢慢淡漠。现代人在享受现代物质文明的同时，其精神压力大大增加也是一个不争的事实。因此，缓解精神压力，提高精神生活质量，是现代人面临的一个十分艰巨的挑战。

提高精神生活质量，显然不能靠什么“按摩”来实现。这样做不仅于事无补，反而会使问题性质恶化，使一个简单的单极问题变成一个复杂的双极问题。从科学的角度看，综合压力管理是缓解精神压力、提高精神生活质量的有效方式。

综合压力管理理论认为，人类不能完全消除压力，只能缓解某些压力，因为人在面对考上大学、升职、结婚和孩子出生等一些人生的积极事件时，也会产生一定的精神压力。从某种程度上说，保持相对的压力状态，对人的健康和事业反而是有益的。

根据其产生源头的差异，精神压力缓解的途径也存在不同。从源头来分析精神压力，不外乎社会、文化、制度、生理、心理、认知以及人际关系方面的原因。只有分析清楚原因，才能对症下药，更具针对性地解决问题。以下是较为科学合理的综合压力管理的介入方法，对于当代青年因各种问题、矛盾而产生的压力，有一定的缓解作用。

（1）知觉介入，减轻压力因子。从生理心理学角度来看，压力导致疾病产生的过程为：生活环境—感知压力—激起情绪—生理引发—形成疾病。知觉干预模式强调压力因子的选择性，以此来减少不必要的压力，从而使得身心处于相对健康的状态。我们发现压力因子是由压力反应构成的，因此，通过知觉干预，有意识地减少压力因子，从而降低压力反应，使客体源与主体流二者之间减少压力的产生。

（2）认知介入，给予积极与中性的自我获得。当压力因子进入主观知觉后，认知能够给予积极或者中性的诠释，既可以将其看作一种好的代入，也可以当成与自身毫不相干的事物，以此来减少压力的产生。

（3）呼吸介入，对身体进行调适。在感知压力而产生紧张的时候，调整自身的呼吸行为，通过多次的深呼吸，以求整体情绪放松。同时，让自身的行为动作慢下来，如果有必要，可以暂停手头上的所有事项，让心绪回归平静以后，再重新投入工作中。

（4）外物介入，辅助缓解压力。现代人的生活基本上是以分秒计算，从清晨起床到夜晚入睡，时时刻刻都填满了相当多的工作和事宜，有时候甚至彻夜不眠。这种生活状态短暂时间可以，但如果长期如此，人的精神会出现坍塌。因此，适当停下来，欣赏一下周围的美景，对自身压力具有辅助缓解的作用。发达国家，每个工作日都会有两次茶歇（coffee break），以此缓解连续工作带来的精神压力。

（5）变迁介入，消除认知的失调。精神处于紧张或者压力状态时，认知会出现失调。其主要表现为以下两种现象：一类是两种认知间的不对等现象，另一类是认知和行为不一致现象，两种现象都可以靠变迁方法来干预。变迁介入的主要方法为：一是将两种方法看作毫不相干的；二是降低其中一种认知；三是对行为的失调进行自我解释；四是改变行为，使其与认知一致。

（6）关系介入，缩小朋友圈的范围。在过分物化的当今社会，会有部分人为了利益而出卖他人，这使得受害人百思不得其解，从而在认知上出现失调现象。缓解因认知失调而导致的精神压力的办法就是缩小朋友圈，疏远价值观完全不一致的人，这样就不会产生过多的精神压力。

（7）决策介入，扬长避短，选择参与。当今的生活丰富多彩，现代人可以通过很多种方式参与社会生活，选择的基本原则就是扬长避短，选择你擅长的、更加容易获得成功的，从而增强你的自信心，反之，则容易获得消极反馈，从而产生精神压力。

（8）比较介入，选择正确的群体，减少被剥夺感。被剥夺感也是一种精神压力产生的源头。如果要减少被剥夺感，就要进行比较介入，可以适当地选择生活、待遇、地位比自己低水平的群体，这样容易产生满足感，从而减少由心理失衡带来的被剥夺感。

（9）取舍介入，履行道德义务，不僭越，不失位。保持中道是一种精神健康的重要法则，懂得取舍，不走极端，才能知足常乐；中西方的伦理哲学中，中道都是一种德性表现。生活中，履行道德义务的人，其精神压力相对较小；恶行都伴随着有恶性的精神压力，要消除这种恶性精神压力，就要消除恶行的根源。

（10）制度介入，营造公平、公正的竞争环境。现代人出现的各种精神压力，大部分都是由社会造成的。如当前社会会把致富作为一项合理合法的目标进行宣传，但在社会结构上，目标与实现目标的手段之间会存在困难和矛盾，从而导致人产生精神压力。根据默顿理论，目标与手段产生的矛盾导致人们出现精神压力时，有部分人会冒险，选择一条非法的途径来实现目标；有人选择逃避，放弃要实现的目标；有人墨守成规，放弃目标而遵守合法手段；有人选择顺从，目标与合法手段同等重视；还有人选择反抗，对合法手段和目标轻视而抵触。不管是哪种类型的人，或多或少都会受到精神压力的影响，这就需要社会建立一个公平公正的制度环境，消除一切特殊主义。在资源分配中也要禁止出现“化公为私”的现象，使得资源能够让每一个人共享。

（11）观念介入，化压力为动力。这是一种针对良性精神压力的做法，转变观念，使得压力转化为动力。将前进道路上遇到的困难和挫折，看作命运的考验和锻炼，你就能把压力转化成实现目标而继续前进的动力。

（12）哲学思维介入，树立正确的世界观、人生观、价值观和苦乐观。在对待自然、社会、他人以及自己时，用一种哲学思维来思考。坚持灵魂与身体、精神与物质相统一。提高自身的精神境界，与自然和谐相处、与社会亲近、对他人友善，用一种辩证统一的哲学思维使得自身的精神生活得到富足。①

---

① 夏学銮：《缓解精神压力十二法》，载《中国青年研究》2003 年第 3 期。

参 考 文 献

[1] 马克思恩格斯全集：第一卷 [M]. 北京：人民出版社，1956.
[2] 马克思恩格斯全集：第一卷 [M]. 北京：人民出版社，1995.
[3] 马克思恩格斯全集：第二卷 [M]. 北京：人民出版社，1957.
[4] 马克思恩格斯全集：第三卷 [M]. 北京：人民出版社，1965.
[5] 马克思恩格斯全集：第三卷 [M]. 北京：人民出版社，2002.
[6] 马克思恩格斯全集：第七卷 [M]. 北京：人民出版社，1972.
[7] 马克思恩格斯全集：第十九卷 [M]. 北京：人民出版社，1995.
[8] 马克思恩格斯全集：第二十二卷 [M]. 北京：人民出版社，1965.
[9] 马克思恩格斯全集：第二十五卷 [M]. 北京：人民出版社，2001.
[10] 马克思恩格斯全集：第二十六卷 [M]. 北京：人民出版社，1972.
[11] 马克思恩格斯全集：第二十六卷 [M]. 北京：人民出版社，1995.
[12] 马克思恩格斯全集：第三十一卷 [M]. 北京：人民出版社，1998.
[13] 马克思恩格斯全集：第四十二卷 [M]. 北京：人民出版社，1979.
[14] 马克思恩格斯全集：第四十四卷 [M]. 北京：人民出版社，2001.
[15] 马克思恩格斯文集：第一卷 [M]. 北京：人民出版社，2009.
[16] 马克思恩格斯文集：第二卷 [M]. 北京：人民出版社，2009.
[17] 马克思恩格斯文集：第三卷 [M]. 北京：人民出版社，2009.
[18] 马克思恩格斯文集：第四卷 [M]. 北京：人民出版社，2009.
[19] 马克思恩格斯文集：第五卷 [M]. 北京：人民出版社，2009.
[20] 马克思恩格斯文集：第六卷 [M]. 北京：人民出版社，2009.
[21] 马克思恩格斯文集：第七卷 [M]. 北京：人民出版社，2009.
[22] 马克思恩格斯文集：第八卷 [M]. 北京：人民出版社，2009.
[23] 马克思恩格斯文集：第九卷 [M]. 北京：人民出版社，2009.
[24] 马克思恩格斯选集：第一卷 [M]. 北京：人民出版社，1995.
[25] 马克思恩格斯选集：第二卷 [M]. 北京：人民出版社，1995.
[26] 马克思恩格斯选集：第三卷 [M]. 北京：人民出版社，1995.
[27] 马克思恩格斯选集：第四卷 [M]. 北京：人民出版社，1995.
[28] 马克思恩格斯选集：第一卷 [M]. 北京：人民出版社，2012.

［29］马克思恩格斯选集：第二卷［M］. 北京：人民出版社，2012.
［30］马克思恩格斯选集：第三卷［M］. 北京：人民出版社，2012.
［31］马克思恩格斯选集：第四卷［M］. 北京：人民出版社，2012.
［32］列宁主义问题［M］. 北京：人民出版社，1964.
［33］列宁全集：第十二卷［M］. 北京：人民出版社，1987.
［34］列宁全集：第二十九卷［M］. 北京：人民出版社，1956.
［35］列宁全集：第三十四卷［M］. 北京：人民出版社，1985.
［36］列宁全集：第三十六卷［M］. 北京：人民出版社，1985.
［37］列宁全集：第三十九卷［M］. 北京：人民出版社，1985.
［38］列宁全集：第四十卷［M］. 北京：人民出版社，1986.
［39］列宁全集：第四十三卷［M］. 北京：人民出版社，1985.
［40］列宁选集：第一卷［M］. 北京：人民出版社，2012.
［41］列宁选集：第二卷［M］. 北京：人民出版社，2012.
［42］列宁选集：第四卷［M］. 北京：人民出版社，1995.
［43］列宁专题文集：论无产阶级政党［M］. 北京：人民出版社，2009.
［44］斯大林全集：第十二卷［M］. 北京：人民出版社，1955.
［45］斯大林选集：下卷［M］. 北京：人民出版社，1979.
［46］毛泽东选集：第一卷［M］. 北京：人民出版社，1991.
［47］毛泽东选集：第三卷［M］. 北京：人民出版社，1991.
［48］毛泽东选集：第四卷［M］. 北京：人民出版社，1991.
［49］毛泽东著作选读［M］. 北京：人民出版社，1986.
［50］周恩来外交文选［M］. 北京：中央文献出版社，1990.
［51］刘少奇选集：上卷［M］. 北京：人民出版社，1981.
［52］邓小平文选：第一卷［M］. 北京：人民出版社，1994.
［53］邓小平文选：第二卷［M］. 北京：人民出版社，1994.
［54］邓小平文选：第三卷［M］. 北京：人民出版社，1993.
［55］江泽民文选：第一卷［M］. 北京：人民出版社，2006.
［56］江泽民文选：第二卷［M］. 北京：人民出版社，2006.
［57］江泽民文选：第三卷［M］. 北京：人民出版社，2006.
［58］习近平谈治国理政［M］. 北京：外文出版社，2014.
［59］十三大以来重要文献选编：下［M］. 北京：人民出版社，1993.
［60］十五大以来重要文献选编：上［M］. 北京：人民出版社，2000.
［61］十六大以来重要文献选编：上［M］. 北京：中央文献出版社，2005.

[62] 十六大以来重要文献选编：下 [M]. 北京：中央文献出版社，2008.
[63] 十八大报告读本 [M]. 北京：人民出版社，2012.
[64] 简明社会科学词典 [M]. 上海：上海辞书出版社，1982.
[65] 论语·季氏第十六 [M]. 北京：中华书局，2006.
[66] 孟子·尽心上 [M]. 北京：中华书局，1983.
[67] 老子·德经 [M]. 北京：中华书局，2006.
[68] 荀子·儒效第八 [M]. 北京：中华书局，2016.
[69] 孙中山. 三民主义 [M]. 长沙：岳麓书社，2000.
[70] 张岱年. 张岱年哲学文选：下 [M]. 北京：中国广播电视出版社，1999.
[71] 胡潇. 思想哲学：理性精神的自我观照 [M]. 长沙：湖南人民出版社，1999.
[72] 雅斯贝斯. 时代的精神状况 [M]. 王德峰，译. 上海：上海译文出版社，1997.
[73] 郑永廷. 人的现代化理论与实践 [M]. 北京：人民出版社，2006.
[74] 郑永廷. 人际关系学 [M]. 北京：中国青年出版社，1988.
[75] 郑永廷. 毛泽东思想政治教育的理论与实践 [M]. 武汉：武汉大学出版社，1993.
[76] 郑永廷. 思想政治教育方法论 [M]. 北京：高等教育出版社，1999.
[77] 郑永廷. 现代思想道德教育理论与方法 [M]. 广州：广东高等教育出版社，2000.
[78] 郑永廷，江传月，等. 主导德育论：大学生思想政治教育一元主导与多样发展研究 [M]. 北京：人民出版社，2008.
[79] 张耀灿，郑永廷，吴潜涛，等. 现代思想政治教育学 [M]. 北京：人民出版社，2006.
[80] 郑永廷，等. 社会主义意识形态发展研究 [M]. 北京：人民出版社，2002.
[81] 刘德华. 马克思主义思想政治教育著作导读 [M]. 北京：高等教育出版社，2001.
[82] 罗国杰. 马克思主义思想政治教育理论基础 [M]. 北京：高等教育出版社，2002.
[83] 刘建军. 马克思主义信仰论 [M]. 北京：中国人民大学出版社，1998.

[84] 李辉. 现代思想政治教育环境研究 [M]. 广州：广东人民出版社，2005.
[85] 李辉，李文贤. 中国化马克思主义教育概论 [M]. 北京：人民出版社，2005.
[86] 王仕民. 德育功能论 [M]. 广州：中山大学出版社，2005.
[87] 王仕民，等. 中国化马克思主义："三个代表"重要思想概论 [M]. 广州：中山大学出版社，2005.
[88] 王仕民. 德育文化论 [M]. 广州：中山大学出版社，2007.
[89] 王仕民. 德育研究：第一辑 [M]. 广州：中山大学出版社，2013.
[90] 王仕民. 思想政治教育心理学概论 [M]. 广州：中山大学出版社，2015.
[91] 刘社欣. 思想政治教育合力研究 [M]. 北京：人民出版社，2013.
[92] 刘社欣，等. 高校思想政治理论课实践育人模式创新研究：拔尖人才培养背景下思想政治理论课实践教学"3L"创新模式的探究与实践 [M]. 广州：世界图书出版广东有限公司，2013.
[93] 熊建生. 思想政治教育内容结构论 [M]. 北京：中国社会科学出版社，2012.
[94] 詹小美. 中国化马克思主义：邓小平理论概论 [M]. 北京：人民出版社，2005.
[95] 詹小美. 民族精神论 [M]. 广州：中山大学出版社，2007.
[96] 詹小美. 民族文化认同论 [M]. 北京：人民出版社，2014.
[97] 欧阳康. 民族精神：精神家园的内核 [M]. 哈尔滨：黑龙江教育出版社，2010.
[98] 叶澜. 教育研究方法论初探 [M]. 上海：教育出版社，1999.
[99] 郑维廉. 青少年心理咨询手册 [M]. 上海：上海人民出版社，1997.
[100] 黄希庭. 人格心理学 [M]. 杭州：浙江教育出版社，2003.
[101] 墨菲. 世界治理：一种观念史的研究 [M]. 王起亮，王雅红，王文，译. 北京：世界知识出版社，2007.
[102] 黑格尔. 精神现象学：上 [M]. 贺麟，王玖兴，译. 北京：商务印书馆，1979.
[103] 卢梭. 爱弥尔 [M]. 李平沤，译. 北京：商务印书馆，1976.
[104] 贝克，贝克－格恩斯海姆. 个体化 [M]. 李荣山，范譞，张惠强，译. 北京：北京大学出版社，2011.

[105] 库恩. 科学革命的结构［M］. 金吾伦，胡新和，译. 北京：北京大学出版社，2003.
[106] 罗希明，王仕民. 现代人发展的迷茫性探源［J］. 内江师范学院学报，2013（7）.
[107] 韩勇. 高校研究生精神压力的维度及其相关因素分析［J］. 扬州大学学报（高教研究版），2006（3）.
[108] 郑永廷. 论社会意识形态与思想政治教育的内在联系［J］. 中国高校社会科学，2015（6）.
[109] 郑永廷. 深化民族文化认同　增强民族凝聚力：评《民族文化认同论》［J］. 思想理论教育，2014（10）.
[110] 詹小美，康立芳. 中国梦践行场域中的社会主义核心价值观培育［J］. 青海社会科学，2015（1）.
[111] 詹小美，金素端. 论社会主义核心价值观的强化认同［J］. 青海社会科学，2013（3）.
[112] 刘晓明，王丽荣. 中国人的心理智慧与东方心理咨询模式的建构［J］. 东北师大学报（哲学社会科学版），2015（5）.
[113] 李辉. "以文化人"的价值论思考［J］. 思想教育研究，2015（11）.
[114] 杨江水. 大学生心理压力及其缓解途径［J］. 黑龙江高教研究，2005（10）.
[115] 陈虹霖，张一奇. 大学生压力及心理健康与应对策略的相关性探析［J］. 湖南师范大学教育科学学报，2005（6）.
[116] 刘学年，朱虹. 当代大学生的心理压力与心理应对［J］. 辽宁教育研究，2002（2）.
[117] 朱丽芳. 新形势下员工心理健康问题研究［J］. 中小企业管理与科技（上旬刊），2011（1）.
[118] 罗军，禹玉兰. 公务员情绪管理现状与对策的实证研究［J］. 人力资源管理，2011（8）.
[119] 叶一舵，申艳娥. 应对及应对方式研究综述［J］. 心理科学，2002（6）.
[120] 王桐晶. 高职高专学生心理压力的调适［J］. 黑龙江科技信息，2011（19）.
[121] 杨静，张进辅. 应对能力研究综述［J］. 中小学心理健康教育，2010（9）.
[122] 赵楠. 思想政治工作中的心理健康教育研究［J］. 中外企业家，2011（18）.
[123] 张林果. 浅谈高校大学生常见心理健康问题及对策研究［J］科教文汇（上旬刊），2011（8）.
[124] 黄万琪，周威，程清洲. 大学生社会支持及应对方式与心理健康水平

分析［J］．中国公共卫生，2006（2）．
［125］陈晨．当代大学生精神压力研究［D］．上海：华东师范大学，2011．
［126］骆郁廷．精神动力论［M］．武汉：武汉大学出版社，2003．
［127］郝登峰．现代精神动力论［M］．广州：广东人民出版社，2005．
［128］谢倩．论社会主义社会发展的精神动力［D］．成都：电子科技大学，2001．
［129］汪青松．社会主义精神富裕论［D］．北京：中共中央党校，2005．
［130］刘少华．论党的三代领导核心的精神动力观［J］．保定：河北大学，2003．
［131］杨燕．江泽民精神动力思想研究［D］．济南：山东大学，2008．
［132］曹静．社会转型期人的精神生活中存在的问题及对策研究［D］．石家庄：河北师范大学，2007．
［133］何利娟．大学生心理压力及其应对策略的研究［D］．青岛：中国石油大学，2006．
［134］汪淼．论当前我国大学生心理压力与调适［D］．合肥：合肥工业大学，2007．
［135］郭双．大学生心理压力感与应对方式的特点及关系的研究［D］．大连：辽宁师范大学，2007．
［136］范莉．大学生校园压力、社会支持与负性情绪关系研究［D］．苏州：苏州大学，2008．
［137］孙雄辉．大学生生活事件、人格特征和应对方式的相关研究［D］．长沙：湖南师范大学，2010．
［138］戴兆骏．大学生心理危机及其综合干预策略［D］．南京：南京师范大学，2010．
［139］欧阳常春．大学生应对方式与社会支持间的关系分析［D］．桂林：广西师范大学，2001．
［140］赵玲玲．构建当代大学生和谐人际关系的研究［D］．北京：北京交通大学，2007．
［141］卢之超．马克思主义大辞典［M］．北京：中国和平出版社，1993．
［142］李经纬，余瀛鳌，蔡景峰．中医名词术语精华辞典［M］．天津：天津科学技术出版社，1996．
［143］何伋，陆英智，成义仁，等．神经精神病学辞典［M］．北京：中国中医药出版社，1998．

[144] 熊哲宏. 弗洛伊德心理学入门［M］. 北京：中国法制出版社，2016.

[145] 时蓉华. 社会心理学词典［M］. 成都：四川人民出版社，1988.

[146] 塞加尔迪，迪里克，巴吉厄著. 平衡精神压力［M］. 韩沪麟，译. 上海：上海科学技术出版社，2003.

[147] 李美华. 心理学与生活［M］. 长沙：湖南师范大学出版社，2017.

[148] 柏拉图. 斐多篇［M］//柏拉图全集：第1卷. 王晓朝，译. 北京：人民出版社，2002.

[149] 弗洛伊德. 精神分析引论［M］. 周丽，译. 武汉：武汉出版社，2014.

[150] 沙弗安. 精神分析与精神分析疗法［M］. 郭本禹，方红，译. 重庆：重庆大学出版社，2015.

[151] 霍尼. 精神分析的新方向［M］. 梅娟，译. 南京：译林出版社，2016.

[152] 科胡特. 精神分析治愈之道［M］. 訾非，曲清和，张帆，译. 重庆：重庆大学出版社，2016.

[153] 西华德. 压力管理策略［M］. 许燕，等译. 北京：中国轻工业出版社，2008.

[154] 雷伯. 心理学词典［M］. 李伯黍，等译. 上海：上海译文出版社，1996.

[155] 霍尼. 我们时代的神经症人格［M］. 冯川，译. 北京：中国人民大学出版社，2013.

[156] 朱龙凤. 心理压力产生的原因及其影响［J］. 山西师大学报（社会科学版），2010（S3）.

[157] 李虹，梅锦荣. 大学校园压力的类型和特点［J］. 心理科学杂志，2002（4）.

[158] 樊富珉，张翔. 人际冲突与冲突管理研究综述［J］. 中国矿业大学学报（社会科学版），2003（3）.

[159] 邓丽芳. 大学生的精神压力与心理健康关系的实证分析［J］. 国家教育行政学院学报，2009（3）.

[160] 王智勇，徐小冬，李瑞等. 学生精神压力与家庭因素之间的关系［J］. 中国学校卫生，2012（8）.

[161] 廖小琴，沈银平. 大学生精神压力转化研究［J］. 教育与教学研究，2016（10）.

[162] 梁樱，侯斌，李霜双. 生活压力、居住条件对农民工精神健康的影响 [J]. 城市问题，2017 (9).
[163] 杨哲，王小丽. 新生代农民工城市融入中精神压力研究 [J]. 理论月刊，2014 (1).
[164] 韩勇. 研究生精神压力的维度及其与个体背景和自我评估的关系 [J]. 青年研究，2006 (1).
[165] 刘萍，杨宏飞. 研究生的学习压力与休学倾向的关系：心理健康的中介作用 [J]. 浙江大学学报 (人文社会科学版)，2016 (3).
[166] 刘越，宗占红，刘颂，等. 高校教师精神压力的组织应对策略 [J]. 江苏高教，2009 (2).
[167] 李竹渝，贺晓星. 中日两国高校教师精神压力比较研究的统计分析 [J]. 数理统计与管理，2000 (9).
[168] 高山川，等. 影响应付的稳定因素和情境因素 [J]. 心理学探新，1997 (3).
[169] 曹红柳，温明，郑翔丽. 管理人员有效缓解精神压力的几点建议 [J]. 科学管理研究，2003 (2).
[170] 王雪莲. 城市国企失业人员心理压力的社会学研究——基于湖北省黄石市的实证调查 [D]. 武汉：华中农业大学，2006.
[171] 曹观法. 大学教师的心理压力及自我调控 [J]. 环境与职业医学，2004 (6).
[172] 刘杰. 论青少年学生的压力应对教育 [J]. 山东农业大学学报 (社会科学版)，2004 (2).
[173] 张建卫，刘玉新，金盛华. 大学生压力与应对方式特点的实证研究 [J]. 北京理工大学学报 (社会科学版)，2003 (1).
[174] 李伦，王谦. 大学生心理应激生活事件与应付方式的特点 [J]. 医学与社会，2000 (2).
[175] 杨俊茹，张磊，陈雁飞，等. 大学生压力应对方式的调查研究 [J]. 首都体育学院学报，2005 (3).
[176] 李志. 大学贫困生的心理压力及干预策略 [J]. 教育探索，2008 (4).
[177] 师艳荣，孙丽. 家庭变迁视野下的日本青少年蛰居 [J]. 中国青年社会科学，2016 (6).
[178] 史梦薇. 传统儒家的压力应对观及其当下意义 [D]. 天津：南开大学，2013.

[179] 林军．中国传统竹文化形态中的审美内涵［J］．湖南科技大学学报（社会科学版）［J］．2016，19（2）．

[180] 梅萍，韩静文．大众文化载体在大学生生命价值观教育中的功能及运用［J］．学校党建与思想教育，2017（7）．

[181] 胡莹．社会工作视角下的城市空巢老人精神健康［J］．中国老年学杂志［J］．2014，34（11）．

[182] 邱幼云．同辈支持缓解新生代企业家精神压力［N］．中国社会科学报，2017－06－28（6）．

[183] 毛丽红，朱健民．运动与BMI：大学生的精神压力与影响因素的关联研究［J］．内蒙古师范大学学报（教育科学版），2013，26（11）．

[184] 仲敏．班主任心理支持系统的建构［J］．教育科学研究，2017（10）．

[185] 孙月才．西方文化精神史论［M］．沈阳：辽宁教育出版社，1990．

[186] 徐海峰．马克思精神观研究［D］．沈阳：辽宁大学，2016．

[187] 车文博．当代西方心理学新词典［M］．长春：吉林人民出版社，2001．

[188] 张春兴．现代心理学：现代人研究自身问题的科学［M］．上海：上海人民出版社，1994．

[189] 王红姣．大学生压力源及压力应对方式研究综述［J］．思想理论教育，2007（11）．

[190] 阿尔多诺．否定的辩证法［M］．张峰，译．重庆：重庆出版社，1993．

[191] 米塞斯．人的行动：关于经济学的论文［M］．余晖，译．上海：人民出版社，2013．

[192] 樊浩．伦理道德，因何期待“精神哲学”［J］．江海学刊，2016（1）．

[193] 樊浩．当今中国伦理道德发展的精神哲学规律［J］．中国社会科学，2015（12）．

[194] 樊浩．“伦理”—“道德”的历史哲学形态［J］．学习与探索，2011（1）．

[195] 米德．心灵、自我与社会［M］．赵月琴，译．上海：上海译文出版社，2008．

[196] 葛熠．浅谈主我和客我在自我构建中的特征和关系：对米德自我构建理论的研究［J］．剑南文学（经典教苑），2012（7）．

[197] 米德．心灵、自我与社会［M］．赵月琴，译．上海：上海译文出版社，1992．

[198] 胡潇．论客观自我与主观自我［J］．求索，2001（5）．

［199］马娇阳，郭斯萍．探索超越自我的成长能力：精神自我［J］．苏州大学学报（教育科学版），2014（1）．
［200］李晓东．康德的先验自我［M］．武汉：华中科技大学出版社，2015．
［201］张璟，尹维坤．先验自我与经验自我：关于康德认识论中自我观的澄清［J］．湖南社会科学，2015（3）．
［202］龚超．从社会实在到习与性成：浅析社会规范的习得［J］．广东社会科学，2015（3）．
［203］王先谦．荀子典注［M］．北京：中华书局，1988．
［204］费尔巴哈哲学著作选集：上卷［M］．生活·读书·新知三联书店，1959．
［205］布朗．超级思维：人的终极能量［M］．姚军，译．上海：同济大学出版社，1989．
［206］格里芬．后现代精神［M］．王成兵，译．北京：中央编译出版社，1998．
［207］利奥塔尔．后现代状态：关于知识的报告［M］．车槿山，译．生活·读书·新知三联书店，1997．
［208］尼采．权力意志：重估一切价值的尝试［M］．张念东，凌素心，译．北京：商务印书馆，1994．
［209］尼采．权力意志：重估一切价值的尝试［M］．张念东，凌素心，译．北京：商务印书馆，1991．
［210］哈维．后现代的状况：对文化变迁之缘起的探究［M］．阎嘉，译．北京：商务印书馆，2003．
［211］黑格尔．历史哲学［M］．王造时，译．上海书店出版社，2001．
［212］康德．道德形而上学原理［M］．苗力田，译．上海：上海人民出版社，2002．
［213］泰戈尔．人生的亲证［M］．宫静，译．商务印书馆，1992．
［214］龚超．马克思社会教育思想研究［M］．北京：人民出版社，2013．
［215］刘文富，唐亚林，文军，等．全球化背景下的网络社会［M］．贵阳：贵州人民出版社，2001．
［216］张立平．对秩序的忧虑：评弗兰西斯·福山的《大分裂：人类本性与社会秩序的重建》［J］．美国研究，2002（2）．
［217］黑格尔．哲学史讲演录：第1卷［M］．北京：商务印书馆，1959．
［218］帕斯卡尔．思想录：论宗教和其他主题的思想［M］．北京：商务印

书馆，1985.
[219] 庞立生，王艳华．当代精神生活的虚无化困境及其超越［J］．北华大学学报（社会科学版），2010（5）.
[220] 马克思．1844年经济学哲学手稿［M］．北京：人民出版社，2000.
[221] 巴雷特．非理性的人：存在主义哲学研究［M］．杨照明，艾平，译．北京：商务印书馆，1995.
[222] 仲彬．精神需求及其内在矛盾刍议［J］．南京政治学院学报，2000（1）.
[223] 龙兴海．现代化过程中人的精神生活矛盾及其导向［J］．求索，2007（11）.
[224] 徐复观．中国艺术精神［M］．桂林：广西师范大学出版社，2007.
[225] 潘莉，董梅昊．当前社会精神生活问题及其应对策略探讨术［J］．毛泽东邓小平理论研究，2016（1）.
[226] 罗希明，王仕民．论现代人的生存焦虑［J］．长江论坛，2014（1）.
[227] 袁祖社．“文化现代性”的实践伦理与精神生活的正当性逻辑：现代个体合理的心性秩序吁求何以可能［J］．思想战线，2014（3）.
[228] 宋玉波．佛教中国化历程研究［M］．西安：陕西人民出版社，2012.
[229] 李猛．理性化及其传统：对韦伯的中国观察［J］．社会学研究，2010（5）.
[230] 袁祖社．公共性真实：当代马克思主义哲学范式转换的基点［J］．河北学刊，2008（4）.
[231] 霍鲁日，张百春．静修主义人学［J］．世界哲学，2010（2）.
[232] 庞立生．马克思主义哲学中国化的价值自觉与文明憧憬［J］．东北师大学报（哲学社会科学版），2015（3）.
[233] 夏兴有．论人的精神生活［J］．中国特色社会主义研究，2009（5）.
[234] 胡海波．精神生活、精神家园及其信仰问题［J］．社会科学战线，2014（1）.
[235] 庞立生．历史唯物主义与精神生活的现代性处境［J］．哲学研究，2012（2）.
[236] 余林，王丽萍．大学生对社会主义核心价值观的内隐认同研究［J］．西南大学学报（社会科学版），2013（5）.
[237] 英格尔斯．人的现代化［M］．台北：台北水牛出版社，1971.
[238] 弗罗姆．占有还是生存：一个新社会的精神基础［M］．关山，译．北京：生活·读书·新知三联书店，1989.
[239] 马斯洛．马斯洛人本哲学［M］．成明，编译．北京：九州出版社，2003.

[240] 黑格尔. 小逻辑 [M]. 贺麟，刘绯，张立平，译. 北京：商务印书馆，1980.

[241] 亨廷顿. 文明的冲突与世界秩序的重建 [M]. 周琪，刘绯，张立平，等译. 北京：新华出版社，2002.

[242] 云杉. 文化自觉文化自信　文化自强：对繁荣发展中国特色社会主义文化的思考（上）[J]. 红旗文稿，2010（15）.

[243] 王泽应. 伦理精神自信是文化自信的核心和根本 [J]. 道德与文明，2011.

[244] 卡西尔. 人论 [M]. 甘阳，译. 上海：上海译文出版社，2004.

[245] 塞利格曼. 真实的幸福 [M]. 洪兰，译. 沈阳：万卷出版公司，2010.

[246] 陈洪泉，刘桂英. 论精神生活的意义需要与价值观建设 [J]. 东岳论丛，2016（1）.

[247] 夏学銮. 缓解精神压力十二法 [J]. 中国青年研究，2003（3）.

[248] BLACKBURN S. The Oxford dictionary of philosophy [M]. 上海：上海外语教育出版社，2000.

[249] ROSEMARY O. Education and society 1500—1800：the social foundations and education in early modern England [M]. London& New York：Longman, 1982.

[250] SIMON J. Education and society in Tudor England [M]. Cambridge & New York：Cambridge University Press, 1966.

[251] HUNT T C. Moral Educationin America's schools [M]. Greenwich Connecticut：Information Age Publishing, 2005.

[252] CORMICK N M. Nationand nationalism [M] //Legal right and social justice. Oxford：Clarendon Press, 1982：260, 254.

[253] WEBER M, GERTH H, MILLS C W. From Max Weber：essays in sociology [M]. New York：Oxford University Press, 1948：172.

[254] SMITH A D. Myth and Memories of the Nation [M]. New York：Oxford University Press, 1999：105.

[255] KAMINSKY J S. A new history of educational philosophy [M]. London：Greenwood Press, 1993, 222.

[256] SADLER. How far can we learn anything of practical valuefrom study of foreign systems of education [J]. Comparative education review, 1964

(2): 32.

[257] GOLTZ S M, GIANNANTONTO C M. Recruiter friendliness and attraction to the job: the mediating role of inferences about the organization [J]. Journal of vocational behavior, 1995 (1).

[258] SEIBERT S E, GOLTZ S M. Comparison of allocations by individuals and interacting groups in an escalation of commitment situation [J]. Journal of applied social psychology, 2001 (1).

[259] GOLTZ S M. Can't stop on a dime [J]. Journal of organizational behavior management, 1999 (1).

[260] GOLTZ S M. A behavior analysis of individuals' use of the fairness heuristic when interacting with groups and organizations [J]. Journal of organizational behavior management, 2013 (1).

[261] GOLTZ S M, HIETAPELTO A B. Translating the social watch gender equity index for university Use [J]. Change: the magazine of higher learning, 2013 (3).

[262] GOLTZ S M. Spiritual power: the internal, renewable social power source [J]. Journal of management, spirituality & teligion, 2011 (4).

[263] GOLTZ S M, CITERA M, JENSEN M, et al. Individual feedback [J]. Journal of organizational behavior management, 1990 (2).

[264] GOLTZ S M, HIETAPELTO A B. Using the operant and strategic contingencies models of power to understand resistance to change [J]. Journal of organizational behavior management, 2003 (3).

附　　录

大学生压力调查问卷

尊敬的受试者：

您好！

感谢您参加这次关于大学生压力的问卷调查，问卷采用匿名方式填写，您所填写的内容仅用于科学研究，所有个人信息我们都会绝对保密，不会向任何人透露，不会对您的生活造成任何影响。请您根据自己的实际情况，尽可能真实地填写每一问题，所需时间 5 ～ 10 分钟，衷心感谢您的配合及理解。

一、请填写您的基本情况

1. 您的年龄

____

2. 您的性别

（1）男　　（2）女

3. 您所在的年级

（1）本科一年级

（2）本科二年级

（3）本科三年级

（4）本科四年级

（5）本科五年级

（6）硕士研究生

（7）博士研究生

4. 您的专业

（1）文科　　（2）理工科　　（3）医科　　（4）其他

5. 您是否是学生干部

（1）学校干部　　（2）院系干部　　（3）班级干部

（4）宿舍

干部　（5）非学生干部

6. 您对您目前的整体状况满意吗？

（1）非常不满意　（2）不满意　（3）尚可满意

（4）非常满意

7. 您感觉现在自己所感受到的压力

（1）很大　（2）大　（3）一般　（4）小　（5）很小

8. 您的家庭每月收入

（1）<3000 元　（2）3000 ～ 6000 元　（3）6000 ～ 10000 元

（4）>10000 元

二、以下是与您的压力可能相关的一些情况，请您判断这些情况与您实际相符的程度

1. 上学期间，你会经常感到疲劳吗？

（1）一直都是　（2）经常　（3）偶尔　（4）很少

（5）从不

2. 上学期间，你会出现失眠的情形吗？

（1）一直都是　（2）经常　（3）偶尔　（4）很少

（5）从不

3. 你会出现感到有许多问题还没有解决，不能集中精力专心做事的情形吗？

（1）一直都是　（2）经常　（3）偶尔　（4）很少

（5）从不

4. 你和同学之间的关系如何？

（1）非常融洽　（2）比较融洽　（3）一般　（4）有点紧张

（5）十分紧张

5. 上学期间，你认为遇到的最大问题是

（1）学习成绩不理想

（2）生活自理能力较差

（3）与同学相处不融洽

（4）与父母、老师沟通困难

（5）其他

6. 你喜欢与异性同学交往吗？

（1）非常喜欢　（2）比较喜欢　（3）一般　（4）较不喜欢

（5）不喜欢

7. 你认为自己与异性同学交往的能力如何？

（1）非常强　（2）比较强　（3）一般　（4）比较差

（5）很差

8. 在遇到挫折时，你一般会有怎样的反应？

（1）冷静处理　（2）有些紧张　（3）不知所措

（4）绝望沮丧　（5）大发脾气

9. 以下是几种压力的来源，请你根据自己的情况，将它们对你的影响程度从高到低排序

（1）学习成绩

（2）毕业就业

（3）异性相处

（4）师生交往

（5）家长期望

（6）家庭环境

（7）班级氛围

（8）其他

10. 当你遇到问题时，你会向谁寻求帮助？

（1）父母

（2）老师

（3）朋友、同学

（4）不想找人

（5）其他

11. 当你把心中的压力倾诉后，你的感觉如何？

（1）非常放松　（2）比较放松　（3）一般　（4）不太放松

（5）无明显变化

12. 以下方式中，你用来舒缓压力的有

（1）吸烟、喝酒

（2）吵架

（3）听音乐

（4）阅读

（5）聊天

（6）玩游戏

（7）体育运动

(8) 睡觉
(9) 其他

13. 你参加的有组织的心理健康教育，如班会、讲座、讲课等活动的次数有
(1) 0次　(2) 1～3次　(3) 4～6次　(4) 7～9次
(5) 10次以上

14. 你认为心理压力对你的学习成绩的影响如何?
(1) 非常大　(2) 比较大　(3) 一般　(4) 较小
(5) 几乎没有

15. 你认为学校、家庭和社会应在哪些方面进行努力以缓解你的压力?
(1) 对考试成绩不进行排名
(2) 创造积极向上的班级氛围
(3) 建立和谐的同学关系
(4) 加强对你家庭的了解
(5) 其他

16. 你认为压力在你的学习生活中有什么作用?
(1) 正面影响，会为学习带来动力
(2) 没感觉
(3) 较为负面影响，会影响情绪
(4) 完全负面影响，会使我无心向学
(5) 其他

17. 你目前最大的烦恼来自
(1) 学习　(2) 交友　(3) 恋爱　(4) 就业　(5) 其他

18. 你对自己所学的专业有信心吗?
(1) 有　(2) 没有　(3) 不知道

19. 目前大学生就业途径多，但是还有很多大学生没有就业，你认为是哪些原因?
(1) 眼高手低
(2) 没有适合的工作
(3) 想要自己创业
(4) 不愿意工作
(5) 没有吃苦耐劳的精神
(6) 没有人脉，找不到工作
(7) 其他

20. 你认为自己目前最欠缺的素质主要是
（1）相关工作或实习经验
（2）承受压力，克服困难的能力
（3）基本的解决问题能力
（4）专业知识和技巧沟通协调能力
（5）其他

三、以下列出的是当你在生活中经受到挫折打击或遇到困难时可能采取的态度和做法

请你仔细阅读每一项，选择最适合你本人的情况。
1. 通过工作学习或一些其他活动解脱
（1）从不　（2）偶尔　（3）有时　（4）经常
2. 与人交谈，倾诉内心烦恼
（1）从不　（2）偶尔　（3）有时　（4）经常
3. 尽量看到事物好的一面
（1）从不　（2）偶尔　（3）有时　（4）经常
4. 改变自己的想法，重新发现生活中什么重要
（1）从不　（2）偶尔　（3）有时　（4）经常
5. 不把问题看得太严重
（1）从不　（2）偶尔　（3）有时　（4）经常
6. 坚持自己的立场，为自己想得到的斗争
（1）从不　（2）偶尔　（3）有时　（4）经常
7. 找出几种不同的解决问题的方法
（1）从不　（2）偶尔　（3）有时　（4）经常
8. 向亲戚朋友或同学寻求建议
（1）从不　（2）偶尔　（3）有时　（4）经常
9. 改变原来的一些做法或自己的一些问题
（1）从不　（2）偶尔　（3）有时　（4）经常
10. 借鉴他人处理类似困难情景的办法
（1）从不　（2）偶尔　（3）有时　（4）经常
11. 寻求业余爱好，积极参加文体活动
（1）从不　（2）偶尔　（3）有时　（4）经常
12. 尽量克制自己的失望、悔恨、悲伤和愤怒

（1）从不　（2）偶尔　（3）有时　（4）经常

13. 试图休息或休假，暂时把问题（烦恼）抛开

（1）从不　（2）偶尔　（3）有时　（4）经常

14. 通过吸烟、喝酒、服药和吃东西来解除烦恼

（1）从不　（2）偶尔　（3）有时　（4）经常

15. 认为时间会改变现状，唯一要做的便是等待

（1）从不　（2）偶尔　（3）有时　（4）经常

16. 试图忘记整个事情

（1）从不　（2）偶尔　（3）有时　（4）经常

17. 依靠别人解决问题

（1）从不　（2）偶尔　（3）有时　（4）经常

18. 接受现实，因为没有其他办法

（1）从不　（2）偶尔　（3）有时　（4）经常

19. 幻想可能会发生某种奇迹改变现状

（1）从不　（2）偶尔　（3）有时　（4）经常

20. 自己安慰自己

（1）从不　（2）偶尔　（3）有时　（4）经常

四、下面的问题用于反映您在社会中所获得的支持，请按各个问题的具体要求，根据您的实际情况来回答

1. 您有多少关系密切，可以得到支持和帮助的朋友？

（1）一个也没有　（2）1～2个　（3）3～5个

（4）6个及以上

2. 近一年来您

（1）远离家人，且独居一室

（2）住处经常变动，多数时间和陌生人住在一起

（3）和同学、同事或朋友住在一起

（4）和家人住在一起

3. 您与邻居

（1）相互之间从不关心，只是点头之交

（2）遇到困难可能稍微关心

（3）有些邻居都很关心您

（4）大多数邻居都很关心您

4. 您与同学：

(1) 相互之间从不关心，只是点头之交

(2) 遇到困难可能稍微关心

(3) 有些同学都很关心您

(4) 大多数同学都很关心您

5. 从家庭成员得到的支持和照顾

A. 夫妻（恋人）

(1) 无　(2) 极少　(3) 一般　(4) 全力支持

B. 父母

(1) 无　(2) 极少　(3) 一般　(4) 全力支持

C. 儿女

(1) 无　(2) 极少　(3) 一般　(4) 全力支持

D. 兄弟妹妹

(1) 无　(2) 极少　(3) 一般　(4) 全力支持

E. 其他成员（如嫂子）

(1) 无　(2) 极少　(3) 一般　(4) 全力支持

6. 过去，在您遇到急难情况时，曾经得到的经济支持和解决实际问题的帮助的来源有

(1) 无任何来源

(2) 配偶

(3) 其他家人

(4) 朋友

(5) 亲戚

(6) 同事

(7) 工作单位

(8) 党团工会等官方或半官方组织

(9) 宗教、社会团体等非官方组织

(10) 其他

7. [多选题] 过去，在您遇到急难情况时，曾经得到的安慰和关心的来源有

(1) 无任何来源

(2) 配偶

(3) 其他家人

(4) 朋友

（5）亲戚
（6）同事
（7）工作单位
（8）党团工会等官方或半官方组织
（9）宗教、社会团体等非官方组织
（10）其他

8. 您遇到烦恼时的倾诉方式有
（1）从不向任何人诉述
（2）只向关系极为密切的 1 ～ 2 个人诉述
（3）如果朋友主动询问，您会说出来
（4）主动诉说自己的烦恼，以获得支持和理解

9. 您遇到烦恼时的求助方式有
（1）只靠自己，不接受别人帮助
（2）很少请求别人帮助
（3）有时请求别人帮助
（4）有困难时经常向家人、亲友、组织求援

10. 对于团体（如党团组织、宗教组织、工会、学生会等）组织活动，您
（1）从不参加
（2）偶尔参加
（3）经常参加
（4）主动并积极参加活动

外来务工人员精神压力评估问卷

尊敬的受试者：

您好！

感谢您参加这次关于精神压力的问卷调查，问卷采用匿名方式填写，您所填写的内容仅用于科学研究，所有个人信息我们都会绝对保密，不会向任何人透露，不会对您的生活造成任何影响。请您根据自己的实际情况，尽可能真实地填写每一问题，所需时间 5 ～ 10 分钟，衷心感谢您的配合及理解。

一、请填写您的基本情况

1. 您的年龄

　　________________

2. 您的性别

　　（1）男　（2）女

3. 您的工作年限

　　（1）1 ～ 5 年　（2）6 ～ 10 年　（3）11 ～ 15 年

　　（4）16 年及以上

4. 您的居住情况

　　（1）购房　（2）租房　（3）单位宿舍　（4）其他

5. 您的婚姻情况

　　（1）已婚并同住　（2）已婚但分居　（3）离婚/丧偶

　　（4）未婚

6. 您的月收入

　　（1）<3000 元　（2）3000 ～ 6000 元　（3）6000 ～ 10000 元

　　（4）>10000 元

7. 您是否有社保

　　（1）有　（2）无

8. 您的医保类型

　　（1）无，自费医疗

　　（2）有，农村合作医疗

　　（3）有，城市医疗保险

（4）购买商业保险

（5）其他

9. 您的政治状态

（1）无党派人士　（2）中国共产党党员　（3）民主党派

（4）其他

10. 您的孩子教育状况

（1）留守儿童　（2）农民工子女学校　（3）普通公立学校

（4）重点公立学校　（5）其他

11. 您的文化程度

（1）文盲　（2）小学　（3）初中　（4）高中或中专

（5）大专或以上

12. 您对目前的整体状况满意吗？

（1）非常不满意　（2）不满意　（3）尚可满意

（4）非常满意

13. 您感觉现在自己所感受到的压力

（1）很大　（2）大　（3）一般　（4）小　（5）很小

二、请认真填写以下问题

1. 您经常要在急迫的限期前完成一些工作吗？

（1）是　（2）否

2. 您每天是否在长时间工作？

（1）是　（2）否

3. 您的工作是否经常因为受到他人或外界因素影响而无法事先对工作做出安排？

（1）是　（2）否

4. 您是否感觉自己有太多工作在身？或太少工作在身？

（1）是　（2）否

5. 您对自己所负责的工作范畴是否模糊不清？

（1）是　（2）否

6. 您是否需要同时为不同的人办事？

（1）是　（2）否

7. 您是否感到目前的工作没有安全感？

(1) 是　(2) 否

8. 您的工作环境是否缺乏别人支持？

(1) 是　(2) 否

9. 您的工作是否需要面对情绪起伏很大的人？

(1) 是　(2) 否

10. 您是否在充满竞争的环境下工作？

(1) 是　(2) 否

11. 您是否对现时的工作感到无法控制，并不知如何去评估工作质量？

(1) 是　(2) 否

12. 您是否正在面对工作上的变数？

(1) 是　(2) 否

13. 您是否感到难以投入工作？

(1) 是　(2) 否

14. 您是否不喜欢现在的工作？

(1) 是　(2) 否

15. 您是否感到没法得到清楚及有建设性的回应？

(1) 是　(2) 否

16. 您是否逼迫自己做些根本不喜欢做的事情？

(1) 是　(2) 否

17. 您的工作是否需要面对极大的压力或危险？

(1) 是　(2) 否

18. 您是否感到自己正处于孤立无援的状态？

(1) 是　(2) 否

19. 您是否刚离职、刚开始创业或正准备东山再起？

(1) 是　(2) 否

20. 是否有人做了一些影响您的重要决定，而事前并未征求过您的意见？

(1) 是　(2) 否

三、简易应对方式问卷说明

以下列出的是当你在生活中经受到挫折打击或遇到困难时可能采取的态

度和做法。请你仔细阅读每一项，请选择最适合你本人的情况。

1. 通过工作学习或一些其他活动解脱

(1) 从不　(2) 偶尔　(3) 有时　(4) 经常

2. 与人交谈，倾诉内心烦恼

(1) 从不　(2) 偶尔　(3) 有时　(4) 经常

3. 尽量看到事物好的一面

(1) 从不　(2) 偶尔　(3) 有时　(4) 经常

4. 改变自己的想法，重新发现生活中什么重要

(1) 从不　(2) 偶尔　(3) 有时　(4) 经常

5. 不把问题看得太严重

(1) 从不　(2) 偶尔　(3) 有时　(4) 经常

6. 坚持自己的立场，为自己想得到的斗争

(1) 从不　(2) 偶尔　(3) 有时　(4) 经常

7. 找出几种不同的解决问题的方法

(1) 从不　(2) 偶尔　(3) 有时　(4) 经常

8. 向亲戚朋友或同学寻求建议

(1) 从不　(2) 偶尔　(3) 有时　(4) 经常

9. 改变原来的一些做法或自己的一些问题

(1) 从不　(2) 偶尔　(3) 有时　(4) 经常

10. 借鉴他人处理类似困难情景的办法

(1) 从不　(2) 偶尔　(3) 有时　(4) 经常

11. 寻求业余爱好，积极参加文体活动

(1) 从不　(2) 偶尔　(3) 有时　(4) 经常

12. 尽量克制自己的失望、悔恨、悲伤和愤怒

(1) 从不　(2) 偶尔　(3) 有时　(4) 经常

13. 试图休息或休假，暂时把问题（烦恼）抛开

(1) 从不　(2) 偶尔　(3) 有时　(4) 经常

14. 通过吸烟、喝酒、服药和吃东西来解除烦恼

(1) 从不　(2) 偶尔　(3) 有时　(4) 经常

15. 认为时间会改变现状，唯一要做的便是等待

(1) 从不　(2) 偶尔　(3) 有时　(4) 经常

16. 试图忘记整个事情

(1) 从不　(2) 偶尔　(3) 有时　(4) 经常

17. 依靠别人解决问题

(1) 从不　(2) 偶尔　(3) 有时　(4) 经常

18. 接受现实，因为没有其他办法

(1) 从不　(2) 偶尔　(3) 有时　(4) 经常

19. 幻想可能会发生某种奇迹改变现状

(1) 从不　(2) 偶尔　(3) 有时　(4) 经常

20. 自己安慰自己

(1) 从不　(2) 偶尔　(3) 有时　(4) 经常

四、下面的问题用于反映您在社会中所获得的支持，请按各个问题的具体要求，根据您的实际情况来回答。谢谢您的合作

15. 您有多少关系密切，可以得到支持和帮助的朋友？

(1) 一个也没有　(2) 1～2 个　(3) 3～5 个

(4) 6 个及以上

16. 近一年来，您

(1) 远离家人，且独居一室

(2) 住处经常变动，多数时间和陌生人住在一起

(3) 和同学、同事或朋友住在一起

(4) 和家人住在一起

17. 您与邻居

(1) 相互之间从不关心，只是点头之交

(2) 遇到困难可能稍微关心

(3) 有些邻居都很关心您

(4) 大多数邻居都很关心您

18. 您与同事

(1) 相互之间从不关心，只是点头之交

(2) 遇到困难可能稍微关心

(3) 有些同事都很关心您

(4) 大多数同事都很关心您

19. 从家庭成员得到的支持和照顾
    A. 夫妻（恋人）
        （1）无　（2）极少　（3）一般　（4）全力支持
    B. 父母
        （1）无　（2）极少　（3）一般　（4）全力支持
    C. 儿女
        （1）无　（2）极少　（3）一般　（4）全力支持
    D. 兄弟妹妹
        （1）无　（2）极少　（3）一般　（4）全力支持
    E. 其他成员（如嫂子）
        （1）无　（2）极少　（3）一般　（4）全力支持
20. 过去，在您遇到急难情况时，曾经得到的经济支持和解决实际问题的帮助的来源有
    （1）无任何来源
    （2）配偶
    （3）其他家人
    （4）朋友
    （5）亲戚
    （6）同事
    （7）工作单位
    （8）党团工会等官方或半官方组织
    （9）宗教、社会团体等非官方组织
    （10）其他
21. ［多选题］过去，在您遇到急难情况时，曾经得到的安慰和关心的来源有
    （1）无任何来源
    （2）配偶
    （3）其他家人
    （4）朋友
    （5）亲戚
    （6）同事
    （7）工作单位

（8）党团工会等官方或半官方组织

（9）宗教、社会团体等非官方组织

（10）其他

22. 您遇到烦恼时的倾诉方式

（1）从不向任何人诉述

（2）只向关系极为密切的 1 ～2 个人诉述

（3）如果朋友主动询问，您会说出来

（4）主动诉述自己的烦恼，以获得支持和理解

23. 您遇到烦恼时的求助方式

（1）只靠自己，不接受别人帮助

（2）很少请求别人帮助

（3）有时请求别人帮助

（4）有困难时经常向家人、亲友、组织求援

24. 对于团体（如党团组织、宗教组织、工会、学生会等）组织活动，您

（1）从不参加

（2）偶尔参加

（3）经常参加

（4）主动并积极参加活动

公务员、事业单位、企业员工精神压力评估问卷

尊敬的受试者

您好！

感谢您参加这次关于精神压力的问卷调查，问卷采用匿名方式填写，您所填写的内容仅用于科学研究，所有个人信息我们都会绝对保密，不会向任何人透露，不会对您的生活造成任何影响。请您根据自己的实际情况，尽可能真实地填写每一问题，所需时间 5～10 分钟，衷心感谢您的配合及理解。

一、基本情况

1. 您的职业

（1）公务员　（2）参公人员　（3）事业单位工作人员

（4）企业人员　（5）其他

2. 您的行政级别

（1）科级以下　（2）科级　（3）处级

（4）厅局级或以上

3. 您所在企业性质

（1）国有　（2）民营　（3）个体

（4）中外合资　（5）股份制　（6）其他

4. 您所在企业职位

（1）中高层　（2）普通行政　（3）销售　（4）后勤

（5）其他

5. 您的年龄

____

6. 您的性别

（1）男　（2）女

7. 您的工作年限

（1）1～5 年　（2）6～10 年　（3）11～15 年

（4）16 年及以上

8. 您的专业技术职称

　(1) 未评　(2) 助理级　(3) 初级　(4) 中级

　(5) 高级

9. 您的学历

　(1) 高中（中专）及以下　(2) 大专　(3) 大学本科

　(4) 研究生或以上

10. 您对您目前的整体状况满意吗？

　(1) 非常不满意　(2) 不满意　(3) 尚可满意

　(4) 非常满意

11. 您感觉自己现在有压力吗？

　(1) 很大　(2) 大　(3) 一般　(4) 小

　(5) 较小

12. 您的月收入

　(1) <3000 元　(2) 3000～6000 元　(3) 6000～10000 元

　(4) >10000 元

二、压力相关情况

1. 您经常要在急迫的限期前完成一些工作吗？

　(1) 是　(2) 否

2. 您每天是否在长时间工作？

　(1) 是　(2) 否

3. 您的工作是否经常因为受到他人或外界因素影响而无法事先对工作做出安排？

　(1) 是　(2) 否

4. 您是否感觉自己有太多工作在身？或太少工作在身？

　(1) 是　(2) 否

5. 您对自己所负责的工作范畴是否模糊不清？

　(1) 是　(2) 否

6. 您是否需要同时为不同的人办事？

　(1) 是　(2) 否

7. 您是否觉得目前的工作没有安全感？
(1) 是　(2) 否
8. 您的工作环境是否缺乏别人支持？
(1) 是　(2) 否
9. 您的工作是否需要面对情绪起伏很大的人？
(1) 是　(2) 否
10. 您是否在充满竞争的环境下工作？
(1) 是　(2) 否
11. 您是否对现时的工作感到无法控制，并不知如何去评估工作质量？
(1) 是　(2) 否
12. 您是否正在面对工作上的变数？
(1) 是　(2) 否
13. 您是否感到难以投入工作？
(1) 是　(2) 否
14. 您是否不喜欢现在的工作？
(1) 是　(2) 否
15. 您是否感到没法得到清楚及有建设性的回应？
(1) 是　(2) 否
16. 您是否逼迫自己做些根本不喜欢做的事情？
(1) 是　(2) 否
17. 您的工作是否需要面对极大的压力或危险？
(1) 是　(2) 否
18. 您是否感到自己正处于孤立无援的状态？
(1) 是　(2) 否
19. 您是否刚离职、刚开始创业或正准备东山再起？
(1) 是　(2) 否
20. 是否有人做了一些影响您的重要决定，而事前并未征求过您的意见？
(1) 是　(2) 否

三、在生活中经受到挫折打击或遇到困难时可能采取的态度和做法

1. 通过工作学习或一些其他活动解脱

（1）从不　（2）偶尔　（3）有时　（4）经常

2. 与人交谈，倾诉内心烦恼

（1）从不　（2）偶尔　（3）有时　（4）经常

3. 尽量看到事物好的一面

（1）从不　（2）偶尔　（3）有时　（4）经常

4. 改变自己的想法，重新发现生活中什么重要

（1）从不　（2）偶尔　（3）有时　（4）经常

5. 不把问题看得太严重

（1）从不　（2）偶尔　（3）有时　（4）经常

6. 坚持自己的立场，为自己想得到的斗争

（1）从不　（2）偶尔　（3）有时　（4）经常

7. 找出几种不同的解决问题的方法

（1）从不　（2）偶尔　（3）有时　（4）经常

8. 向亲戚朋友或同学寻求建议

（1）从不　（2）偶尔　（3）有时　（4）经常

9. 改变原来的一些做法或自己的一些问题

（1）从不　（2）偶尔　（3）有时　（4）经常

10. 借鉴他人处理类似困难情景的办法

（1）从不　（2）偶尔　（3）有时　（4）经常

11. 寻求业余爱好，积极参加文体活动

（1）从不　（2）偶尔　（3）有时　（4）经常

12. 尽量克制自己的失望、悔恨、悲伤和愤怒

（1）从不　（2）偶尔　（3）有时　（4）经常

13. 试图休息或休假，暂时把问题（烦恼）抛开

（1）从不　（2）偶尔　（3）有时　（4）经常

14. 通过吸烟、喝酒、服药和吃东西来解除烦恼

（1）从不　（2）偶尔　（3）有时　（4）经常

15. 认为时间会改变现状，唯一要做的便是等待

（1）从不　（2）偶尔　（3）有时　（4）经常

16. 试图忘记整个事情

（1）从不　（2）偶尔　（3）有时　（4）经常

17. 依靠别人解决问题

(1) 从不　　(2) 偶尔　　(3) 有时　　(4) 经常

18. 接受现实，因为没有其他办法

(1) 从不　　(2) 偶尔　　(3) 有时　　(4) 经常

19. 幻想可能有某种奇迹改变现状

(1) 从不　　(2) 偶尔　　(3) 有时　　(4) 经常

20. 自己安慰自己

(1) 从不　　(2) 偶尔　　(3) 有时　　(4) 经常

四、下面的问题用于反映您在社会中所获得的支持，请按各个问题的具体要求，根据您的实际情况来回答

15. 您有多少关系密切，可以得到支持和帮助的朋友？

(1) 一个也没有　　(2) 1～2 个　　(3) 3～5 个

(4) 6 个及以上

16. 近一年来，您

(1) 远离家人，且独居一室

(2) 住处经常变动，多数时间和陌生人住在一起

(3) 和同学、同事或朋友住在一起

(4) 和家人住在一起

17. 您与邻居

(1) 相互之间从不关心，只是点头之交

(2) 遇到困难可能稍微关心

(3) 有些邻居都很关心您

(4) 大多数邻居都很关心您

18. 您与同事

(1) 相互之间从不关心，只是点头之交

(2) 遇到困难可能稍微关心

(3) 有些同事都很关心您

(4) 大多数同事都很关心您

19. 从家庭成员得到的支持和照顾

A. 夫妻（恋人）

（1）无　（2）极少　（3）一般　（4）全力支持

B. 父母

（1）无　（2）极少　（3）一般　（4）全力支持

C. 儿女

（1）无　（2）极少　（3）一般　（4）全力支持

D. 兄弟姐妹

（1）无　（2）极少　（3）一般　（4）全力支持

E. 其他成员（如嫂子）

（1）无　（2）极少　（3）一般　（4）全力支持

20. 过去，在您遇到急难情况时，曾经得到的经济支持和解决实际问题的帮助的来源有

（1）无任何来源

（2）配偶

（3）其他家人

（4）朋友

（5）亲戚

（6）同事

（7）工作单位

（8）党团工会等官方或半官方组织

（9）宗教、社会团体等非官方组织

（10）其他

21. ［多选题］过去，在您遇到急难情况时，曾经得到的安慰和关心的来源有

（1）无任何来源

（2）配偶

（3）其他家人

（4）朋友

（5）亲戚

（6）同事

（7）工作单位

（8）党团工会等官方或半官方组织

（9）宗教、社会团体等非官方组织

（10）其他

22. 您遇到烦恼时的倾诉方式有

（1）从不向任何人诉述

（2）只向关系极为密切的 1 ～ 2 个人诉述

（3）如果朋友主动询问，您会说出来

（4）主动诉述自己的烦恼，以获得支持和理解

23. 您遇到烦恼时的求助方式有

（1）只靠自己，不接受别人帮助

（2）很少请求别人帮助

（3）有时请求别人帮助

（4）有困难时经常向家人、亲友、组织求援

24. 对于团体（如党团组织、宗教组织、工会、学生会等）组织活动，您

（1）从不参加

（2）偶尔参加

（3）经常参加

（4）主动并积极参加活动

后　记

不忘初心，师生共情。

勠力同心，牢记使命。

博士求学之路，一路走来，一路感动，一路感恩！

中山大学是一所令学子向往的、具有深厚历史底蕴的名牌高等学府。能够进入中山大学攻读博士学位，首先需要感谢本人的导师王仕民教授。王教授既严肃认真，又平易近人，不但才高八斗、学富五车，而且为人谦和、飘逸洒脱；不仅以身垂范，为学生树立科学开展学术研究的典范，更为学生在校期间的学业和职业生涯规划殚精竭虑。这种将思想政治教育与学术科研有机结合的新时代精神，平衡而又充分地关心学生的学习、生活和工作的高尚情操，不仅是我一辈子都要学习的榜样，而且是我在博士求学道路中获取的最宝贵的财富，更是推动我研究现代精神压力的核心动力。感谢王教授！

马克思主义学院拥有一批全国知名教授，如李萍、钟明华、郑哲、李辉、吴育林、林滨、周全华、詹小美、王丽荣、郭文亮、傅晓玲等，他们一丝不苟的授课风格和规范严谨的研究范式，让我懂得了学为人师和行为世范的真正内涵。博士学位论文的开题、前预答辩和预答辩都让我有危机感，詹小美、刘社欣、郝登峰、罗明星、张国启和葛彬超等老师对我论文预答辩文稿存在的问题都提出了非常中肯的修改意见，使我能针对性地解决问题，及时缓解了我的精神压力，并将精神压力有效地转化为精神动力，顺利地完成论文的修改和送审。感谢你们！

特别感谢参加我博士学位论文答辩的专家组老师，他们分别是骆郁廷主席和万美容、刘社欣、周琪、詹小美四位委员。在繁忙的日常工作中，为了参加我的论文答辩，你们牺牲了难得的休息时间，你们辛苦了！

在攻读博士学位期间，长期陪伴我一起学习和成长的是马克思主义学院2014级博士班众多才智超群的同学们以及师兄弟、师姐妹们，与他们同悲同喜，一起探讨人生、学业和事业，这使我的求学生活更加丰富美好。我们就像来自同一个家庭的兄弟姐妹，紧紧围绕攻读博士学位这个主题，勠力同心，共同进步。感谢你们在学习、生活和工作中给予我无私的帮助。

此外，来自家人无私的爱和支持是我不断前进的动力。我之所以能够没有任何后顾之忧，全身心地投入学习和科研中，离不开我的爱人郑慧容及家人对我至诚至善的支持、信任和帮助，家人是我四年博士求学道路上最坚强的后盾。

真心感谢所有在我学术成长道路上，直接或者间接指导和帮助过我的老师、前辈、领导、同事、同学和朋友们，如陈昌贵、龚超、张水营、戴怡平、李健飞、余丽贤、黄晨、计琳、温晓芸等老师，陈敏生、柯少娟、张强、何镜清、李楚源、陈矛、周志魁、尹俭刚、陈桂春、黄宇翔等前辈和领导，关持明、谢鉴豪、陈文华、黄强、黎毓光、张晓坤、赵阳、范瑞泉、罗文等中学、大学、硕士同学和朋友，以及中山大学、广州医科大学、广州医药集团有限公司、广州市教育局的领导们和广州白云山制药总厂、广州市中小学卫生健康促进中心全体同事们，感谢你们！

不忘初心，牢记使命，博士求学之路一直延伸至党的十九大新征程的开始。作为一名共产党员，我怀着一路走来、一路感动、一路感恩的心态，在习近平新时代中国特色社会主义思想的引领下，期待自己挺胸走出中山大学马克思主义学院的大门，昂首迈进新时代中国特色社会主义新征程的建设之中。

杨杰文

2022年9月10日